知觉线索与概念信息在条件性恐惧泛化中的作用

赵绍晨 著

汕頭大學出版社

图书在版编目（CIP）数据

知觉线索与概念信息在条件性恐惧泛化中的作用 / 赵绍晨著. -- 汕头：汕头大学出版社，2024.4
　　ISBN 978-7-5658-5273-2

Ⅰ. ①知… Ⅱ. ①赵… Ⅲ. ①恐惧－研究 Ⅳ. ①B842.6

中国国家版本馆CIP数据核字（2024）第083980号

知觉线索与概念信息在条件性恐惧泛化中的作用
ZHIJUE XIANSUO YU GAINIAN XINXI ZAI TIAOJIANXING KONGJU FANHUA ZHONG DE ZUOYONG

著　　者：赵绍晨
责任编辑：闵国妹
责任技编：黄东生
封面设计：优盛文化
出版发行：汕头大学出版社
　　　　　广东省汕头市大学路243号汕头大学校园内　邮政编码：515063
电　　话：0754-82904613
印　　刷：河北万卷印刷有限公司
开　　本：710 mm×1000 mm　1/16
印　　张：16.25
字　　数：260千字
版　　次：2024年4月第1版
印　　次：2024年5月第1次印刷
定　　价：98.00元
ISBN 978-7-5658-5273-2

版权所有，翻版必究

如发现印装质量问题，请与承印厂联系退换

前　言

恐惧泛化是动物对外部威胁做出反应（或战或逃）的重要能力，是其生存的必要条件。然而，恐惧的过度泛化是非适应性的，是广泛性焦虑障碍、惊恐障碍、社交焦虑障碍和创伤后应激障碍等焦虑障碍的核心特征之一。以往的研究表明，相同知觉维度的刺激可以根据物理上的相似性由高到低分成几个不同的层次时，个体的恐惧反应也随着刺激的相似性高低而呈现出不同反应大小的梯度（知觉泛化）。而那些与原始威胁在知觉上存在很大差异，但也被认为是危险的刺激，个体通过概念、分类等高级认知活动加工也能对多种刺激产生恐惧反应（概念泛化）。以往的研究在恐惧的知觉泛化和概念泛化方面分别积累了一定的成果基础。这些研究不仅帮助人们理解恐惧泛化，也提供了情绪学习和认知、心理障碍病理与临床干预的新思路。然而，在实际生活中，条件性恐惧刺激不仅包含知觉信息还包括概念信息，知觉信息与概念信息如何共同影响恐惧泛化尚不清楚。本书基于此，着重研究刺激本身所包含的初级知觉信息与高级认知信息在恐惧泛化中的作用机制。在条件性恐惧泛化中，从知觉线索和概念信息的本质分类探索人类对威胁信息的加工机制，考察知觉线索与概念信息在恐惧泛化中的联系和对比关系，及其在消退的泛化中是如何发挥作用的。

本书基于信息加工的角度探究恐惧泛化的机制，采用主观预期指标、皮肤电导反应指标和脑电指标从行为层面、生理层面、神经层面上系统研究不同加工层次的信息在恐惧泛化中的作用，从知觉线索与概念信息加工的角度来研究恐惧泛化的机制原理，从更深层次了解恐惧情绪的发生发展，可以进一步丰富关于恐惧情绪的模型理论。另外，本研究基于恐惧泛化中的信息加工特点，试图寻找调节恐惧过度泛化的方法，从而为恐惧的过度泛化进行干预提供更有针对性的治疗方法，促进基础研究向心理治疗或临床治疗转化。

本书由博士论文修改后出版，由中国人民警察大学学术著作专项经费资助，供读者交流讨论。

目　录

第 1 章　条件性恐惧泛化
1.1　恐惧泛化的定义
1.2　条件性恐惧泛化的基本研究
1.3　条件性恐惧泛化的研究范式
1.4　恐惧泛化的测量指标

第 2 章　恐惧泛化的联结学习模型
2.1　Bush 和 Mosteller 泛化模型
2.2　梯度交互作用理论
2.3　联结学习模型
2.4　构形理论
2.5　McLaren 和 Mackintosh 泛化模型

第 3 章　恐惧泛化的神经机制
3.1　杏仁核
3.2　海马体
3.3　前额叶皮层
3.4　其他相关脑区

第 4 章　条件性恐惧泛化研究存在的问题 ························ 027
4.1　基于刺激知觉性或概念性的恐惧泛化 ·························· 027
4.2　基于信息加工的综合恐惧泛化 ···································· 028
4.3　本书的总体框架 ·· 030

第 5 章　研究意义 ·· 033
5.1　理论意义 ·· 033
5.2　实践意义 ·· 034

第 6 章　不同的强化率对条件性恐惧泛化的影响 ···················· 035
6.1　研究背景 ·· 035
6.2　研究方法 ·· 038
6.3　结果与分析 ·· 043
6.4　讨论 ··· 051

第 7 章　知觉泛化中概念信息的作用 ······································· 055
7.1　研究背景 ·· 055
7.2　研究方法 ·· 058
7.3　结果与分析 ·· 062
7.4　讨论 ··· 069

第 8 章　概念泛化中知觉线索的作用 ······································· 073
8.1　研究背景 ·· 073
8.2　研究方法 ·· 075
8.3　结果与分析 ·· 079
8.4　讨论 ··· 090

目录

第9章 人工概念中知觉线索与概念信息的作用比较 ... 093
- 9.1 研究背景 ... 093
- 9.2 研究方法 ... 096
- 9.3 结果与分析 ... 100
- 9.4 讨论 ... 104

第10章 知觉泛化与概念泛化中的二级泛化 ... 109
- 10.1 研究背景 ... 109
- 10.2 知觉泛化中的二级概念泛化 ... 110
- 10.3 概念泛化中的二级知觉泛化 ... 123
- 10.4 讨论 ... 131

第11章 自然概念中知觉线索与概念信息的作用比较 ... 135
- 11.1 研究背景 ... 135
- 11.2 研究方法 ... 137
- 11.3 结果与分析 ... 141
- 11.4 讨论 ... 149

第12章 自然概念中知觉线索与概念信息对比的ERP研究 ... 155
- 12.1 研究背景 ... 155
- 12.2 研究方法 ... 156
- 12.3 结果与分析 ... 162
- 12.4 讨论 ... 169

第13章 强度刺激在条件性恐惧消退中的泛化作用 ... 173
- 13.1 研究背景 ... 173

13.2 研究方法 175
13.3 结果与分析 180
13.4 讨论 190

第 14 章 总结、启示与未来展望 197

14.1 总结与启示 197
14.2 未来研究的方向 205
14.3 本书研究总的结论 207

参考文献 209

附录 245

第1章 条件性恐惧泛化

个体经历的事物或情境不可能以完全相同的形式或情境出现，人们是如何把对一个事物或情境的学习泛化到另一个事物或情境的？恐惧泛化作为一种学习现象，对有机体的生存、发展具有重要意义，它使得个体可以迅速地对潜在的危险刺激做出反应，从而为"木僵、战斗或逃跑"等行为做好准备，避免潜在的伤害。但是，过度的恐惧泛化是临床焦虑障碍患者的核心症状之一，这种恐惧的过度泛化使得焦虑障碍患者更倾向于将模糊刺激解释为危险刺激，如"杯弓蛇影""草木皆兵"等，从而使他们恐惧和回避的事物越来越多，最终导致社会功能受损和适应困难。"一朝被蛇咬，十年怕井绳"即是恐惧过度泛化的形象诠释。临床医生和理论研究者都认为过度的恐惧泛化是焦虑障碍的关键特征（American Psychiatric Association，2013）（Craske et al.，2009；Ehlers and Clark，2000；Foa et al.，1989）。在实验室研究中，一般通过刺激的知觉线索来探讨恐惧泛化的规律。然而，在实际生活中，条件性的恐惧刺激不仅包含知觉线索，还包含概念信息，这两个因素共同影响着恐惧的学习，很难验证每个因素的单独贡献。目前，刺激本身所包含的初级知觉和高级认知信息在恐惧泛化中的作用机制尚不清晰。因此，探明知觉线索和概念信息在恐惧泛化中的作用机制具有重要意义，这有助于进一步理解恐惧的学习机制和焦虑障碍患者的认知特点，同时也可以为有效治疗焦虑障碍提供理论依据。

知觉线索与概念信息在条件性恐惧泛化中的作用

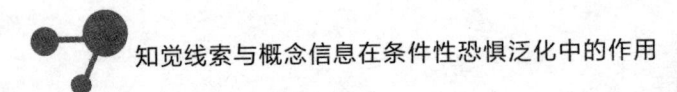

一般来讲，条件性恐惧过程被认为是病理性焦虑的发病机制和症状维持的关键。习得条件性恐惧后，除了常规的"习得—巩固—再巩固—消退"的基本发展步骤，在恐惧消退后可能还会出现自发恢复、续新、重建等现象。同时，在恐惧情绪发展的过程中，通常还伴随着恐惧泛化（fear generalization）。

1.1 恐惧泛化的定义

恐惧泛化是人类条件性恐惧最早的研究内容之一。条件性恐惧泛化在人类中的研究可以追溯到华生和雷纳开创性的"小阿尔伯特"实验（Watson and Rayner, 1920）。在该研究中，向实验对象（9个月大的阿尔伯特）在没有恐惧诱导刺激的情况下呈现几个小物体和动物。两个月后，当阿尔伯特伸手去摸大鼠时，实验者用锤子敲击一根钢条，制造出一种令人厌恶的巨大噪声。在几次大鼠和噪声配对后，实验对象（阿尔伯特）会哭泣，并在没有噪声的情况下远离大鼠。此外，阿尔伯特还将这种恐惧反应泛化到包括狗、兔子和棉絮等其他物体上。该研究在对婴儿进行条件性恐惧的非系统研究存在伦理道德争议，因此，对人类恐惧泛化的系统研究直到近一个世纪后才真正开始（Dunsmoor et al., 2009；Hajcak et al., 2009；Lissek et al., 2008）。

实验室研究中，条件性恐惧习得是通过将两个原本不具备诱发情绪功能的中性刺激（条件刺激，conditioned stimulus, CS）与厌恶刺激（非条件刺激，unconditioned stimulus, US）配对学习。其中一个 CS 后伴随出现 US，称为 CS+；另一个 CS 后始终不出现 US，称为 CS-。当 CS+ 与 US 多次匹配训练（CS- US）后，个体将对单独出现的 CS+ 产生恐惧反应（Conditioned Response, CR），这一过程被称为恐惧习得训练。在习得恐惧后，个体不仅对原来的 CS+ 产生 CR，也会对与 CS+ 相似或有关的中性刺激产生 CR，这就出现了恐惧泛化，而这个产生 CR 的中性刺激被称为泛化刺激（Generalization Stimulus, GS）（Pavlov, 1927）。

简单来讲，在条件作用下，与原始 CS+ 相关但以前从未与 US 配对过的刺激产生 CR 时，泛化就发生了（Mackintosh, 1974）。在临床上，泛化被定义

为在创伤事件中经历的恐惧转移到与痛苦事件"类似"的安全条件（American Psychiatric Association，2013）。在实验室中，恐惧泛化是指一个没有直接与厌恶刺激联系起来的线索，由于它与已知威胁的相似性或先前存在关联，引发了一种习得性恐惧反应（Dunsmoor and Murphy，2015；Lopresto et al.，2016；Mertens et al.，2020）。

1.2 条件性恐惧泛化的基本研究

国内外研究者根据研究的刺激材料把恐惧泛化分为基于知觉的恐惧泛化（雷怡等，2018）和基于分类与概念的恐惧泛化（雷怡等，2017）。

1.2.1 基于知觉的恐惧泛化

为了研究恐惧泛化的基本规律，实验室研究通常采用简单的感觉信息（如纯音、简单的几何图形、色调变化的色块、面孔等）作为实验材料，运用条件反射范式进行恐惧泛化的研究（Dunsmoor et al.，2017；Dunsmoor and Murphy，2014；Dymond et al.，2015；Jasnow et al.，2017；Lissek et al.，2008），评估了泛化刺激（GS）的条件性恐惧与 CS+ 的相似度参数变化，并记录泛化梯度或斜率，其中 CS+ 的恐惧水平达到峰值，而与 CS+ 的知觉相似度降低的 GSs 的恐惧水平逐渐下降。该方法将梯度的陡度作为泛化强度的指标，向下的梯度越平缓，泛化程度越高（Holt et al.，2014；Kaczkurkin et al.，2017；Lissek et al.，2010；Onat and Büchel，2015）。以往的研究发现了恐惧泛化的峰对称梯度（Guttman and Kalish，1956）、峰漂移梯度（Hanson，1957）等现象以及出现该类现象存在的可能解释（Dunsmoor and LaBar，2013；Struyf et al.，2015），尤其是峰梯度之外，还发现了单调增加（如线性）的梯度，即在与 CS+ 同方向的维度终端刺激上响应水平最高（Dunsmoor et al.，2009；Laberge，1961）。这些结果表明，可能还存在其他影响恐惧泛化的加工机制。

泛化梯度法在临床焦虑样本中的研究证明了条件性恐惧的过度泛化存在

于惊恐障碍（Lissek et al., 2010）、广泛性焦虑障碍（Tinoco-González et al., 2015）、创伤后应激障碍（Kaczkurkin et al., 2017；Lissek and van Meurs, 2015；Morey et al., 2015）等焦虑障碍患者。这些发现，加上过度泛化在临床焦虑病因解释的中心地位，激发了人们对以广泛性条件性恐惧的神经基质为焦虑病理的候选脑基础标志物的兴趣。一些功能磁共振成像（function-Magnetic Resonance Imaging，fMRI）研究开始使用泛化梯度的方法来探究健康人群恐惧泛化的神经生物机理（Dunsmoor et al., 2011；Greenberg et al., 2013；Kaczkurkin et al., 2017；Lange et al., 2017；Lissek et al., 2014；Morey et al., 2015；Onat and Büchel, 2015）。与此同时，高级认知活动在理解人类恐惧泛化中也发挥着重要作用（Dunsmoor and Murphy, 2015）。

1.2.2 基于分类与概念的恐惧泛化

恐惧泛化除了受刺激本身的知觉特征等客观因素的影响外，还受到个体知识经验（类别概念等）、认知信念等主观因素的影响。研究表明（Dunsmoor and Murphy, 2014），在恐惧条件反射中，泛化的发生更可能从典型到非典型刺激，而不是从非典型到典型刺激。其他研究表明，指导语操作影响参与者形成的规则，进而影响他们随后的恐惧反应（Ahmed and Lovibond, 2015；Boddez et al., 2017；Vervliet et al., 2010）。这些结果表明，知觉相似性只是许多可能影响泛化的因素之一。在焦虑障碍尤其是创伤后应激障碍（PTSD）患者中，一直存在对知觉上不相似的刺激产生恐惧反应的现象，实验室研究也发现，概念的相似性（Dunsmoor et al., 2011）、概念典型性（Dunsmoor and Murphy, 2014）和人工概念（Dymond et al., 2015）都对恐惧泛化产生不同程度的影响。

恐惧泛化不仅受到刺激知觉特征等客观因素的影响，同时也受个体认知等主观因素的影响。在成人中，概念泛化比知觉泛化更为重要。人类在处理符号信息（如文字、符号和数字）方面受过高度训练。符号代表信息而不依赖被代表对象的知觉特征。成人日常遇到的许多刺激都具有象征意义，它们之间的关联取决于概念表征（如先验知识、类别归属、语义网络等），也取决于知觉特征。事实上，在焦虑症的临床特征中，概念相似性也很可能是相关的。例

如，幽闭恐惧症患者可能会害怕飞机、电梯和过度拥挤的地方，不是因为它们的外形相似，而是因为所有这些情况都涉及一个不可能立即逃离的密闭空间（Radomsky et al., 2001）。更普遍的是，恐惧在现实世界的环境中很少涉及简单的感官刺激，而是由复杂的刺激、情境感知功能和象征意义等产生。因此，人类的恐惧泛化可能涉及概念泛化过程，泛化在某种程度上是一个认知行为过程（Shepard, 1987）。研究这些过程可能对理解焦虑障碍中的恐惧过度泛化有重要意义（Dunsmoor and Murphy, 2015; Mertens et al., 2021）。

1.3 条件性恐惧泛化的研究范式

为了研究生物学习和应对威胁的模式，研究人员经常使用经典的（或巴甫洛夫的）恐惧条件反射范式（fear-conditioning paradigm），该范式基于Pavlov（1927）的经典条件反射范式，是目前研究恐惧习得、泛化、消退等过程最重要的实验范式（Lissek et al., 2008; Mineka and Oehlberg, 2008）。在这一范式中，情绪中性刺激（CS，如声音或光线），预测了自然厌恶或威胁的刺激（US，如电击）。这些恐惧反应（CR）反映了众所周知的"木僵、战斗或逃跑"行为，表明CS和US之间已经形成了一种联系。对恐惧条件反射的研究传统上是利用CS+和CS-形成辨别性的条件性恐惧范式（discrimination fear-conditioning paradigm）。这种不同的恐惧条件反射过程对于验证学习的特异性和排除伪条件反射或敏感化等非联想效应是必要的。

条件性恐惧泛化的研究范式一般包括前习得、恐惧习得训练、恐惧泛化测试和消退训练等阶段。

1.3.1 前习得

在人类恐惧条件反射实验中，恐惧习得训练之前可能会经历两个不同的实验阶段：US和/或CS校正阶段和习惯化/熟悉阶段。然而，预先接触条件刺激（conditioned stimuli, CSs）、（未配对的）US或情境可能会影响后续条件作用的过程（Meulders et al., 2012；Vaitl and Lipp, 1997）。相比之下，在啮齿类动物中，环境预暴露似乎会促进环境条件作用（Richardson and Elsayed, 1998），而在人类中则不会（Tröger et al., 2012）。

1. 非条件刺激校准

US 校准阶段的目的是根据不同被试单独调整 US（主要是电刺激）的主观厌恶到一个预先定义的标准水平。这一点至关重要，因为 US 的厌恶程度可能会影响被试的生理反应，进而会影响恐惧的学习和表达。在人类恐惧条件反射研究中，US 的强度通常被设定在"不愉快，但不疼痛"的水平，而在与疼痛相关的恐惧条件反射研究中，选择了"非常不舒服，但可以忍受"的强度。因此，许多研究人员采用阶梯法或疼痛阈值法为每个参与者设定一个自我报告厌恶程度的标准。到目前为止，在如何最好地执行和量化 US 校准领域仍未达成共识。此外，校准非条件刺激（unconditioned stimuli, USs）的数量应限制在每个参与者所需的最低数量，以避免习惯效应。目前还较缺乏系统地探究 US 厌恶程度对条件反射及其习得的影响的研究。

2. 习惯化／熟悉性

在人类的条件性恐惧作用过程中出现熟悉阶段起着多种作用。首先，它建立一个基线响应率，它允许确定和纠正 CS+ 和 CS- 之间可能的预处理差异。其次，输出系统习惯于反应的渐进水平。后者对于那些在第一个试次（定向反应）中反应急剧下降的生理测量尤其重要，这将在一定程度上阻碍 CS+ 学习曲线的增长。最后，在前习得阶段或在单独的实验前阶段为评估程序包括一个简短的练习阶段可能是有用的，可以确保参与者充分理解这些程序。

1.3.2 恐惧习得训练

恐惧习得训练是指 CS-US 配对的过程，恐惧习得是指 CR 发展的理论过程。条件性恐惧习得被认为是病态恐惧习得的一种机制（Fendt and Fanselow, 1999；Maren, 2001；Maren and Quirk, 2004；Mineka and Oehlberg, 2008；Öhman and Mineka, 2001）。

在人类对恐惧习得的研究中，大多数采用的是辨别性习得的差异设计，其中一种刺激（CS+）可以预测 US，而另一种则不能（CS-）。通过 CS+ 和 CS- 的响应振幅/强度的差异来量化恐惧反应（conditioned reponses，CRs）。差异方案提供了更多的统计效力，在被试内，与 US 相关的刺激比不相关的刺激更有效（Prokasy，1977）。重要的是，差异设计经常被用来控制非联结过程，如定向反应和习惯化，这被认为以类似的方式影响 CS+ 和 CS-。值得注意的是，CS- 可能并不代表一个完全中立的控制刺激，它不仅涉及对 CS+ 的兴奋性调节，也包括对 CS- 的抑制性调节（Lissek et al.，2005）。此外，在学习 CS-US 联结的环境中，由于 CS+ 和 CS- 之间的相似性，也可能会诱导恐惧反应的泛化，出现泛化过程（Baas et al.，2008；Christianson et al.，2012）。

1.3.3　恐惧泛化测试

恐惧泛化描述了恐惧条件反射对特定刺激的反应转化为类似原始 CS+ 的刺激（Dunsmoor and Paz，2015；Honig and Urcuioli，1981；Lissek et al.，2008）。因此，恐惧泛化一般具有自适应功能，允许对基于相似线索的新刺激做出适当的防御反应。然而，当非威胁性刺激被不恰当地认为是有害的，恐惧泛化就会变得不适应甚至造成社会功能的损伤（Lissek et al.，2008）。根据观察，焦虑症患者往往将恐惧反应从 CS+ 泛化至 CS-（Duits et al.，2015；Lissek et al.，2005），评估这种泛化程度（"泛化梯度"）到类似线索的具体范式被开发出来。例如，在恐惧习得训练中，有两种高识别性刺激（如大小圆）分别充当 CS+ 和 CS-（Lissek et al.，2008）。在随后的泛化测试阶段，对中等大小的圆的泛化作为泛化梯度的斜率进行研究。不同情绪效价的面孔刺激（Andreatta et al.，2015；Dunsmoor et al.，2009；Onat and Büchel，2015）或高级对象类别（如动物或工具）作为 CSs 的概念知识的影响（Dunsmoor et al.，2012）。人们对人类的恐惧泛化从知觉相似和概念相关等角度研究了恐惧泛化（Dunsmoor and Murphy，2015；Dunsmoor and Paz，2015；Dymond et al.，2015）。

1.3.4 消退训练

消退训练是指不加强 CS+ 呈现的过程，之后 CS+ 诱发的 CRs 会减少或不再有 CRs，这个过程被称为消退。消退学习可以在第一次非增强 CS+ 后立即进行。它被认为是认知行为治疗（如暴露疗法）的一种机制，目的是减少（习得的）恐惧（Dunsmoor et al., 2015；Milad and Quirk, 2012；Vervliet et al., 2013）。一般来讲，消退训练被认为是创造一种新的被抑制的"安全"记忆，并不会抹去最初的恐惧记忆（Bouton and Moody, 2004；Bouton and Todd, 2014；Delamater, 2004；Milad and Quirk, 2012；Myers and Davis, 2002, 2007；Tovote et al., 2015）。然而，干扰恐惧记忆再巩固的过程（即使大脑中的分子记忆痕迹在回忆时可塑，从而允许修改它并最终巩固修改后的记忆）产生了消除原始恐惧记忆的可能性（Agren, 2014；Meir Drexler et al., 2016）。总的来讲，消退被认为是基于认知行为暴露疗法治疗病理性恐惧的核心机制（Rachman, 1989）。

1.4 恐惧泛化的测量指标

一般来说，人类情绪可以在不同的反应水平上进行研究：关于主观经验的口头报告；行为表现；生理变化和神经生物学变化，但这些变化可能并不一致。因此，结果测量的选择应以研究过程和启动的行动倾向为指导，针对具体的研究问题选择合适的因变量指标（Fanselow and Poulos, 2005；Lang et al., 2000）。由于伦理和方法上的原因，在人类恐惧条件反射中获得的 CRs 很少强大到足以引发诸如逃跑等行为反应，因此很少使用行为指标（Beckers et al., 2013）。

1.4.1 生理和神经生物学的测量

心理生理学指标是情绪研究常用的指标，它不受自我报告偏见等主观因

素的影响，具有明显的优势。人类恐惧反应最常用的生理指标是皮肤电导反应（skin conductance response，SCR）和惊吓反应（fear-potentiated startle，FPS）。也有研究使用心率和瞳孔反应等指标，但使用频率较低。此外，在恐惧条件反射研究中还使用神经生物学方法，包括脑电图（EEG）、脑磁图（MEG）和功能磁共振成像（fMRI）等。

1. 皮肤电导反应

第一个至今仍被广泛使用的条件性恐惧反应指标是皮肤电活动（electrodermal activity，EDA）（Steckle，1933；Switzer，1934）。EDA可以用SCR或皮肤电导水平（skin conductance level，SCL）来测量（Dawson et al.，2007）。SCR指的是对刺激的阶段性反应，即刺激前和刺激后皮肤电导峰值之间的差异。SCL是指在一个特定的时间段内不包括阶段性活动的平均值（Lykken and Venables，1971）。在恐惧条件反射的研究中，SCR通常被应用于提示条件反射的范例中，其中CS+的出现通常比CS-引起更强的SCR（即更大的振幅）。SCL的应用主要应用于情境条件作用，其中与威胁相关的情境（CTX+）比与安全相关的情境（CTX-）的SCL更大。

一般来说，由于阶段性SCR是由强烈的或新奇的刺激引起的，因此，除了CS和US外的其他实验刺激（惊吓探针、评级和意外事件等）通常会诱发SCR。SCR是一种缓慢的反应，通常在刺激后1~4秒出现，之后在0.5~5秒达到峰值。因此，实验设计时需要考虑足够的时间间隔（至少6秒），在不同的实验刺激之间（ISI，ITI）需要回归基线。快速的刺激序列不可避免地会导致叠加的SCR，这些SCR具有扭曲的振幅和时间特征。当重复出现相同的刺激时，出现习惯化，SCR的振幅减小（Dawson et al.，2007）。因此，（SCRs）测量的消退成功可能来自真正的消退学习或简单的习惯过程。

对于SCRs，有一系列用于响应量化的方法，如对槽峰（trough-to-peak，TTP）响应进行评分、对"曲线下面积"进行评分、分解或基于通用线性模型（GLM）的反褶积方法。最常见的方法是TTP方法，即在给定的时间窗口中，从较低的前一个值（"波谷"）减去一个最大值（"峰值"）。一般采用刺激后1~4秒的反应窗口来确定反应的开始时间，并选取0.5~5秒内最小反应幅度在0.01~0.05之间的峰值作为潜伏期（Fowles et al.，

1981）。然而，TTP 值可能不同，因为不同的策略采用不同的波谷定义（例如，刺激开始前的平均基线或反应开始时的最小值）。由于在静止状态下不存在可再生的"基础"电导水平，因此可以在开始反应时设置一个最小值（Lykken and Venables，1971；Prokasy，1974）。值得注意的是，SCR 的最小值总是 0（Lykken and Venables，1971），因此它不能取负值。然而，不同的响应量化方法可以导致负值，例如，在给定的时间窗口（包括基线修正）中，当相位 SCR 缺失而皮肤电导下降时。然而，这些负值的整合是困难的，因为它们在生理学上是不可信的，故而在实际的研究中需要进行数据分析转换。

SCR 数据的分布由于无响应（即"零响应"）通常是偏态的，因此，这在 CS- 试次中比在 CS+ 试次中更常见，在消退实验中比在习得训练中更常见。条件之间的偏态差异可能会对参数和非参数测试造成同样的问题，因此对数或平方根转换可以补偿偏态分布（Levine and Dunlap，1982），在统计分析之前经常使用。此外，多个试次的平均值可以进一步补偿单个试次中的偏态分布。

2. 惊吓反应

惊吓反应是由突然发生的感觉事件引起的一系列防御反应（Landis and Hunt，1939）。在人类中，惊吓反应序列中最可靠和最快的组成部分是惊吓眨眼反应（Blumenthal et al.，2005；Blumenthal，2015；Lang et al.，1990），用眼轮匝肌肌电图（EMG）测量（眨眼时闭上眼睑）。FPS 指的是发现在有威胁的情况下，意外刺激引起的惊吓反应会比没有威胁的刺激更强（Davis and Astrachan，1978）。惊吓反应的神经通路及其情感调节在啮齿类动物中已被广泛研究（Davis and Whalen，2001；Koch，1999）。它的高转化价值（Fendt and Koch，2013）和对个体差异、临床诊断和任务需求的敏感性（Grillon and Baas，2003）使惊吓反应成为研究恐惧和焦虑的一个特别有用的工具。然而，在人类中，惊吓记录一直局限于行为实验室（Lindner et al.，2015）。

3. 心率

心率变化（heart rate，HR）作为衡量人类恐惧的 CRs 通常被采用，特别是在恐惧条件作用研究的早期（Cohen and Randall，1984）。条件性心率减速和条件性心率加速都被观察到，前者可能表示对CS信号值的定向反应，后者是防御反应，因此反映了习得性恐惧（Hamm et al.，1993）。条件下的心率减速更常见于中性的CSs（Lipp and Vaitl，1990），而条件下的心率加速则与恐惧相关的CSs和更强烈的USs（Dimberg，1987；Hamm et al.，1993）相关。此外，个体对于他们的习惯性HR反应也有所不同，对于相同的刺激，有的表现出减速，有的表现出加速（Hodes et al.，1985）。由此可见，条件性HR变化似乎反映了CS处理过程中占主导地位的防御级联阶段（Lang et al.，1997），在设计实验时应仔细考虑这一阶段。同样，HR反应的起始和峰值延迟取决于刺激强度和形式等实验参数（Cook and Turpin，1997）。对视觉CS来讲，在人类研究中最常用的是，平均呈现时间、峰值和恢复潜伏期分别出现在1～2秒、4秒和6～8秒内（Hamm et al.，1993；Hodes et al.，1985；Panitz et al.，2015）。

4. 瞳孔反应

人类瞳孔反应也被描述为CRs的可靠测量方法（Bitsios et al.，2004；Reinhard et al.，2006；Reinhard and Lachnit，2002），可以很容易地通过行为实验室的眼球追踪或瞳孔测量进行评估，也可以在fMRI获取过程中进行评估。与慢速SCRs相比，瞳孔反应既受交感神经支配，也受副交感神经支配（Granholm and Steinhauer，2004；Steinhauer and Hakerem，1992），是快速的，可对心理唤起进行测量。瞳孔扩张的特征是反应最快可达0.1～0.2秒或0.3～0.4秒（Beatty and Lucero-Wagoner，2000；Kuchinke et al.，2007）。与SCR不同，尽管关于瞳孔反应的定量模型最近已正式提出（Korn and Bach，2016），但对总体研究设计（如控制刺激亮度、CS分配），反应的量化和处理（如转换）瞳孔数据的明确指导方针迄今仍不可用。

5. 脑电图 / 脑磁图

除了上述技术，头皮记录脑电图和脑磁图已被用作恐惧反应的神经功能指标。这两种电皮质技术都测量了树突的突触活动（Olejniczak，2006），并允许在恐惧条件反射期间以非常高的时间分辨率但有限的皮质区域空间分辨率评估皮质（但不包括皮层下）功能（Miskovic and Keil，2012）。与惊吓和瞳孔反应的研究相比，脑电图/脑磁图的研究通常是为了了解大脑中的感觉系统（视觉和听觉）如何对 CSs 恐惧做出反应和适应。这可以通过事件相关电位（ERPs）来记录皮层对 CSs 的即时神经响应（Stolarova et al., 2006）。ERPs 的另一种基于频率的变体是稳态视觉诱发电位及其磁对应物稳态视觉诱发场（Moratti et al., 2006；Vialatte et al., 2010）。ERPs 通常被用作皮层感觉或注意力功能的指标，在恐惧习得训练后两者都有不同程度的增加（CS+ 和 CS−）(Miskovic and Keil, 2012；Moratti et al., 2006）。

然而，使用脑电图/脑磁图来评估恐惧 CRs 作为知觉刺激处理的测量有一些固有的困难。首先，由于脑电图数据的性质，神经功能靶点局限于皮层网络。其次，脑电图和脑磁图对所呈现的刺激的感知特征高度敏感。因此，CS 信号被测量的位置和它的大小取决于所呈现刺激的形态和感知特性，如大小、持续时间或亮度。因此，严格的刺激选择和设计对于从条件驱动的脑电图/脑磁图信号中分离出纯粹刺激相关的脑电图/脑磁图活动是至关重要的。最后，经典的 ERP 分析需要在每个条件下进行大量的试次（通常为 >50）(Sperl et al., 2016），以将脑电图/脑磁图数据的信噪比提高到可接受的水平，这在恐惧条件反射研究中是不典型的。

6. 功能磁共振成像

功能磁共振成像是一种高空间分辨率的技术，利用磁振造影来测量神经元活动所引发的血液动力的改变，对大脑特定活动的皮层区域进行准确定位。自从第一次对人类经典条件性恐惧作用的事件相关 fMRI 研究以来，这种技术已广泛应用于条件性恐惧研究（Büchel and Dolan, 2000；Haaker et al., 2014；Myers and Davis, 2007；Sehlmeyer et al., 2010），提供了关于条件性恐惧神经网络的全面参考来源。目前，在恐惧泛化的研究中，fMRI 技术的使用也逐渐增多，成为恐惧泛化脑区定位指标的重要测量手段。该技术可以作为进一步推断潜在机制的基础，这些机制可能是大范围评估技术的目标，包括质量单变量、连通性和多变量分析。

1.4.2 恐惧学习的口头报告测量

恐惧学习的口头报告包括认知（CS-US 或威胁）和情感（CS 相关的效价、唤醒、恐惧/焦虑和喜爱的评级）两部分。

1. CS-US 的预期和偶然性等级

在差异恐惧条件反射设计中，应急意识指的是明确区分跟随 US 的 CS+ 和 CS- 的能力，其准确性高于随机水平。应急意识可以通过对 CS 特异性的 US 期望评分来推断，这种期望通常由二分类强迫选择（预期/非预期）、视觉模拟量表、李克特量表或特殊设备来表示（Boddez et al.，2013）。连续（在线评级；即在 CS 呈现期间）或偶发事件的间歇评估代表了对即将到来的 US 的概率估计，可能被解释为风险估计。因此，这些评分可能具有较高的预测价值，因为风险高估是病理性焦虑的一个关键特征。对 CS-US 突发性的评级可能会引起对可能的 CS-US 突发性的注意，并可能影响（即促进）学习过程本身（Baeyens et al.，1990）。

US 期望/CS-US 意外事件的评级提供了允许识别"主观 CS 辨别力"的优势。与此相一致的是，作为一种有意识的 CS-US 偶然性的指数，对 US 预期的逐个试次评分被证明与 CRs 的即时变化相一致（Purkis and Lipp，2001；Weidemann and Antees，2012；Weidemann and Kahana，2016）。此外，(FPS) 中的 CS 识别以及杏仁核的激活似乎不需要明确的应急意识（Hamm and Weike，2005；Tabbert et al.，2011）。而 SCRs 中的 CS 的辨别似乎以偶然性知识为条件（Fulcher and Hammerl，2001；Hamm and Vaitl，1996；Sevenster et al.，2014）。

综上所述，当对学习成功的主观测量感兴趣时，CS-US 权变评分的习得是必不可少的。因此，基于试次的在线评估 US 期望比实验后评估更有效和可靠（Lovibond and Shanks，2002）。

2. 情感评级

除了 CS-US 应急评级，CSs 可以评估效价（"积极/消极"）、唤醒（"激活"）(Bradley and Lang，1994）、恐惧和焦虑（"当你看到这个标志时，你的恐惧和焦虑有多强烈？"）。与 CS-US 应急评级的评估类似，这些评级可以在每个试次即时或回顾性地在线评分。重要的是，虽然在线评分可能有利于学习率的建模，但评分过程中的认知和运动成分可能会干扰 CRs 的生理和神经测量（Marschner et al., 2008）。因此，对评价程序与其他措施和与其他实验阶段的过渡进行仔细地考虑是必要的。

综合考虑恐惧测量指标的特点，本书的研究选取皮肤电导反应、ERP 和 US 主观预期值作为恐惧习得和泛化的主要因变量指标。

第 2 章　恐惧泛化的联结学习模型

2.1　Bush 和 Mosteller 泛化模型

　　Bush 和 Mosteller（1951）以联想学习的基本理论为基础提出了一个简单的刺激泛化模型。虽然该模型在解释相似性和辨别性之间的一些差异方面是有用的，但对刺激泛化的解释是循环论证的：泛化被认为是一个相似的函数，相似性是由泛化的数量来定义的。该模型采用了联结学习的基本方法，即组成 CS 的各种组件构成了一组离散元素。每一种元素都可以获得与 US 的某种联系，但不是所有的元素都有条件。在任何给定的学习实验中，动物只会与某些元素形成联结。在条件反射之后，如果动物出现了一组新的元素，那么动物进行泛化学习的概率取决于新元素集合和之前条件元素集合之间的相似性重叠。

　　重要的是，这个模型没有试图解释有机体如何根据感知到的刺激物的相似性沿着物理维度做出反应。他们指出，"任何合理的相似性度量都非常依赖

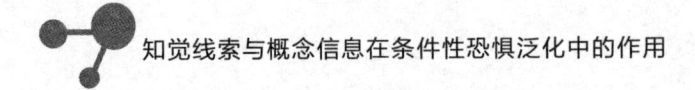

于有机体"（Bush and Mosteller，1951）。因此，该模型的主要局限性是，它是描述性的，并没有对刺激泛化梯度的形状做出任何预测。

2.2 梯度交互作用理论

泛化的预期可以通过结合 CS+ 的兴奋梯度和 CS- 的抑制梯度来得到。该理论的主要缺陷是它提供了很少的理论理由来假定一种形式的泛化表征优于另一种（Ghirlanda and Enquist，1999）。两个梯度的相互作用产生泛化。但其不能解释单调梯度。对梯度相互作用理论的主要反对意见仍然是泛化理论不是从一个理论建议中产生的，而必须是假设或从实验中得到的。该理论不能解释强度维度和非强度维度的差异。

梯度交互作用理论可以从零强度刺激对强度梯度的影响的角度来解释。但该角度不能说明低强度的强化刺激并没有表现出单调梯度。

2.3 联结学习模型

在 20 世纪出现了一个极具影响力的经典条件作用模型 Rescorla-Wagner 模型（Rescorla and Wagner，1972）。而这个模型没有明确解释刺激泛化，修订后的 Rescorla-Wagner 模型才被设计用来解释刺激泛化的过程（McLaren and Mackintosh，2002）。

该模型的基本原则是，CS 在每次学习实验中都可以获得或失去联结强度，这取决于它在预测 US 方面的价值。这个想法可以通过下面的等式来体现：

$$\Delta V = \alpha\beta(\lambda - \Sigma V)$$

式中，V 为 CS 的联结强度，ΔV 为 CS 的联结强度变化。α 值和 β 值在 $0 \sim 1$，分别表示 CS 和 US 的显著性。US 的最大值（渐近线）由 λ 给出，由

US 的大小确定。因此，方程简洁地表明，CS 的结合强度变化由 US 的最大值减去 US 的预测决定。如果 US 不被预测，那么这个值将会很大，并且 CS 的关联强度会增加。一旦 CS 以完美的精度预测 US，CS 就不会获得额外的联结强度。换句话说，一旦 US 不再令人惊讶，就没有新的学习。重要的是，这个模型假设在一个给定的学习实验中出现的所有 CSs 都可以作为兴奋性或抑制性使 CS 与 US 联系起来。ΣV 捕捉到了这一点，它描述了 CSs 如何求和来确定关联强度。这最后一点使 Rescorla-Wagner 模型成为联结学习的基本模型。Rescorla-Wagner 模型可以用来解释刺激泛化的证据来自 Rescorla（1976）的一项研究，他论证了泛化对条件性恐惧表达的影响。该模型通过由单个元素构成的刺激结合刺激的概念，对刺激泛化的效果进行了若干预测。例如，由于音调存在于感官维度，两个音调（a, b）将具有某些共同的特征（X），允许学习刺激之间的转移。

Rescorla 通过将大鼠暴露于一种音调（b），然后对一种新的音调（a）进行条件反射来探索模型的这一方面。由于 a 和 b 具有共同的特征（音调，X），条件反射应该通过强化 b 来提高到 a。通过几个实验，这一结论得到了验证（Rescorla，1976）。但是，该模型不能解释单独刺激 A 习得恐惧后，复合刺激 AB 的恐惧反应弱于刺激 A 的现象。

2.4 构形理论

经典条件作用的 Rescorla 和 Wagner 模型在本质上是元素的，而 Pearce（Pearce，1987；1994）提出的学习模型被称为构形理论。这两种方法的区别在于，元素理论认为，构成 CS 的元素可以进入与 US 的个体关联（Rescorla and Wagner，1972），而构形理论则认为，这些元素结合起来形成一个复合表征，进入与 US 的单一关联（Pearce，1987）。

构形模型解释了 Rescorla-Wagner 模型的某些失败之处，特别是在解释刺激泛化方面。如果 CS（A）与新的 CS（B）结合，对化合物 AB 的反应减少，这是 Rescorla-Wagner 模型没有预测到的。依据构形刺激的概念，皮尔斯模型能够解释从 A 到 AB 响应的衰减。简单地说，泛化是由元素 A 与复合 AB 之间的相似性决定的。因为 AB 共享了类似的元素，个体可以预期一些泛化，但由于 B 存在于化合物中，这两种刺激就不相同，因此，这只是部分泛化。值得注意的是，Pearce（1987）模型是一个相似模型，因此不会产生具有强度维度响应偏差特征的单调泛化梯度（Ghirlanda，2002）。

2.5　McLaren 和 Mackintosh 泛化模型

在 Rescorla–Wagner 模型的基础上，MacLaren 等提出了新的模型。该模型强调刺激的每个元素都可以获得不同数量的联结价值。这种基本的方法引出了关于动物学习如何泛化行为的有趣预测。例如，虽然相似性是基于 CS 和另一个刺激之间有多少兴奋重叠的梯度，但这并不一定意味着更相似的刺激会引发更多的泛化。这是因为条件反射过程中的差异强化建立了那些特定刺激元素获得联结价值。根据 Rescorla–Wagner 模型的纠错规则，只有 CS+ 的共同元素获得联结值，而未增强控制刺激的共同元素（或 CSs 之间共享的元素）失去联结值。因此，如果一个生物体被呈现两个与 CS+ 相似度不同的新刺激，泛化是由与 CS+ 所共有的元素决定的，这些元素也有助于区分 CS+ 和 CS−（McLaren and Mackintosh，2002）。此外，如果新刺激比 CS+ 包含更多的关键元素，那么它可能比 CS+ 本身引发更多的响应（即峰值转移）。

第3章 恐惧泛化的神经机制

神经影像研究已经阐明了一些不同的大脑区域对泛化效应敏感。现有的关于恐惧泛化的神经机制研究还处在初步探索的过程中，关于其神经机制还不十分清楚，现将目前的主要研究情况总结如下。

3.1 杏仁核

杏仁核在恐惧情绪的学习和表达中处于核心地位（Davis，1992；LeDoux，2003），感觉输入必须首先通过丘脑介导的途径传递到杏仁核（Das et al.，2005；Shi and Davis，2001）。因此，早期知觉加工在恐惧泛化中发挥着重要作用（Struyf et al.，2015）。但杏仁核与恐惧泛化和条件性恐惧的关系并不一致（Dunsmoor，et al.，2011a；Kaczkurkin et al.，2017）。这种不一致性可能与杏仁核亚核的功能差异有关。在杏仁核内，外侧核（LA）被认为是恐惧学习和记忆可塑性的关键部位（Goosens and Maren，2001）。基底外侧杏仁核（BLA）接收通过丘脑中继核传递的感觉信息，并与情境信息整合，从而帮助建立威胁偶发。这些信息随后被传输到中央杏仁核（CeA）和其他区域，如纹状体，以调节适应性行为（战斗或逃跑反应）（Janak and Tye，2015）。杏仁核与终纹床核（BNST）在解剖学上和功能上有很强的联系（Avery et al.，2014；Torrisi et al.，2015），BNST 也与威胁反应有关（Davis et al.，2010；Lebow and Chen，2016）。BNST 和 CeA 在解剖学上定义为几个小的、紧密相连的区域的宏观结构的一部分，被称为扩展杏仁核（Shackman and Fox，2016；Tyszka and Pauli，2016）。CeA 被认为是对可识别的威胁（即"恐惧"）做出更直接、阶段性的反应，而杏仁核的侧核和 BNST 被认为支持更持久的忧虑状态（焦虑）（Klumpers et al.，2017；Shackman and Fox，2016）。这些不同的杏仁核亚区可能在威胁的泛化中的作用不同。动物研究表明，当刺激与威胁相关联时，BLA 倾向于泛化（Grosso et al.，2018；Resnik and Paz，2015）。BNST 可能对威胁泛化也很敏感，在处理模糊和/或不可预测的威胁线索时起着关键作用（Alvarez et al.，2011；Goode et al.，2019；Somerville et al.，2010）。功能连接的研究表明，BNST 和杏仁核亚核之间存在重叠和不同的功能连接（Gorka et al.，2018；Tillman et al.，2018；Torrisi et al.，2015；Weis et al.，2019）。杏仁核在恐惧泛化中的作用尚不清楚，因此考虑更广泛的杏仁核复合体及其细分可能更有利于探索恐惧泛化的神经机制。

3.2 海马体

海马体（hippocampus，HPC）在恐惧泛化过程中起着重要作用。海马体及其皮质输入的损伤增加了威胁泛化（Bucci et al.，2002；Solomon and Moore，1975；Wild and Blampied，1972）。泛化的神经模型主要基于海马体（Lissek，2012），通过模式分离和模式完成来促进刺激识别（McHugh et al.，2007；Rolls，2013；Yassa and Stark，2011）。在感觉信息不完整或不明确的情况下，新刺激和习得的威胁线索之间的充分重叠导致海马体的模式完成，随后激活恐惧兴奋的结构（如杏仁核、岛叶），然而，如果这些刺激的神经表征更加明显，海马体就会启动模式分离并激活与恐惧抑制有关的结构，如腹内侧前额叶皮层

(vmPFC)(Lissek et al.，2012)。模式分离和模式完成过程涉及海马体的不同亚域(McHugh et al.，2007；Rolls，2013；Yassa and Stark，2011)。动物研究为齿状回促进模式分离提供了强有力的证据(Amaral et al.，2007；Clelland et al.，2009；Glover et al.，2017)。虽然对人类齿状回功能的研究相对较少，主要是由于难以明确界定海马体子区的空间边界，但近期研究表明齿状回/CA3子区表现出模式分离倾向，而CA1子区表现出模式完成倾向(Bakker et al.，2008；Dimsdale-Zucker et al.，2022；Lacy et al.，2011)。恐惧泛化的计算模型以海马体功能为中心(Gluck and Myers，1993；Kumaran and McClelland，2012)。在习得恐惧之前，HPC的损伤在恐惧回忆测试中没有导致恐惧记忆的恢复，在习得恐惧之后，HPC的损伤没有导致恐惧记忆的丧失(Wiltgen et al.，2010)。与之互补的是内侧前额叶皮层(mPFC)病变已被证明抑制远期的旧恐惧泛化(Xu et al.，2012)。这些结果表明，海马体对新恐惧泛化的表达很重要，对远期恐惧泛化的表达也很重要。

最近对啮齿动物的研究表明，依赖时间的恐惧记忆泛化受到海马齿状回细胞活动的驱动(Guo et al.，2018)。在一项对灵长类动物的关键研究中，研究人员发现，海马体活动只对检索情境性恐惧记忆是必要的，而只有前扣带皮层才对长时(>24小时)恐惧记忆泛化的表达是必要的，这与皮层记忆重新激活的模型是一致的(Einarsson et al.，2015)。然而，其他研究表明，前扣带回仅通过与腹侧海马体(vHPC)的交互作用来调节恐惧记忆的泛化，而背侧海马体(dHPC)支持辨别(Cullen et al.，2015)。同时其他研究也证明在雌性大鼠中时间依赖的泛化作用更强，这可能与海马中的雌二醇信号有关(Lynch et al.，2014)。少量的人类研究也表明雌激素信号在编码后泛化效应中起作用。与未服用孕激素的女性相比，服用孕激素的女性在恐惧条件反射中表现出类似的CS+/CS-辨别，但在第二天的简单回忆测试中，辨别减少(Lonsdorf et al.，2015)。

海马体的关键功能是形成情景记忆(Burgess et al.，2002；Jarrard，1993；Scoville and Milner，1957)，它已经被发现其在确保消除重叠的感觉输入的辨别中是必不可少的，这个过程被称为"模式分离"。有人提出，模式分离障碍可能是PTSD患者对情绪刺激的恐惧反应过度泛化的基础(Kheirbek et al.，2012)。模式分离被认为发生在海马齿状回(DG)。以往的研究表明，模式分离的机制可能具体定位于齿状回的颗粒细胞群，来自内嗅皮层的输入被分散到一个广泛的、稀疏放电的细胞层上，因此，关于类似情境表征的信息被分散到不重叠的神经元群中。这种神经元组织被认为有助于模式分离（Lisman et al., 2011；Treves et al., 2008）。海马体介导的模式分离障碍在决定情境特异性泛化中起作用，海马体体积的减少与PTSD患者对负面环境的泛化有关（Levy-Gigi et al., 2015）。较小的海马体体积可能预示着PTSD的病理易损性（Gilbertson et al., 2002；Gurvits et al., 1996）。PTSD发生过程中，与海马体相关的缺陷不仅会导致恐惧的泛化，而且会导致一般的学习障碍。因此，海马体体积的减少可能导致模式分离缺陷，进一步导致无法处理情景信息，从而导致PTSD症状。

3.3　前额叶皮层

腹内侧前额叶皮层（ventromedial prefrontal cortex，vmPFC）的激活程度对区分安全与厌恶刺激至关重要。一般认为vmPFC是管理杏仁核的高级脑区（LeDoux，1996；Quirk and Mueller，2008），在病理性焦虑人群中，这种管理是缺失的（Duvarci and Pare，2014；Milad and Quirk，2012）。简单来讲，杏仁核就像防御行为的油门，vmPFC则是刹车（LeDoux，2013）。因此，病理性焦虑人群的症状有可能是由于杏仁核功能的增强或vmPFC功能的减弱或两者兼具而产生的。

在内侧前额叶皮层受损的大鼠中，容易消除的恐惧可以转化为难以消除的恐惧（Gewirtz and Davis，1997；Morgan et al.，1993）。这表明内侧前额叶区域组织的改变可能使某些人在某些情况下（如压力环境）倾向于以一种在正常情况下难以消除的方式学习恐惧。PTSD患者在恐惧泛化任务中也表现出vmPFC功能缺陷（Shin and Liberzon，2010）。在对广泛性焦虑障碍（GAD）患者进行fMRI研究后发现，与正常被试相比，GAD患者在vmPFC、SC等区域出现了更加扁平的梯度曲线，但是在脑岛、前扣带回（ACC）、运动辅助区（SMA）和尾状核的激活程度与正常被试无显著差异（Lissek et al.，2014）。

Greenberg 等人（2013）的研究也发现，GAD 患者在 vmPFC 的激活梯度的斜度系数与特质焦虑水平和抑郁症状呈正相关，即特质焦虑水平越高或抑郁症状越严重，vmPFC 的激活程度就越低。此外，Cha 等人（2014）将 vmPFC 皮层厚度与恐惧泛化梯度关联起来。该研究发现，vmPFC 厚度的减少与 vmPFC 的辨别反应减少相关，这一发现再次证明了 vmPFC 在辨别中的关键作用。有趣的是，更高的 vmPFC 厚度也与成功的恐惧消退呈正相关（Milad et al., 2005）。

3.4 其他相关脑区

3.4.1 蓝斑

在应对威胁时，蓝斑（locus coeruleus，LC）通过去肾上腺素能（NE）传递到广泛的脑干、皮层下和皮层投射来调节自主唤醒、注意定向和学习记忆过程（Díaz–Mataix et al., 2017）。这种与泛化特别相关的投射延伸到海马体，在海马体中，LC 输入会影响可塑性，增强威胁相关记忆的获取和提取（Kempadoo et al., 2016；Lemon et al., 2009；Wagatsuma et al., 2018）。因此，当遇到知觉相似的刺激（即 GS）时，与威胁相关的 LC- 海马信号可能会加强 CS+ 记忆的检索，从而导致更大程度的条件性恐惧泛化。因此，LC 中的积极泛化效应可能反映了危险线索的倾向性极其接近的知觉近于触发增加的唤醒、注意和海马介导的 CS+ 记忆痕迹提取。

3.4.2 中脑导水管周围灰质

中脑导水管周围灰质（Periaqueductal gray，PAG）与包括木僵（Motta et al., 2017；Vianna et al., 2001）、逃跑（Evans et al., 2018）在内的威胁诱发的防御行为的产生有关。PAG 中的积极泛化可能反映了木僵或逃避准备，在最大威胁的 CS+ 发生时达到顶峰，并随着知觉差异的增加而减弱。

除以上脑区外，恐惧泛化研究涉及许多脑区。在追踪神经反应和恐惧评级的研究中，从 GS 到 CS+ 的操作过程中，一项关键的研究发现泛化梯度与杏仁核、岛叶、背侧前扣带回（dACC）和杏仁核-HPC 连接的激活之间存在正相关关系，而与 vmPFC-HPC 的活性和连通性存在负相关关系（即对 GS/CS- 反应最强）（Dunsmoor et al., 2011；Greenberg et al., 2013；Lissek et al., 2014）。泛化（即 CS- vs.CS+ 更强）与楔叶、dACC/SMA、尾状核、丘脑和脑岛前部的活动成正比，而对 CS+ vs. CS- 的恐惧辨别更强与 vmPFC 和 HPC 更强的活动有关（Scharfenort and Lonsdorf, 2016）。另一项对健康参与者的研究，利用多体素模式分析（MVPA），表明脑岛预示与 CS+ 相似刺激的"超敏锐"反应（即比行为反应更具体），HPC 跟踪"模糊性"，只有整合两个区域的信号才能预测 vmPFC 活动和行为恐惧泛化的反应（Onat and Büchel, 2015）。这些表达性泛化机制类似于之前对 vmPFC 和 HPC 编码活动的研究，有助于人类后期的泛化表现（Zeithamova et al., 2012）。最后，一项健康参与者语义/概念恐惧泛化的研究发现，语义泛化与杏仁核、物体敏感皮层和增强的杏仁核-梭状回耦合中的 MVPA 相似性一致（Dunsmoor et al., 2014）。

与健康参与者的这些发现相反，对广泛性焦虑症女性的研究显示，沿 CS+ 对 GS/CS- 连续体的 vmPFC 反应梯度降低，但与健康对照组的 ACC 反应梯度相同，且与 CS+ 刺激相似度呈正相关（Greenberg et al., 2013）。在后续分析中，这些 vmPFC 泛化梯度的降低与 vmPFC 皮层厚度的降低以及与丘脑、扣带回、边缘系统和中脑区域（包括杏仁核、海马和黑质致密部）的白质连通性的降低有关。研究者还发现，vmPFC-IFG 和 vmPFC-丘脑之间的静态状态功能连接（rsFC）预测了更有鉴别性的 vmPFC 梯度，而 vmPFC-杏仁核 rsFC 预测了更少鉴别性的 vmPFC 梯度（Greenberg et al., 2014）。研究者随后发现腹侧被盖区（VTA）激活和泛化梯度之间也存在类似的关系，泛化梯度在 GAD 患者中也有所降低（Cha et al., 2014）。有证据表明，在焦虑症中，这个过程出现了错误，变得不适应，以至于个体对实际上能带来安全感的线索做出恐惧的反应（Dymond et al., 2015；Lissek, 2012）。临床样本中的神经成像有限，但表明 PTSD 患者（Kaczkurkin et al., 2017；Morey et al, 2015）和 GAD 患者（Cha et al., 2014；Greenberg et al., 2013）的脑岛、海马体、

vmPFC 和尾状核等区域异常激活。更广泛地说，焦虑病理经常与恐惧泛化相关的大脑区域功能紊乱有关，如岛叶、杏仁核和 vmPFC（Etkin and Wager，2007）。泛化被认为与 PTSD 的病因有关，它通过在个体的环境中增加焦虑线索，从而增加和/或维持焦虑症状（Lissek，2012）。

适当的泛化模型不仅对理解行为机制很重要，而且对了解求爱仪式或模仿等交流现象的进化也很重要（Enquist and Arak，1998；Holmgren and Enquist，1999）。最初的研究发现，脑岛前部、背内侧前额叶皮层（dmPFC）和背侧前扣带皮层（dACC）具有正向泛化作用，而内侧前额叶皮层（vmPFC）和海马体前部具有负向泛化作用（Dunsmoor et al.，2011；Greenberg et al.，2013；Lissek et al.，2014）。在综合这些早期结果和动物文献发现的基础上，Lissek 等（2014）提出了条件性恐惧泛化的临时神经模型。在这个模型中，海马体图式对每个呈现的 GS 的视觉表征与存储在记忆中的 CS+ 进行匹配。与 CS+ 具有更高表征重叠度的 GSs 提示海马介导模式完成，激活 CS+ 表征并在杏仁核、前岛叶和 dmPFC/dACC 等与恐惧兴奋相关的下游区域产生激活。相比之下，具有与 CS 表征重叠较低水平的 GSs+ 会促使海马区进行模式分离，然后激活与恐惧抑制相关的区域，如 vmPFC。

Webler 等人（2021）结合前人研究提出了更新的条件性恐惧泛化的神经工作模型，包括神经结构的激活显示沿着积极的（红色的结构）和消极的（蓝色的结构）泛化梯度下降。在获得恐惧到视觉条件危险提示（CS+）之后，暴露在类似但安全的泛化刺激（GS）下会激活丘脑的感觉核，丘脑核通过快速的"低通路"将 GS 的视觉信息发送到基于杏仁核的恐惧回路，并通过"高通路"发送到视觉皮层。丘脑信号通过低通路激活杏仁核，触发基于杏仁核的威胁网络的皮层下（如 LC 和 PAG）和皮层（如 AI 和 dmPFC/dACC）方面的快速激活。LC 的激活通过肾上腺素能投射释放去甲肾上腺素来激活海马体，使海马体倾向于模式完成。接下来，由"高通路"产生的 GS 的精细视觉表征到达海马体，在那里，GS 的神经表征和之前编码的 CS+ 之间的重叠被评估。当 GS/CS+ 表征重叠与 GS 诱发 LC 信号之间具有足够的协同作用，海马体中的 CA3 神经元被认为启动模式完成，导致与威胁处理相关的大脑结构（杏仁核、AI、dmPFC、PAG、LC）的激活，并触发泛化的威胁反应的自主神经、神经内分泌和行为成分。接下来，这些与威胁相关的激活参与了大脑的执行控制区域（IPL、dlPFC、vlPFC）的活动，在这些区域，注意和情绪调节过程被部署在响应优化服务中。在 GS/CS+ 表征重叠和 LC 信号混合不足的情况下，海马中的齿状回神经元被认为是启动了"分离模式"，这是与恐惧抑制和静息状态恢复相关的默认模式结构中的传播活动（vmPFC、MTG、AG）。这种默认模式的激活会减少低路径较早开始的基于杏仁核的恐惧网络的持续活动，从而遏制广泛性焦虑。最后，当 GS 的出现伴随着厌恶性 US 的缺失时，可能会触发 VTA 中多巴胺能的正向预测错误信号，通过其控制杏仁核和 vmPFC 中的安全编码神经元来支持安全学习（即加强 GS/no-US 关联）。这种预测误差过程是一种很有希望的机制，通过重复暴露于未强化 GSs 来减少恐惧泛化。

第 4 章 条件性恐惧泛化研究存在的问题

4.1 基于刺激知觉性或概念性的恐惧泛化

恐惧泛化是动物对外部威胁做出反应（或战或逃）的重要能力，是其生存的必要条件。然而，恐惧的过度泛化是非适应性的，是广泛性焦虑障碍、惊恐障碍、社交焦虑障碍和 PTSD 等焦虑障碍的核心特征。以往有关恐惧泛化的研究主要基于刺激材料的知觉特征（知觉泛化）和刺激的类别概念属性（概念泛化）。研究发现，与 CS+ 越相似的刺激诱发的恐惧反应越强（Lissek et al., 2008），当 GS 与 CS+ 的物理相似度等距离变化时，其诱发的恐惧反应强度表现出与物理属性相关联，可以拟合为一个梯度变化的函数，即泛化梯度，以 CS+ 为中心，在其两侧对称分布的 GS 诱发的泛化梯度称为对称梯度；在辨别性条件性恐惧习得过程中，远离 CS- 方向在 CS+ 右侧的 GS 渐次诱发比 CS+ 更强的恐惧反应，形成的泛化梯度可以通过线性函数拟合，即线性梯度。与 CS+ 属于同一类别的刺激也会诱发恐惧反应且越典型的类别成员产生的恐惧

反应越大（Dunsmoor et al., 2012, 2015）。以往的研究从行为、生理和认知神经等多方面对恐惧泛化的发生机制和影响因素等角度进行了研究，在恐惧的知觉泛化和概念泛化方面积累了一定的成果基础。这些研究不仅帮助人们理解恐惧泛化，也提供了情绪学习和认知、心理障碍病理与临床干预的新思路。然而，在实际生活中，条件性恐惧刺激不仅包含知觉信息，还包括概念信息，知觉信息和概念信息如何共同影响恐惧泛化，刺激本身所包含的初级知觉信息和高级认知信息在恐惧泛化中的作用机制尚不清晰。恐惧条件反射研究几乎普遍使用简单的感官线索，如光线和音调。然而，许多现实世界的恐惧是复杂的，恐惧刺激通常可以由相互关联的概念和信息网络表示，并且可以在每次遭遇中呈现出不同的形式。预测哪些信息可能获得情感意义，并在现实生活中引发恐惧和焦虑，仍然是一个挑战。例如，患有创伤后应激障碍的战斗老兵可能会表现出对某些物品的绝对恐惧，这些物品会让老兵联想到他们被部署的区域。新兴的研究开始揭示与人类恐惧泛化相关的行为和神经机制（Dymond et al., 2011；Lissek et al., 2013；Vervliet et al., 2010）。目前的研究表明，一个人如何概念化 CS 可能会对如何将恐惧泛化到新的刺激产生重大影响。

综上所述，恐惧泛化并非简单的知觉元素的刺激，还包括高级认知加工。因此，探明知觉和概念信息在恐惧泛化中的作用机制具有重要意义，这有助于进一步理解恐惧的学习机制和焦虑障碍患者的认知特点，同时也可为有效治疗焦虑障碍提供理论依据和应用基础。

4.2 基于信息加工的综合恐惧泛化

刺激泛化被假设为一种基于知觉相似性或概念相似性的分类结果（Leventhal and Trembly, 1968）。在现实生活中，根据知觉或概念相似性对恐惧泛化进行分类是困难的，因为这两个因素同时促进恐惧泛化。实验室研究中，Shiban 等人（2016）发现，幽闭恐惧症患者对知觉线索比对概念信息表现出更强的恐惧反应。个体单独对知觉线索的反应比单独对概念线索的反应表现出更大的恐惧。在蜘蛛恐惧症患者中，叠加的概念和知觉线索并没有导致恐

惧反应的显著增加（Perpkorn et al., 2014）。然而，关于健康个体的研究发现，概念相关的刺激诱发了更强的恐惧反应（Wang et al., 2021）。这说明不同的焦虑障碍患者之间以及焦虑障碍患者与健康个体之间可能存在对知觉线索与概念信息不同的加工机制。焦虑个体这种关于知觉线索和概念信息加工的异常可能是焦虑障碍的一个重要病因。因此，本书尝试在前人研究的基础上，从信息加工的角度通过知觉线索和概念信息在恐惧泛化中的作用机制来探究焦虑障碍潜在病因，为焦虑障碍的治疗寻找新的靶机制。主要从以下几方面进行研究：

（1）恐惧泛化中知觉线索与概念信息的联系。目前，国内外研究者分别从知觉泛化和概念泛化两个角度研究恐惧泛化，但较少有研究者同时研究恐惧泛化中的知觉泛化和概念泛化。知觉与高级认知过程如何共同影响泛化的过程是一个值得探讨的有意义的话题。一方面，可以探讨知觉泛化中概念信息的作用。近年来，在关于知觉泛化的研究中，Lee 等人（2018）通过正刺激（已知具备某属性的刺激）和负刺激（已知不具备某属性的刺激）探究了归纳推理在泛化中的作用机制，发现不同习得过程可以对泛化梯度起作用（Lee et al., 2018）；同时，在知觉泛化中出现了基于规则的泛化梯度（Ahmed and Lovibond，2018）。这表明在知觉泛化中存在概念信息的作用，但概念信息是如何在知觉泛化中起作用的尚未研究。另一方面，可以探讨概念泛化中知觉信息的作用。在恐惧泛化中，刺激的知觉信息和概念信息是难以分离的。Bennett 等人（2015）通过 MTS 范式探究了在概念泛化过程中，同时存在与类别刺激知觉相似刺激的泛化。然而，在概念泛化中知觉相似刺激是否存在与知觉泛化类似的基于相似性的泛化梯度尚不清楚，这对于探究知觉和概念信息在恐惧泛化中的作用机制有着重要的意义。

（2）恐惧泛化中知觉线索和概念信息的作用对比。Lang（1977）提出，要激活整个恐惧记忆，必须匹配某些关键数量的信息单位，一些信息元素在诱发恐惧结构上尤其重要。他提出，强烈恐惧症的特征可能是可以用最低限度匹配的信息来唤起强烈连贯的结构。例如，看到一根卷曲的花园软管可能会引起蛇恐惧症患者强烈的恐惧；温暖的感觉可能引起广场恐惧症患者的恐慌发作，他们害怕生理上的焦虑感。在缺乏其他评估结构方法的情况下，使用匹配的方式来解释恐惧激活有循环论证的风险。为了避免这种循环，我们必须首先从自我报告、行为观察等方面确定结构。对匹配信息做出反应的数据可以被用来验证关于结构的假设。因此，与假设结构相似程度不同的情景会引起不同程度的恐惧。

暴露疗法是治疗焦虑障碍的常用方法之一，其内在机理是通过新的学习与旧学习产生竞争。根据联结学习理论，新学习的效果与预期违反有着重要关系，产生最大预期违反刺激的消退具有更好的消退的泛化效果。因此，寻找更强的泛化刺激对恐惧消退的泛化有重要意义。同时，知觉泛化和概念泛化是否存在二级传递的效果，即概念泛化刺激是否会进一步泛化到与其相似的知觉刺激，是否会产生恐惧泛化的递减效应尚不清楚。这有助于进一步探究焦虑患者恐惧学习的认知特点，可以为临床治疗提供理论启示。

（3）知觉泛化和概念泛化发生的时间机制。恐惧泛化的过程既涉及初级加工的知觉线索加工，又包含高级认知加工，它们在加工过程中是如何影响恐惧泛化的，恐惧情绪与初级知觉加工和高级概念加工的关系是什么，这些都对理解情绪与认知的关系有启发意义。

（4）知觉线索和概念信息在消退的泛化中的应用。在焦虑障碍的治疗中，经常出现恐惧的返回（目前认为恐惧返回是两种记忆竞争的结果，减少恐惧返回有两种途径：一种途径是基于记忆再巩固理论进行提取消退；另一种途径是产生大于 US 的 noUS 联结来减少恐惧返回），这是长期以来临床治疗中存在的困扰，即恐惧的消退没有很好的泛化效果。近期有研究发现，产生最大预期违反的刺激能产生较好的消退的泛化效果。长久以来，消退刺激选取的一般为与 CS+ 相似的刺激，而在恐惧习得时，不仅有知觉的参与，更重要的是有高级认知活动的参与，比如概念信息。可以通过知觉线索与概念信息在恐惧学习中的作用来选取消退刺激进而促进恐惧消退的泛化，为恐惧的消退提供新思路，为认知行为疗法提供更有力的证据。

4.3　本书的总体框架

本书知觉线索与概念信息在恐惧泛化中的作用研究的核心部分包括在恐惧泛化中知觉线索与概念信息的联系和对比。

第4章 条件性恐惧泛化研究存在的问题

本书从初级知觉加工和高级认知加工的角度来探究恐惧泛化的潜在机制，主要体现为恐惧泛化中知觉线索与概念信息的关系研究。另外，由于恐惧消退的返回制约着焦虑障碍治疗效果，因此在研究中我们将恐惧泛化与消退相结合，更全面深入地探索知觉线索与概念信息在恐惧泛化中的作用机制。

综上所述，本书着重研究知觉线索与概念信息在恐惧泛化中的作用及其在恐惧消退的泛化中的应用。在恐惧泛化机制中，创新性地选取一个角度——知觉线索与概念信息的关系角度，将以往单独对知觉泛化和概念泛化的研究整合起来，考察知觉泛化与概念泛化的联系和对比，探究其在恐惧泛化中的作用机制，同时探索其在恐惧消退的泛化中的作用效果。研究拟选用 US 主观预期、生理 SCR 指标和 EEG 指标，从行为层面、生理层面（皮肤电和脑电）等系统研究恐惧泛化的作用机制，并以此来进一步为探究焦虑障碍患者的认知加工特点提供基础。本书研究结果将有助于解决该领域存在的实际问题，并对焦虑症等疾病的临床治疗提供重要启示。本书总的系统框架图如图 4-1 所示。

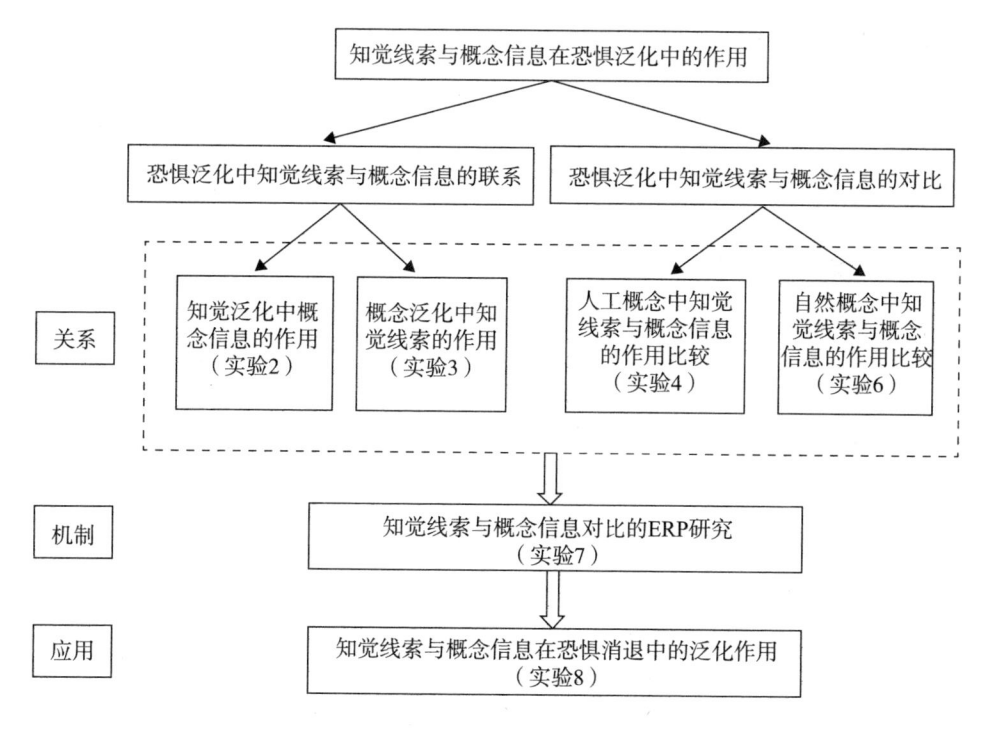

图 4-1 本书总框架图

本书研究拟开展以下四大部分的研究，包括8个实验。

（1）研究一：条件性恐惧泛化中知觉线索与概念信息的联系。

实验一：不同的强化率对条件性恐惧泛化的影响（第6章）。

实验二：知觉泛化中概念信息的作用（第7章）。

实验三：概念泛化中知觉线索的作用（第8章）。

（2）研究二：条件性恐惧泛化中知觉线索与概念信息的对比。

实验四：人工概念中知觉线索与概念信息的作用比较（第9章）。

实验五：知觉泛化与概念泛化中的二级泛化（第10章）。

实验六：自然概念中知觉线索与概念信息的作用比较（第11章）。

（3）研究三：知觉线索和概念信息在恐惧泛化中的作用。

实验七：自然概念中知觉线索与概念信息对比的ERP研究（第12章）。

（4）研究四：知觉线索与概念信息在恐惧消退中的作用。

实验八：强度刺激在条件性恐惧消退中的泛化作用（第13章）。

第 5 章 研究意义

5.1 理论意义

恐惧是人类的基本情绪，对人类的生存和发展具有重要意义。恐惧情绪产生后，有机体对恐惧刺激物的反应不会只局限在最初的恐惧诱发刺激物上，而是会扩展到与最初诱发物相似或相关的其他刺激物上，就产生了恐惧泛化。恐惧泛化是个体对外部世界的适应性反应，对人类的生存和发展具有重要的生物进化意义。目前恐惧泛化从知觉特征和类别概念两大方面做了大量的相关研究。然而，在实际生活中，条件性的恐惧刺激不仅包含知觉信息还有概念信息，关于知觉信息和概念信息在恐惧泛化中的作用机制研究较少。本书从知觉和概念信息加工的角度来探究恐惧泛化的机制原理，有助于更深层次地了解恐惧情绪的发生发展，完善并丰富关于恐惧情绪的模型理论。另外，本书基于恐惧泛化中的信息加工特点，试图寻找调节恐惧过度泛化的方法，可以为其在临床治疗中的应用提供理论支持。

5.2 实践意义

恐惧泛化作为一种学习现象,对有机体的生存、发展具有重要意义,可以使个体迅速躲避潜在危险。但是恐惧的过度泛化却是对恐惧的不当反应,被认为是焦虑障碍等心理问题的核心特征之一。在焦虑障碍的治疗中,长期以来存在高复发率的困扰,这在一定程度上是由消退效果的不稳定引起的。本书从信息加工的角度出发探究恐惧泛化的机制,进而了解人们恐惧情绪的认知加工特点,可以为对恐惧的过度泛化进行干预提供更有针对性的治疗方法,为改进现有的治疗方法和探索更为有效的心理治疗方法提供科学的指导和依据,促进基础研究向心理治疗或临床治疗的转化。

第6章 不同的强化率对条件性恐惧泛化的影响

6.1 研究背景

恐惧过度泛化被认为是焦虑障碍的关键特征和维持因素（Dunsmoor and Paz，2015；Grady et al.，2016；Lissek et al.，2010；Milad and Quirk，2012）。临床焦虑个体在条件性恐惧学习过程中表现出非适应性的特点。一些焦虑程度更高的个体对威胁刺激表现出更强的恐惧反应（Blechert et al.，2007；Zinbarg and Mohlman，1998），而其他人则表现出对安全信号的恐惧反应抑制减弱（Baas et al.，2008；Jovanovic et al.，2010）。焦虑症的特征是对威胁刺激的恐惧反应增加，还是对安全刺激的恐惧抑制减少，仍存在争议（Orr et al.，2000）。恐惧泛化研究发现，状态焦虑个体对威胁刺激的恐惧反应增强，对安全刺激的恐惧反应抑制减弱（Xu et al.，2016）。恐惧泛化的研究对更好地理解焦虑障碍具有重要意义（Dunsmoor and Paz，2015；Laufer et al.，2016；Lissek et al.，2010；Lissek et al.，2014；Morey et al.，2015）。

在实验室研究中，通常使用经典条件反射范式来研究恐惧泛化。一般认为对 CS+ 的恐惧是由预测 US 发生的信号引起的，条件性恐惧是一种预期学习（Mitchell et al., 2009）。威胁预测信号也出现在与 CS+［泛化刺激（GS）］相似的刺激中，这些 GSs 预测威胁的程度可能与 CS+ 预测 US 的概率有关。持续强化和部分强化之间的区别是阐明恐惧泛化潜在复杂机制的关键。

条件性恐惧范式通常利用不同的强化率来研究焦虑障碍的学习和记忆过程。强化率被认为会影响条件反应的强度（Grant and Schipper, 1952）和记忆（Haubrich et al., 2020）。Grant 等（1952）的一项早期研究使用五组不同比例的强化（0%、25%、50%、75%、100%）来评估 CRs。结果发现，CR 的频率百分比随着强化率的增加而增加（Grant and Schipper, 1952）。然而，Silver 等（1977）通过比率分别为 25%、50%、75% 和 100% 等四组 US 与 CS 配对来研究经典条件作用，发现只有 75% 和 100% 组获得皮肤电导反应的经典条件反射。巴甫洛夫条件反射研究中一个常见的假设是，连续强化导致快速习得 CR（Knight et al., 2004；LaBar et al., 1998），而间歇性配对则被用于减缓消退过程（Phelps et al., 2004）。值得注意的是，最近的一项比较不同强化率的研究得出结论，在恐惧习得过程中，部分强化之后跟随连续的 CS-US 配对产生最强的 CR，在消退学习中也保持了最强 CR（Grady et al., 2016）。Grady 等（2016）还发现，与使用部分配对的条件作用过程相比，连续配对会导致快速消退。因此，目前研究认为部分增强消退效应（partial reinfo-rcement extinction effect，PREE）可能与强化率的变化有关。

一项关于恐惧条件反射的功能磁共振成像研究表明，神经系统、认知和行为模式在连续强化和部分强化之间存在差异（Dunsmoor et al., 2007）。结果表明，与 100% 或 0% 强化组相比，50% 强化组脑岛和背外侧前额叶皮层（dlPFC）的活跃程度显著更高。基于这一发现和之前的研究，该研究者认为，脑岛和 dlPFC 的倾向与 US 呈现的不确定性有关（Dunsmoor et al., 2007）。与持续强化相比，部分强化会导致认知偏差的形成。研究表明，与刺激呈现后 100% 的负性结果（确定性）相比，在刺激有 50% 的机会导致负性结果（不确定性）的条件下，参与者倾向于表现出更大的负性情绪（Dieterich et al., 2016；Grupe and Nitschke, 2011）。这些结果表明，部分强化和连续强化导致恐惧条件反射的不同学习模式。与 100% 的强化程序相比，接受 50% 的强

第6章 不同的强化率对条件性恐惧泛化的影响

化程序会降低响应频率（Dunsmoor et al., 2007; Svartdal, 2003）和延长消退学习（Grady et al., 2016; Haselgrove et al., 2004）。这些现有的研究支持了部分强化和连续强化导致不同的恐惧学习机制的观点。因此，在使用连续强化和部分强化的研究之间比较恐惧泛化可能是有问题的。此外，据我们所知，迄今为止还没有比较连续强化、低部分强化和高部分强化的恐惧泛化的相关研究。

恐惧泛化主要表现为对与 US 没有直接关联的刺激的恐惧反应，这可能是刺激产生的威胁的不确定性导致的（Wong and Lovibond, 2018）。尽管有些研究使用了连续强化（Dunsmoor, White et al., 2011; Vervliet et al., 2010; Vervliet and Geens, 2014），但大多数研究使用部分强化来研究恐惧泛化。部分强化方法的使用某种程度上是基于这样一种信念：部分 CS–US 配对将增加对消退的抵抗，以及在消退阶段延长条件性恐惧的时间。然而，大量研究未能发现 PREE 采用了更高的强化率（75%～80%）（Asthana et al., 2016; Kindt and Soeter, 2013）。与其他几项研究相反，这些研究成功地确定了具有较低强化程序的 PREE（38%～60%）（Hu et al., 2018; Li et al., 2017; Schiller et al., 2010; Schiller et al., 2013）。不同的部分强化程序对恐惧泛化的影响是一个值得研究的问题（Kitamura et al., 2020）。因此，本研究探讨了部分和连续的 CS–US 配对对条件性恐惧习得和泛化的影响。

基于贝叶斯模型的学习理论预测，低概率的强化会带来更广泛的泛化（Gershman and Niv, 2012; Shepard, 1987）。例如，当雨总是（高概率）在灰色级别 5 的云之后出现时，雨与这个级别 5 相关。然而，灰色级别 5 级的云出现之后偶尔（概率很小）才会下雨，雨很可能与更大范围的灰色水平相关（例如，6 级或 4 级），但并不总是与 5 级相关。一般来说，与低概率相比，灰色 5 级云在高概率的情况下更明确地预测了降雨，因此泛化性较差（6 级或 4 级预测降雨的可能性较小）。相反，5 级灰色云在概率较低时，不确定性较大，因此泛化程度较高（6 级或 4 级更有可能预测降雨）。学习者在进行预测时，会假设灰色范围较广，概率较低。此外，联想强度可以通过标准操作程序（SOP）模型（Wagner, 1981）来估计。SOP 假设兴奋性学习和抑制性学习分别发生，并由 CS 和 US 同时激活产生。获得的 CS–US 联结不仅影响响应的概率，还影响对 US 的处理（Vogel et al., 2019）。当该 US 的节点不太容易被激活时，它产生的联想学习就更少。然而，某些联想学习模型假设，对于类似CS+的刺激，持续强化会产生更大的泛化，而部分强化会产生更大的泛化梯度。例如，刺激抽样理论（Atkinson，1963）将刺激概念化为一系列元素。在每次试验中，只有每个刺激元素的子集被处理，在试验的过程中，抽样略有不同的子集。在强化试次中，只有这些抽样元素与结果相关联。当新的刺激与结果相关的元素重叠时，就会出现泛化现象（McLaren and Mackintosh，2000）。部分强化率可以预测更多的泛化。具体来说，在部分强化条件下，强化过程中元素的采样是不可预测的，并为其他元素在偶尔的强化试次中获得与US的一些关联强度留下了空间。更多的元素与US获得关联强度，增加了新刺激共享这些元素的机会，因此，将观察到一个更广泛的泛化梯度。

在本研究中，被试通过不同强化率（50%、75%或100%）来学习一个有颜色的圆形与电击配对（CS+）而另一个不与电击配对（CS-）。然后测试被试对一系列颜色新颖的圆圈的泛化能力。这些圆圈沿着绿色和蓝色的维度呈现不同的色调。这些测试刺激提供了基于相似性的泛化梯度的综合估计。我们通过改变强化率来研究在人类巴甫洛夫恐惧条件反射的泛化测试中，强化率对泛化刺激的US主观预期和皮肤电导反应（SCR）的影响。

6.2 研究方法

6.2.1 被试

实验前，我们采用G*Power 3.1软件（Faul et al.，2007，2009）对研究的样本量进行了估算。根据本研究的实验设计，在中等效应量（$d = 0.25$）下，I类错误的概率α水平为0.05，检验效力为0.80时，所需的样本量最少为18人。本研究通过校园海报和网络招募来自华南师范大学的66名学生作为被试，被试均为右利手，视力正常或矫正后正常，无色盲色弱，无精神疾病（史），近期未参加过类似本实验使用电刺激的实验。要求被试实验前不要饮用刺激性

饮料（酒、咖啡等），不要服用激素类药物，不要做剧烈运动。所有被试均在实验前签署了知情同意书，并被告知他们可以随时无理由退出研究，完成实验的被试可获得 35 元人民币被试费。该研究已获得华南师范大学心理学院人类研究伦理委员会的批准（批准号：SCNU-PSY-2020-4-011）。

被试随机被分为 3 组（预实验发现 25% 的强化率不能成功习得辨别性恐惧反应）：50% 组、75% 组和 100% 组（表 6-1）。所有被试均按要求顺利完成实验。

表 6-1 三组被试的基本信息

基本信息	被试分组		
	50% 组	75% 组	100% 组
N（男）	22（9）	22（5）	22（9）
年龄	20.77（1.80）	20.72（1.71）	21.55（2.70）

注：数值报告为 n（n）和平均值（SD）。

6.2.2 刺激材料

1. 条件刺激和泛化测试刺激

本研究共包含 11 个大小相同的圆形刺激（直径 200 像素），这些刺激沿蓝绿色维度的色调变化（图 6-1）（Lee et al., 2018）。刺激的饱和度和亮度是恒定的，分别为 100% 和 75%。刺激沿色调维度均匀变化，最大和最小色调值为 145 和 195。沿着色调维度的方向（从 S1 到 S11）进行项目平衡（绿色到蓝色或蓝色到绿色）。11 个刺激中选择中间刺激作为 CS+（S6）。为了研究泛化安全信号，我们没有像以往研究那样选择终点刺激作为安全刺激（Ahmed and Lovibond, 2019；Lee et al., 2019；Lovibond et al., 2020）。本研究采用距离端点刺激两个距离点的刺激作为 CS-（S3 或 S9）。CS- 比 CS+ 更绿或更蓝，这样每组接受 CS- 训练的参与者都被置于相同的平衡条件下。剩余 9 个刺激为泛化测试刺激。

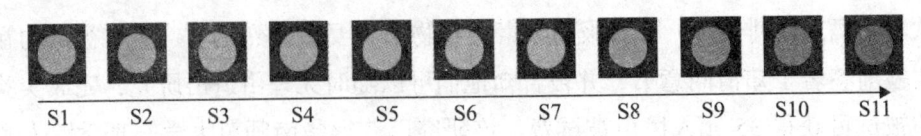

注：维度的方向（从 S1 到 S11）在被试间平衡（绿色到蓝色或蓝色到绿色）。在辨别性强化学习中，S6 始终为 CS+，S3 或 S9 为 CS−。

图 6-1　刺激材料样例图

2. 无条件刺激

无条件刺激（US）为 50 个脉冲/秒、持续 500 毫秒的电刺激，通过一台恒定电流刺激仪进行控制，电击强度因人而异，在正式实验前由被试根据自身的电击耐受性选取"极端不舒服但是可以忍受"的强度，并告诉被试在实验过程中的电击水平都将保持为这一电击强度。该温和电击通过被试右手手腕上的导电凝胶电极片传送给被试。

6.2.3　测量指标

1. US 主观预期值

在每次刺激呈现过程中，被试须对刺激后面跟随电击的可能性进行在线评分。在呈现刺激的同时屏幕下方出现两行提示文本："后面出现电击的可能性"和 1～9 的 9 个数字。1 代表"完全不可能"，5 代表"不确定"，9 代表"完全可能"，数字越大，代表被试认为呈现刺激后面出现电击的可能性越大。被试通过按数字键记录他们的评分。

2. SCR

本研究的生理测量指标为被试的皮肤电反应（SCR）。皮肤电是测量人类恐惧反应最常用的指标之一（Lonsdorf et al., 2017），使用 BIOPACMP 150 生理多导仪（BIOPAC Syste 毫秒, Inc., Goleta, CA）的 EDA 模块来采集被试的皮肤电，采样率为 1000Hz。采集皮肤电的两个电极分别连接到被试

左手的食指和中指指腹上，使用 AcqKnowledge 4.2（BIOPAC Systems, Inc., Goleta, California, USA）软件对 SCR 波形进行离线分析，以刺激呈现时的谷值－峰值差为刺激的 SCR 响应水平。通过用刺激呈现期间记录的最高值减去平均基线（CS 开始前 2 秒）来计算整个区间反应（Mertens et al., 2021；Vervliet and Geens, 2014），低于 0.02 微西门子（μs）的记为 0 并纳入分析（Kindt and Soeter, 2013；Schiller et al., 2010）。通过 US 的反应对皮肤电的原始分数进行校正，再开平方根以减小数据的偏态化分布（Chen et al., 2021；Lykken, 1972）。

6.2.4 实验设计及流程

1. 实验设计

以刺激类型（CS+、CS−）为被试内因素，以组别（50% 组、75% 组和 100% 组）为被试间因素，进行 2×3 的两因素混合实验设计。

2. 实验流程

被试被随机分配到三个组中，在习得过程中暴露于不同的 CS-US 配对率下。连续强化组（100% 组；$n = 22$）在整个习得阶段以 100% 的配对率接受 CS+ 和 US 的联结；部分强化组（75% 组；$n = 22$）在整个习得阶段以 75% 的配对率接受 CS+ 和 US 的联结；另一个部分强化组（50% 组；$n = 22$）在整个习得阶段以 50% 的配对率接受 CS+ 与 US 的联结。没有采用 25% 的强化率，因为小于 50% 的 CS-US 配对率不能可靠地支持强恐惧条件反射（Silver et al., 1977）。

实验过程包含条件性恐惧习得阶段和泛化测试阶段两部分。所有的指导语和刺激都呈现在黑色的背景上。

（1）条件性恐惧习得。在正式实验之前，实验人员把电击仪连接到被试的右手腕上，并根据程序让被试选定适合自己的电击强度，然后把 EDA 模块连接到被试的左手食指和中指指腹上采集实验过程中的皮肤电。实验开始后，被试被要求将注意力集中在屏幕中央的图片上，并学习图片和电击之间的关系。他

们被告知，屏幕上会呈现一些图片，有的图片后面会跟随电击，而有的不会。他们需要按1到9的数字键来判断图片后面出现电击的可能性有多大（US主观预期值）。

习得阶段包括8个CS+和8个CS-，共16个试次（Lonsdorf et al., 2017），每个刺激呈现8秒。按照每组设定的部分强化率和连续强化率，50%组8次中有4次（50%）CS+后面跟随US，75%组8次中有6次（75%）CS+后面跟随US，100%组8次（100%）CS+后面全部跟随US。习得阶段分为四个blocks，每个block中包含2次CS+和2次CS-，刺激伪随机呈现，其中第一个和最后一个CS+后面跟随US，并且同一刺激不能连续出现超过两次。试次间间隔（ITI）在13秒、14秒、15秒、16秒和17秒之间变化，平均为15秒。

在恐惧条件反射之后，被试有5分钟的休息时间。为了确保每个被试在这段短暂的休息时间内都参与了与任务无关的活动，研究人员播放了一段火车经过不列颠哥伦比亚的无声中性视频（Dunsmoor and LaBar, 2013；McClay et al., 2020）。

（2）泛化测试阶段。泛化测试在三组不同强化率条件下都是相同的，采用了两个blocks的设计。在每个block中，9个泛化刺激各呈现1次，CS+和CS-各呈现两次。其中一次CS+后面跟随电击，泛化刺激和CS-之后从不出现电击。所有其他任务设置与习得阶段相同。

6.2.5 统计分析

为了平衡泛化刺激的呈现顺序，我们将测试阶段设计为由两个blocks组成（Ahmed and Lovibond, 2019；Lissek et al., 2008）。为了验证不同强化率在恐惧泛化强度和范围上的差异，对11个测试刺激进行了方差分析。为了检验峰值梯度，在CS+和每个端点（S1 vs. CS+，CS+ vs. S11）之间使用配对t检验，作为一种更严格的梯度是否达到峰值的检验（Lee et al., 2018）。如果预期值在峰值出现显著上升（CS+ vs. S7）和下降（S7 vs.S11），则说明出现了显著的峰值偏移。CS+的相似性效应将通过CS+以外的5个与CS-相反方向的GS得到验证。我们采用Holm-Bonferroni方法对α值进行校正，使用0.05

的显著水平并报告偏 η^2 作为效应量的估计。

6.3 结果与分析

6.3.1 条件性恐惧习得

为了更直观地说明 CS+ 和 CS- 辨别性习得的结果，我们将所有 CS+ 和 CS- 试次进行平均。习得阶段采用了 2×3 混合设计的方差分析，刺激类型（CS+ vs. CS-）作为被试内因素，强化概率（50% vs.75% vs.100%）作为被试间因素分析 US 主观预期值和皮肤电导反应（SCR）指标。

1. US 主观预期值

刺激类型主效应显著 $[F(1, 63) = 603.64, p < 0.001, \eta^2 p = 0.91]$，组间效应不显著 $[F(2, 63) = 2.32, p = 0.11, \eta^2 p = 0.07]$；类型与组间交互作用不显著 $[F(2, 63) = 1.91, p = 0.16, \eta^2 p = 0.06]$（表 6-2）。事后配对样本 t 检验发现，在习得阶段，CS+ 显著大于 CS- $\{t(21) = 24.57, p < 0.001, d = 3.02, 95\%CI [4.42, 5.20]\}$，这表明被试成功习得了对 CS+ 的条件性恐惧反应（图 6-2）。该阶段组间差异不显著，这表明不同强化率之间并不存在习得强度的显著性差异。

表 6-2 习得过程中对条件刺激 US 预期的方差分析表

分组	统计量					
	SS	df	MS	F	p	$\eta^2 p$
类型	6104.66	1	6104.66	603.64	0.000	0.91
组别	46.06	2	23.03	2.32	0.11	0.07
类型 × 组别	38.65	2	19.33	1.91	0.16	0.06

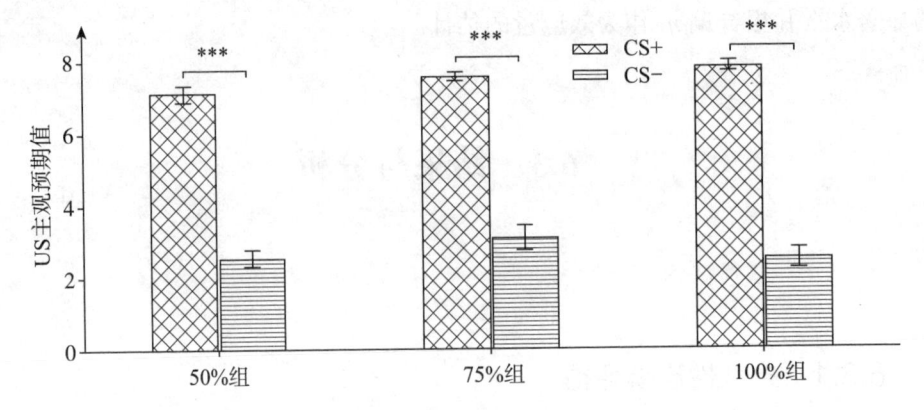

注：CS+ 以 50%、75%、100% 的强化率与 US 配对联结，CS- 未与 US 联结；***$p<0.001$；为了直观展示判别学习的结果，图中显示的所有 8 个试次的平均结果。

图 6-2 US 主观预期值指标上的恐惧习得结果

2. SCR

刺激类型主效应显著 [$F(1, 63) = 38.12$, $p < 0.001$, $\eta^2 p = 0.38$]，组间效应不显著 [$F(2, 63) = 0.37$, $p = 0.69$, $\eta^2 p = 0.01$]；类型与组间交互作用不显著 [$F(2, 63) = 1.22$, $p = 0.30$, $\eta^2 p = 0.04$]（表 6-3）。事后配对样本 t 检验发现，在习得阶段，CS+ 显著大于 CS- {$t(21) = 6.17, p < 0.001, d = 0.76$, 95%CI [0.15, 0.30]}，这说明被试成功习得了对 CS+ 的条件性恐惧反应（图 6-3）。该阶段并未发现存在组间显著差异，这表明不同强化率之间在 SCR 指标上并不存在习得强度的显著差异。

总的来讲，在 US 主观预期值和 SCR 中 CS+、CS- 表现出了辨别性差异，被试成功习得了对 CS+ 的恐惧反应。

表 6-3 习得过程中对条件刺激 SCR 的方差分析表

分组	统计量					
	SS	df	MS	F	p	$\eta^2 p$
类型	13.07	1	13.07	38.12	0.000	0.38

第6章 不同的强化率对条件性恐惧泛化的影响

续　表

分组	统计量					
	SS	df	MS	F	p	$\eta^2 p$
组别	1.03	2	0.51	0.37	0.69	0.01
类型 × 组别	0.84	2	0.42	1.22	0.30	0.04

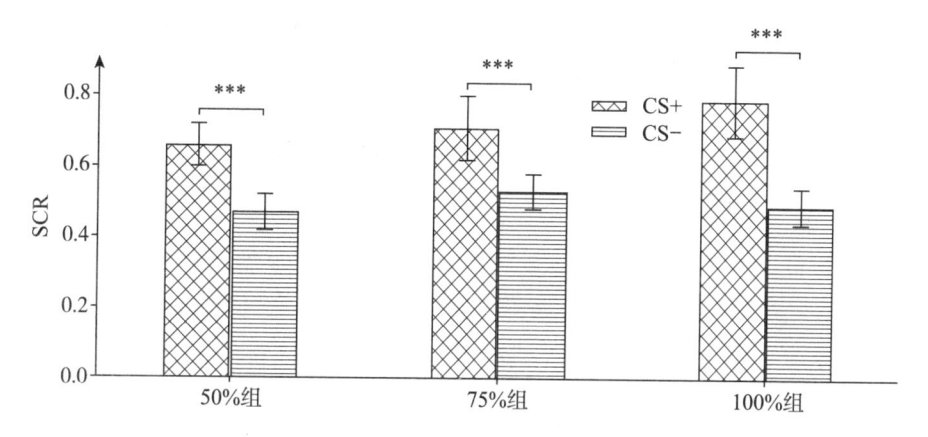

注：CS+ 以50%、75%、100%的强化率与US配对联结，CS－未与US联结；*** $p < 0.001$；为了直观展示判别学习的结果，图中显示的所有8个试次的平均结果。

图6-3　SCR指标上的恐惧习得结果

6.3.2　泛化测试分析

1. US 主观预期值

一般来讲，泛化被定义为对新刺激表现出与条件刺激相似的条件反应（Shepard，1958）。因此，我们主要探究泛化测试中对新刺激（GS）的反应相对于对原始威胁刺激（CS+）的差异反应。我们通过计算泛化测试阶段给出的每个刺激的期望与习得阶段后半部分试次 CS+ 的期望之间的差异来表示泛化分数。零差得分表明 GS 的预测与 CS+ 相似。我们采用 11 × 3 混合设计的方差分析，将刺激类型（S1，S2，CS−，S4，S5，CS+，S7，S8，S9，S10，S11）作为被试内因素，将强化率（50% vs. 75% vs. 100%）作为被试间因素，计算泛化得分之间的差异。

刺激类型主效应显著[$F(10, 630) = 72.35$，$p < 0.001$，$\eta^2 p = 0.54$]，表明一些刺激比另一些刺激诱发了更多的类似 US 的反应。强化率主效应显著[$F(2, 63) = 2.50$，$p = 0.09$，$\eta^2 p = 0.07$]。事后分析发现，部分强化（50%：M = −3.59，SD = 0.28。75%：M = −3.27，SD = 0.28）比连续强化（100%：M = −4.49，SD = 0.28）泛化分数更高。泛化刺激与强化概率交互作用不显著[$F(20, 630) = 0.78$，$p = 0.75$，$\eta^2 p = 0.02$]（表 6-4）。

表 6-4　泛化测试中对测试刺激 US 预期的方差分析表

分组	统计量					
	SS	df	MS	F	p	$\eta^2 p$
类型	2065.76	10	206.58	72.35	0.000	0.54
组别	57.70	2	28.85	2.50	0.09	0.07
类型 × 组别	44.24	20	2.21	0.78	0.75	0.02

为了验证假设，我们分析了 3 种条件下与 CS+ 到 CS− 相反方向的泛化刺激的泛化分数。采用 5×3 混合设计的方差分析，泛化刺激（5 水平，与 CS+ 的相似程度从最相似到最不相似）作为被试内因素，强化率分组（50% vs. 75% vs. 100%）作为被试间因素。泛化刺激主效应显著[$F(4, 252) = 68.52$，$p < 0.001$，$\eta^2 p = 0.52$]，这说明泛化刺激之间的泛化分数存在差异；强化率分组主效应不显著[$F(2, 63) = 2.15$，$p = 0.13$，$\eta^2 p = 0.06$]；两者交互作用不显著[$F(8, 252) = 0.69$，$p = 0.70$，$\eta^2 p = 0.02$]。

我们比较了三组之间 CS+ 与 CS− 的差异，采用 2×3 两因素混合设计的方差分析，刺激类型 CSs（CS+ vs. CS−）作为被试内因素，强化率分组（50% vs. 75% vs. 100%）作为被试间因素。刺激类型主效应显著，[$F(1, 63) = 349.38$，$p < 0.001$，$\eta^2 p = 0.85$]，事后检验发现 CS+（M = −1.27，

SD = 0.19）的泛化分数高于 CS-（M = -5.76，SD = 0.22）。强化概率主效应显著，[$F(2, 63) = 9.23$, $p < 0.001$, $\eta^2 p = 0.23$]，事后检验发现部分强化条件下的泛化分数（50%：M = -3.21，SD = 0.28。75%：M = -4.48，SD = 0.28）高于连续强化条件下的泛化分数（100%：M = -2.86，SD = 0.28）[图 6-4（a）]。刺激类型与强化条件交互作用不显著，[$F(2, 63) = 0.04$, $p = 0.97$, $\eta^2 p = 0.001$]。

为了验证峰梯度和峰移梯度，我们按计划采用 t 检验比较了 CS+ 与远离 CS- 的临近刺激（S7）、端点刺激（S1、S11）之间的差异。在 50% 组，CS+ vs. S1，{$t(21) = 9.24$, $p < 0.001$, $d = 1.97$, 95% CI[3.07, 5.64]}；CS+ vs. S11，{$t(21) = 5.53$, $p < 0.001$, $d = 1.18$, 95% CI[1.32, 3.89]}；CS+ vs. S7，{$t(21) = 0.03$, $p = 1$, $d = 0.01$, 95% CI[-1.27, 1.29]}；在 75% 组，CS+ vs. S1，{$t(21) = 11.44$, $p < 0.001$, $d = 2.44$, 95% CI[3.58, 5.81]}；CS+ vs. S11，{$t(21) = 7.78$, $p < 0.001$, $d = 1.66$, 95% CI[2.08, 4.31]}；CS+ vs. S7，{$t(21) = -0.42$, $p = 1$, $d = -0.09$, 95% CI[-1.29, 0.95]}；在 100% 组，CS+ vs. S1，{$t(21) = 5.73$, $p < 0.001$, $d = 1.22$, 95% CI[1.77, 4.98]}；CS+ vs. S11，{$t(21) = 4.07$, $p < 0.001$, $d = 0.87$, 95% CI[0.79, 4.00]}；CS+ vs. S7，{$t(21) = -1.14$, $p = 1$, $d = -0.24$, 95% CI[-2.28, 0.93]}。总体上讲，三组均表现出了峰梯度。虽然梯度的峰值点不在 CS+，但并没有证据表明出现了峰移。

[图 6-4（b）]展示了每组的整体泛化梯度。在 50% 组，CS+ 与 S7 差异不显著（$p = 0.98$），与其他所有刺激均存在显著差异（$0.00 \leq p \leq 0.03$）。在 75% 组，CS+ 与 S7 差异不显著（$p = 0.61$），与其他所有刺激均存在显著差异（$0.00 \leq p \leq 0.02$）。值得注意的是，在 100% 组，CS+ 与 S5（$p = 0.06$），S7（$p = 0.23$）和 S8（$p = 0.82$）差异不显著，与其他刺激存在显著差异（$0.00 \leq p \leq 0.02$）。这些结果表明，与部分强化组相比，连续强化组表现出了更平缓的恐惧泛化梯度。

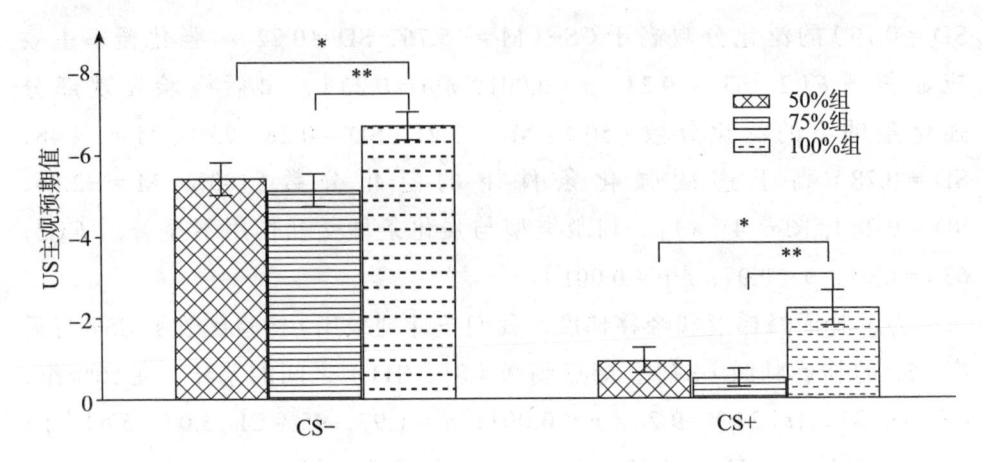

(a) CS+ 与 CS- 在部分强化与连续强化时的差异

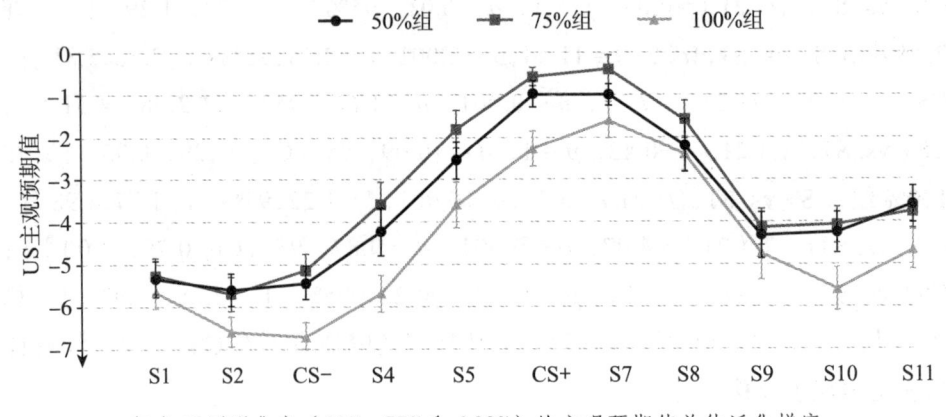

(b) 不同强化率（50%、75%和100%）的主观预期值总体泛化梯度

注：*p < 0.05；**p < 0.01。

图6-4 三组被试在泛化测试阶段的主观预期值

2.SCR

我们采用11×3两因素混合实验设计的方差分析来处理泛化的SCR指标，刺激类型（11：S1，S2，CS-，S4，S5，CS+，S7，S8，S9，S10，S11）作为被试内因素，强化率（50% vs. 75% vs. 100%）作为被试间因素。刺激类型主效应显著 $[F(10, 630) = 4.93, p < 0.001, \eta^2p = 0.07]$，这表明一些刺激比另一些刺激能更好地预测类似US的恐惧反应。强化率主效应不显

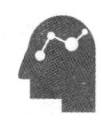

第6章 不同的强化率对条件性恐惧泛化的影响

著 $[F(2, 63) = 0.27, p = 0.76, \eta^2p = 0.01]$，两者交互作用不显著 $[F(20, 630) = 0.35, p = 0.996, \eta^2p = 0.01]$（表6-5）。

表6-5 泛化测试中对测试刺激 SCR 的方差分析表

分组	统计量					
	SS	df	MS	F	p	η^2p
类型	8.79	10	0.88	4.93	0.000	0.07
组别	0.85	2	0.43	0.27	0.76	0.01
类型 × 组别	1.25	20	0.06	0.35	0.996	0.01

为了验证假设，我们分析了3种条件下与CS+到CS-相反方向的泛化刺激的泛化分数。采用5×3混合设计的方差分析，泛化刺激（5水平，与CS+的相似程度从最相似到最不相似）作为被试内因素，强化率分组（50% vs. 75% vs. 100%）作为被试间因素。泛化刺激主效应显著 $[F(4, 252) = 5.17, p < 0.001, \eta^2p = 0.08]$，这说明泛化刺激之间的泛化分数存在差异；强化率分组主效应不显著 $[F(2, 63) = 1.55, p = 0.22, \eta^2p = 0.05]$；两者交互作用不显著 $[F(8, 252) = 0.54, p = 0.83, \eta^2p = 0.02]$。

我们比较了3组之间CS+和CS-的差异，采用2×3两因素混合设计的方差分析，刺激类型CSs（CS+ vs. CS-）作为被试内因素，强化率分组（50% vs. 75% vs. 100%）作为被试间因素。刺激类型主效应显著 $[F(1, 63) = 11.79, p < 0.001, \eta^2p = 0.16]$，事后检验发现CS+（M = −0.01, SD = 0.06）的泛化分数高于CS-（M = −0.21, SD = 0.06）[图6-5（a）]。强化概率主效应不显著 $[F(2, 63) = 1.96, p = 0.15, \eta^2p = 0.06]$；刺激类型与强化条件交互作用不显著 $[F(2, 63) = 0.43, p = 0.65, \eta^2p = 0.01]$。在50%组，CS+ vs. S1，$\{t(21) = 1.57, p = 0.73, d = 0.34, 95\% \text{ CI}[-0.15, 0.55]\}$；CS+ vs. S11，$\{t(21) = 0.34, p = 1, d = 0.07, 95\% \text{ CI}[-0.31, 0.39]\}$；CS+ vs. S7，$\{t(21) = -1.02, p = 1, d = -0.22, 95\% \text{ CI}[-0.48, 0.22]\}$；在75%组，CS+ vs. S1，$\{t(21) = 1.85, p = 0.42, d = 0.39, 95\% \text{ CI}[-0.12, 0.64]\}$；CS+ vs. S11，$\{t(21) = 0.31,$

$p = 1$, $d = 0.07$, 95% CI[-0.34, 0.43]}; CS+ vs. S7, {$t(21) = -0.56$, $p = 1$, $d = -0.12$, 95% CI[-0.46, 0.30]}；在100%组，CS+ vs. S1, {$t(21) = 1.43$, $p = 0.94$, $d = 0.31$, 95% CI[-0.17, 0.54]}; CS+ vs. S11, {$t(21) = 0.63$, $p = 1$, $d = 0.14$, 95% CI[-0.27, 0.44]}; CS+ vs. S7, {$t(21) = -0.17$, $p = 1$, $d = -0.04$, 95% CI[-0.38, 0.33]}。总体上讲，3个条件下均未表现出峰梯度和峰移梯度[图6-5（b）]。

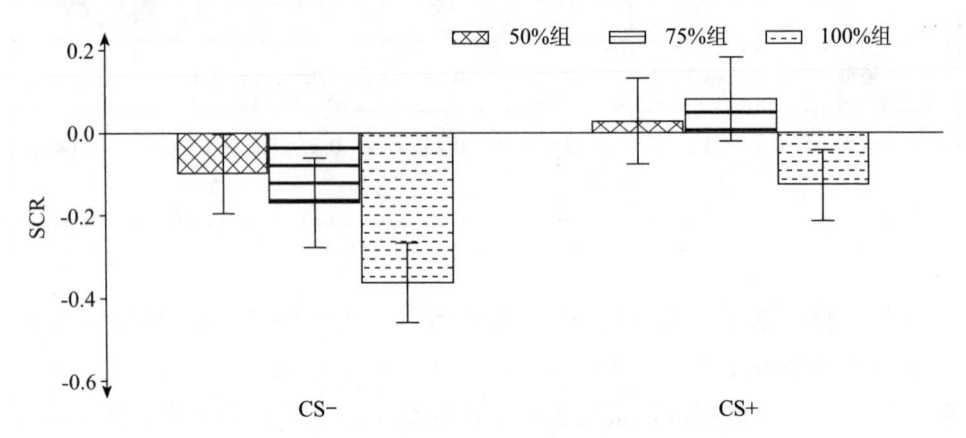

（a）CS+ 与 CS- 在部分强化与连续强化时的差异

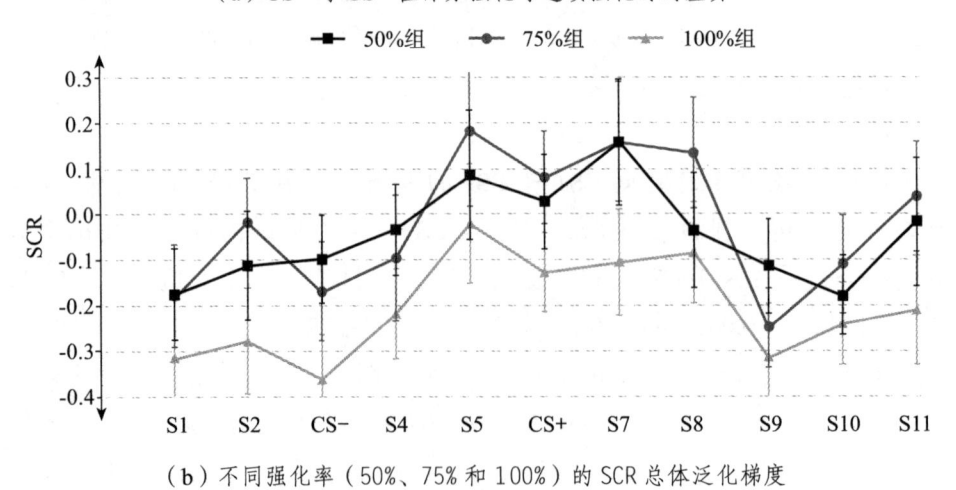

（b）不同强化率（50%、75%和100%）的SCR总体泛化梯度

注：* $p < 0.05$；** $p < 0.01$。

图6-5 三组被试在泛化测试阶段的SCR值

6.4 讨论

本研究采用辨别性条件反射范式直接考察强化率对恐惧泛化的影响。结果重复了在刺激和 CS+ 之间相似性中出现的泛化梯度（Lissek et al., 2008）。具体来说，与 CS+ 更相似的刺激在所有三组中都表现出更强的反应。通过整合不同强化率组的结果，我们发现部分强化增加了对泛化刺激的恐惧反应。此外，部分强化组在泛化测试中恐惧反应幅度更大，而连续强化组的泛化梯度更平缓。从总体上看，部分强化组存在恐惧增强效应和安全抑制减弱效应。此外，连续强化组提供了关于威胁敏感恐惧泛化的新证据，扩展了实验室动物研究的发现（Baldi et al., 2004；Ghosh and Chattarji, 2015），表明在一系列条件下发现了威胁敏感的恐惧泛化（Dunsmoor et al., 2017）。

研究结果表明，在泛化测试阶段，部分强化组对 CS+ 和 CS- 的恐惧反应更强。部分强化组比连续强化组对 CS+ 表现出更大的恐惧反应。这与部分强化增加了人类巴甫洛夫恐惧条件反射对消退的抵抗的观点是一致的（Phelps et al., 2004）。对威胁刺激的部分强化可能会减缓恐惧消退，而焦虑症对恐惧消退和恐惧返回都表现出抵抗。这里，部分强化组对 CS+ 有恐惧增强作用。恐惧增强理论认为焦虑个体对 CS+ 有更强的恐惧反应（Orr et al., 2000）。此外，CS- 表示安全信号，与连续强化相比，部分强化导致恐惧反应增加。先前的研究发现，焦虑症患者对安全信号的抑制减弱（Jovanovic et al., 2010），这与恐惧泛化是焦虑症的一个关键特征的结论是一致的。患有这种障碍的个体通常对威胁性刺激表现出更强的恐惧反应，即使是不具威胁性的安全刺激，个体在存在焦虑障碍的情况下也会产生恐惧反应。例如，广泛性焦虑症患者已被证明比非焦虑控制组的个体对威胁有更大的恐惧（Dugas et al., 2004）。广泛性焦虑症患者在他们的生活中也可能相对缺乏安全信号（Mineka and Zinbarg, 1996；Rapee, 2001）。我们推测，安全信号的抑制可能是焦虑障碍的潜在病因。这种对安全信号抑制的减少导致了恐惧反应的非适应性，这可能是由于威胁刺激的不确定性导致局部强化产生更焦虑的状态，从而对 CS+ 和 CS- 产生更强烈的恐惧反应（Dunsmoor et al., 2007）。

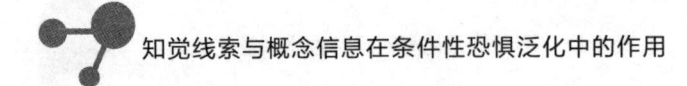

知觉线索与概念信息在条件性恐惧泛化中的作用

恐惧泛化是一种对环境的适应机制，但最近的研究发现，恐惧的过度泛化是焦虑症的核心特征（Lissek et al., 2008；Lissek et al., 2010）。在本研究中，泛化刺激与部分强化组更强的恐惧反应有关。这对于理解恐惧过度泛化的潜在机制具有重要意义。例如，条件性恐惧可以引发焦虑症患者（Laufer et al., 2016；Struyf et al., 2017）和 PTSD 患者（Kaczkurkin et al., 2017；Lissek et al., 2020；Lissek and van Meurs, 2015；Thome et al., 2018）的过度恐惧泛化。我们推测恐惧泛化可能与部分强化产生的不确定性有关（Peters et al., 2017；Wong and Lovibond, 2018）。人类对低强度或高强度电刺激前的线索表现出更强的惊吓反应，而不是对持续高强度电击前的线索（Jovanovic et al., 2010；Shankman et al., 2011）。此外，与完全可预测的事件相比，不完全可预测的厌恶事件对情绪、状态焦虑和反应性生理指标的负面影响更大（Dunsmoor et al., 2008；Grupe and Nitschke, 2011；Sarinopoulos et al., 2010）。高强度的不确定性恐惧可能是诱发焦虑障碍的重要因素之一。但在泛化测试中，本研究发现 50% 组和 75% 组之间没有差异，这与强化率为 50% 产生最大不确定性的观点并不一致（Fiorillo et al., 2003）。这种差异可能部分归因于这里使用的刺激材料的简单性，这限制了研究结果的生态有效性。当与非条件刺激配对时，简单的几次（甚至一次）几何刺激就可以使被试习得与 US 的联结。被试可能会推测存在其他不确定因素影响威胁刺激的存在，这导致了额外的不确定性和部分强化的不确定性作用于恐惧泛化。未来的研究应纳入临床患者，以探讨不确定性对恐惧泛化的影响。威胁强度和威胁不确定性都影响恐惧泛化（Dunsmoor et al., 2007；Dunsmoor et al., 2009）。在治疗焦虑症时，通过降低威胁强度和增加威胁确定性来减少恐惧泛化也可能是一种有效的选择。

与以往研究结果一致，当前研究显示了基于相似性的泛化梯度（Ahmed and Lovibond, 2019；Lee et al., 2019；Lissek et al., 2008；Lovibond et al., 2020；Shepard, 1987）。有趣的是，在部分强化下，75% 组的 GS1 比 CS- 表现出更大的恐惧反应。50% 组表现出 GS1 恐惧反应较大的趋势，而 100% 组表现出比 CS- 更弱的恐惧反应。这些反应趋势可能与潜在的不确定反应模式有关，这与学习和泛化的联结理论和贝叶斯理论是一致的（Gershman and Niv, 2012；Soto et al., 2014；Soto et al., 2015；Tenenbaum and Griffiths, 2001）。这些结果表明，部分强化表现出更广泛的恐惧泛化。值

得注意的是，这种泛化主要表现为安全刺激抑制的减弱。从安全抑制减弱的角度探讨恐惧泛化的机制是很有价值的。Dunsmoor 等人（2007）发现，脑岛和 dlPFC 在结果不确定的情况下倾向于响应，而不像 100% 或 0% 的情况，即没有或完全有可能收到厌恶结果。同时，部分强化在泛化测试中表现出更强的恐惧反应。而泛化的增强是否与抑制的减弱有关，是一个值得进一步研究的问题。但与 50% 组相比，75% 组的安全抑制减弱，这可能与 US 联结数量产生的关联强度有关。

学习理论对精神病理学的描述的一个核心假设是，更令人厌恶的结果导致更强的条件反射（Foa et al., 1989）。也就是说，练习得越多，习得强度越大。此外，当潜在威胁持续存在时，威胁强度会增加。研究发现，相关的持续强化与 CS-US 关联之间的关联强于部分强化与 CS-US 关联之间的关联（Leonard, 1975; Thomas and Wagner, 1964）。然而，在本研究中，持续强化并没有促进更强的恐惧习得。在 50%、75% 和 100% 组中，对 US 和条件 SCR 的等效预期的一个解释是，尽管部分强化在客观上是弱的，但它的存在就足以在 CS+ 试验中诱发预期恐惧。由于学习材料的简单性，有可能恐惧预期是在第一组 CS-US 配对中习得的，而恐惧习得在所有三组中产生了天花板效应。这一观点与之前的发现一致，即在少量的 CS-US 配对后，恐惧可能会立即获得（Vervliet et al., 2010; Vervliet and Geens, 2014）。在本研究中，对电刺激（甚至是部分电刺激）的预期可能是驱动自主反应的动力。同样地，在某些情况下，刺激将与电击配对的口头信息足以确保大脑激活和生理唤醒（Olsson and Phelps, 2007; Vervliet et al., 2010）。

对于恐惧习得的相似性的另一个可能的解释是强化不是必需的。持续的强化可能对 CS+ 产生了比我们在这里观察到的更强的条件反应。SOP 假设 CS 和 US 的表征是不可分割的整体。获得性 CS-US 关联影响了 US 的加工，当 US 被关联 CS 的优先级激活时，可能产生较少的关联学习（Vogel et al., 2019）。大多数泛化研究都使用了部分强化来习得恐惧（Dunsmoor et al., 2012; Lissek et al., 2008; Lissek et al., 2010; Lovibond et al., 2020; Wong and Lovibond, 2018）。这些研究可能基于 PREE 的假设，例如，CS+ 没有完全强化以避免天花板效应，从而允许观察到对 CS+ 之外的刺激的反应增加（Ahmed and Lovibond, 2015）。

值得注意的是，我们发现不同强化率组在习得阶段没有差异，而在泛化阶段存在差异，连续强化组的泛化梯度较平缓。在连续的强化试次中，CS+的采样元素与电击的关联较多，当 GS 与 CS+ 共享的元素越多时，泛化作用就越强。当潜在威胁持续存在时，泛化表现出适应性，从而产生更强烈的威胁配对。这些结果与威胁敏感性恐惧泛化结果一致。当潜在威胁持续存在时，叠加效应会导致产生强烈的恐惧，从而导致更平坦的泛化梯度。最初的感觉是违反直觉的，持续的强化可能会产生更明确的威胁关联，减少恐惧的泛化。然而，习得性无助可能会产生不同的结果，持续的恐惧最终会导致病态焦虑。Dunsmoor 等（2017）也证明，与接受低强度厌恶刺激的个体相比，受到高强度厌恶刺激的恐惧条件反射的个体表现出广泛的泛化。这些结果表明，威胁强度增加了正常恐惧向过度泛化恐惧转化的机会。

当前研究的一个局限性是，66 名参与者的样本量对于 3 个条件的被试之间的研究来说有点小。尽管它经过 G*Power 功效测量，但是小样本量可能降低了研究的统计能力，这可能导致我们在习得过程中没有发现组间差异。因此，强化率对习得过程的影响还不清楚，这表现在强化率的伪随机顺序上（Grady et al., 2016）。第二个局限是泛化阶段的结果采用的是差异分数而不是原始分数。一方面，差异得分减小了习得阶段的个体差异，使综合指标变得纯粹；另一方面，它也引入了另一种噪声，只考虑了 CS+ 的个体差异，而不考虑 CS- 的个体差异。值得考虑开发一种新的范式来探讨这种差异。第三个局限是，结果没有为强化率的泛化模式提供确凿的证据。我们发现了强化率对恐惧泛化的影响，但强化率如何影响恐惧习得进而影响恐惧泛化尚不清楚。在解释不确定性对恐惧泛化的影响时应该小心谨慎。另外，本研究被试均来自正常群体，焦虑障碍患者可能对威胁信号与安全信号的反应存在不同的加工机制，将来可以考虑增加特殊人群样本来对恐惧习得和泛化的潜在机制进行深入的比较研究。探讨焦虑症过度泛化的病因和发病机制，对临床实践具有重要意义。

综上所述，本研究发现部分强化和连续强化在恐惧习得和恐惧泛化过程中的作用存在差异。研究数据表明，部分强化与恐惧增强和安全抑制困难相关，而持续强化与更平坦的泛化梯度相关。特别是部分强化会导致更大的泛化量级，而持续强化会导致更广泛的泛化。这些结果有助于从威胁强度和不确定性的角度阐明恐惧泛化的机制，对焦虑障碍的治疗具有指导意义。

第7章 知觉泛化中概念信息的作用

7.1 研究背景

7.1.1 问题提出

实验1的研究结果表明，条件性恐惧习得的强化率影响知觉泛化梯度。知觉泛化的梯度变化是强化学习的联结产生的影响还是在强化学习过程中产生了类似概念推理的认知过程是一个有意思的问题。现实世界中恐惧体验的泛化程度可能是由事件周围的细节是否被认为是该事件特有的，还是相反地激活了相关刺激或情境的更广泛表征所决定的。例如，在晴朗的天气里，在上班路上发生一场近乎致命的车祸（典型事件），可能会引起人们对在各种情况下开车的普遍恐惧，而在深夜暴风雪中驾驶时发生的车祸（非典型事件）可能会导致人们对在类似危险条件下驾驶的选择性恐惧。事故归因于事件的哪些方面在个体对事件的恐惧中发挥作用。

恐惧泛化能增强个体的警觉性，使个体快速而有效地对危险环境做出预测和应对，对个体生存具有进化意义，然而，在临床上，过度的恐惧泛化则被认为是广泛性焦虑障碍（generalization anxiety disorder，GAD）、创伤后应激障碍（post-traumatic stress disorder，PTSD）、惊恐障碍（panic disorder，PD）、特定恐怖症（specific phobia）等焦虑障碍的一个重要潜在病因（Lissek et al.，2009），也被认为是某些焦虑障碍患者的重要特征之一（American Psychiatric Association，2013）。因此，探究恐惧泛化的潜在机制对进一步了解和治疗焦虑障碍具有重要的启发意义。Lee等人（2018）通过正刺激（已知具备某属性的刺激）和负刺激（已知不具备某属性的刺激）来探究归纳推理在泛化中的作用机制，发现不同习得过程可以对泛化梯度起不同作用。他们选用11个在色度维度变化（从绿到蓝，HSV：0.396～0.583）的长方形作为刺激材料，选取中间色度的长方形作为CS+，分别选取色度上临近CS+的长方形或远距离负刺激（黑白相间的格子长方形）作为CS-，通过跟随（CS+）和不跟随（CS-）电击来形成联结学习，然后对所有11个刺激进行泛化测试，进而对比无CS-、近距离CS-和远距离CS-对泛化梯度的作用，并通过贝叶斯模型探索归纳推理在泛化中的作用机制。他们发现，远距离的负刺激会导致对不同维度的正刺激的泛化的整体增加，这与归纳推理文献是一致的（Lee et al.，2018）。知觉泛化是仅基于刺激之间的相似还是同时存在概念推理的作用是一个探索恐惧泛化潜在机制的有意义的问题。恐惧习得过程和刺激本身特征是如何在恐惧泛化中起作用的目前尚不清楚。

针对上述问题，本研究以正常人为被试，使用基本的视觉多维度刺激模型作为CSs和GSs来探索概念信息在知觉泛化中作用。该刺激模型包含不同颜色（蓝色和绿色）、不同形状（圆形和方形）、不同大小的几何图形，之后跟随（CS+）或者不跟随（CS-和GS）轻微的腕部电击使被试习得条件性恐惧。在恐惧习得后，对一系列相关刺激进行泛化测试，接着进行传统消退训练，减少条件性恐惧对被试的影响。

7.1.2　研究假设

在联结性学习的泛化模型中（Pearce，1987），泛化是由条件刺激CS（A）

到类似刺激（A'）的兴奋程度决定的：eA' = ASA' * EA，这里 eA' 对应于泛化刺激 A' 的兴奋强度，由 A 与 A' 的相似性（S）以及 A 的兴奋强度（EA）决定。相似度（S）是一个取值，范围从 0（完全不相似）到 1（完全相似）。对泛化刺激的兴奋强度是由条件刺激与类似刺激的相似性，以及积累到 CS 的兴奋强度决定的，即泛化刺激与强化的条件刺激越相似，其诱发的恐惧反应（兴奋程度）越大。然而在相似模型之外，还存在具有强度维度响应偏差特征的单调泛化梯度（Ghirlanda，2002）。这种单调泛化梯度意味着更相似的刺激并不一定会引发更多的泛化，这是因为条件反射过程中的差异强化反映了哪些特定刺激元素获得联结值。

根据 Rescorla-Wagner 的错误－纠正（error-correction）模型，只有 CS+ 的共同元素获得联结值，而没有增强控制刺激的共同元素（或 CS+ 与 CS- 之间共享的元素）失去联结值。因此，如果一个生物体被呈现两个与 CS+ 相似度不同的新刺激，泛化是由 CS+ 所共有的元素决定的，这些元素也有助于区分 CS+ 和 CS-（McLaren and Mackintosh，2002）。此外，如果新刺激比 CS+ 包含更多的关键元素，那么它可能比 CS+ 本身引发更多的响应（即峰值转移和单调泛化梯度）。因此，刺激泛化不仅受刺激本身与条件刺激相似性的影响，同时还会受到加工过程的影响，即泛化受到刺激物理特征影响外还受到心理加工过程的影响（Shepard，1987）。

根据实验 1 的研究结果，在本研究中使用 75% 的强化率形成 CS-US 的联结，条件性学习产生一个与泛化刺激变化无关（CSa+ 与 CS-）或相关（CSb+）的三条件刺激。本研究假设，在泛化测试的过程中，无关习得组会产生一个典型的相似性泛化梯度。如前文所述，泛化是由与 CS+ 的共有元素决定的，且这些元素有助于区分 CS+ 和 CS-，如果泛化刺激比 CS+ 包含更多的关键元素，那么它可能比 CS+ 诱发更多的恐惧反应。因此，在相关习得条件下，不同大小的几何图形的对比习得有助于促进归纳推理学习。我们推测，与泛化刺激同一维度的对比习得会使泛化刺激产生一个类似线性的泛化梯度。

7.2 研究方法

7.2.1 被试

实验前，我们采用 G*Power 3.1 软件（Faul et al., 2007, 2009）对本研究的样本量进行了估算。根据本研究的实验设计，在中等效应量（$d = 0.25$）下，I 类错误的概率 α 水平为 0.05，检验效力为 0.80 时，所需的样本量最少为 20 人。综合考虑实验过程中可能出现的问题（如被试中途退出、实验仪器故障等），本研究共招募 46 名被试（M = 21.30，SD = 3.11）参与本研究，所有被试均按要求完成实验。

本研究所有被试均来自华南师范大学，均为右利手，视力正常或矫正后正常，无色盲色弱，无精神疾病（史），近期未参加过电刺激实验。要求被试实验前不要饮用刺激性饮料（酒、咖啡等），不要服用激素类药物，不要做剧烈运动。被试被随机分为两组，一组进行大小习得（实验组），另一组接受颜色习得（对照组），每组各 23 人。所有被试均按要求顺利完成实验。

所有被试均在实验前签署了知情同意书，完成实验的被试可获得相应的被试费。该研究已获得华南师范大学心理学院人类研究伦理委员会的批准（批准号：SCNU-PSY-2020-4-011）。

7.2.2 刺激材料

1. 条件刺激

条件刺激（CSs）为不同颜色和大小的圆形与方形（图 7-1）。图形的颜色（绿色，RGB：0，255，0。蓝色，RGB：0，0，255）和大小在被试间进行项目平衡。实验组选用方形（或圆形）和不同大小的圆形（或方形）作为条件刺激（Lissek, et al., 2008），对照组选用方形（或圆形）和不同颜色（绿色

和蓝色）的圆形作为条件刺激。

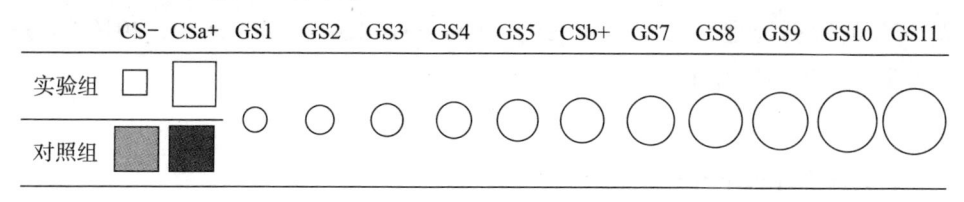

图 7-1　条件刺激与泛化刺激示意图

2. 无条件刺激

无条件刺激（US）为 50 个脉冲/秒、持续 500 毫秒的电刺激，其实验程序与操作过程与实验 1 相同。

3. 泛化测试刺激

泛化测试刺激（GS）为 11 个不同大小的圆形（或正方形），最小圆形（或方形）的直径（或边长）为 5.08 cm，以 15% 的步长递增，分别为 5.08 cm、5.84 cm、6.60 cm、7.37 cm、8.13 cm、8.89 cm、9.65 cm、10.41 cm、11.18 cm、11.94 cm、12.70 cm。

7.2.3　测量指标

与实验 1 相同，本研究的测量指标为被试的皮肤电反应（SCR）和 US 主观预期值。使用 BIOPACMP 150 生理多导仪（BIOPAC Syste 毫秒，Inc.，Goleta，CA）的 EDA 模块来采集被试的皮肤电，采样率为 1000Hz。采集皮肤电的两个电极分别连接到左手的食指和中指指腹上。使用 AcqKnowledge 4.2（BIOPAC Syste，Inc.，Goleta，California，USA）软件对 SCR 波形进行离线分析。对 CS、US 和 GS 反应的 SCR 幅度分别对应被试对条件刺激、无条件刺激和泛化刺激的恐惧反应。本研究对 SCR 水平的操作性定义为，刺激呈现后 8 000 毫秒内的第一个波的谷值 − 峰值差异。根据以往研究，SCR 的最小反应大于 0.02 微西门子，未达到这一标准的数值记为 0 并纳入分析（Kindt and Soeter，2013；Schiller et al.，2010）。通过 US 的反应对皮肤电的原始分数进行校正，再开平方根以减小数据的偏态化分布（Chen et al., 2021；Lykken, 1972）。该 SCR 的数据处理方法由 Schiller 及其同事提出（Schiller et al., 2010），并在人类心理生理研究中广泛应用。

7.2.4 实验设计及流程

1. 实验设计

以刺激类型（CSa+、CSb+ 以及 CS−）和时间阶段（前半段、后半段）为被试内因素，组别（实验组、对照组）为被试间因素，进行 3×2×2 的多因素混合实验设计。

2. 实验流程

实验程序参考 Wong and Lovibond（2018）设计的条件性恐惧泛化范式，本实验共分为 4 个阶段，即练习阶段、恐惧习得阶段、泛化测试阶段和消退阶段。

练习阶段：所有 CSs 和 GSs 各呈现 1 次，刺激后面均不跟随电击。刺激以完全随机的方式呈现，此阶段为被试适应设备佩戴并熟悉刺激和操作过程，收集的皮电反应数据和主观预期值数据不纳入数据分析。

恐惧习得阶段：CSa+、CSb+ 和 CS− 各呈现 8 次，其中 CS+ 后出现电刺激的概率为 75%，即呈现的 CSa+ 和 CSb+ 中 8 次有 6 次跟随电击。CS− 后不出现电击。CSs 以伪随机的方式呈现，确保每个 CS 不会连续两次以上重复出现。此阶段是为了使被试习得条件性恐惧，若被试在 CS+（CSa+、CSb+）与 CS− 的测量指标上差异显著，则说明成功习得恐惧。

泛化测试阶段：泛化测试阶段分为两个部分，第一个泛化测试部分断开电击仪，第二个泛化测试部分重新连接电击仪。在泛化测试 1 中，告知被试由于伦理的原因，实验人员将断开电击仪，在该测试过程中，将不会出现电刺激，但是被试需要假定仍会出现电击，根据在习得阶段的学习对刺激后面出现电刺激的可能性做出判断。该部分的设计是为了减少泛化过程中消退的影响（Shanks and Darby, 1998）。11 个刺激完全随机呈现 1 次，即 CSb+ 和 10 个

泛化刺激（GS1、GS2、GS3、GS4、GS5、GS7、GS8、GS9、GS10 和 GS11）各随机呈现 1 次。由于告知被试不会出现电刺激，因此该阶段只收集 US 主观预期值不采集皮肤电。在泛化测试 2 中，实验人员重新连接电击仪，告知被试连接电击仪后像习得阶段一样，刺激后面可能会出现电击，而实际实验设置中并不会出现电刺激，同时收集主观预期值和皮肤电反应。为了减少消退的影响，该部分只随机呈现 6 个刺激，即 CSb+ 和 5 个泛化刺激（GS1、GS5、GS7、GS9 和 GS11）。

消退阶段：CSa+ 和 CS- 各随机呈现 8 次，刺激后面均不跟随电击。此阶段是为了帮助被试更好地消退习得的关于条件刺激的恐惧反应。

练习阶段、恐惧习得阶段、泛化测试阶段和消退阶段实验流程相同。程序采用 E-prime 2.0 进行编程，首先在屏幕中间呈现注视点"+"2 000 毫秒，注视点消失后呈现 CS 或 GS，同时出现探测界面，要求被试判断刺激后面出现电击的可能性，并按数字键 1～9 进行反应。按键后探测界面消失，刺激继续呈现，刺激呈现共 8 000 毫秒。试次间的间隔为 13～17 秒，平均间隔为 15 秒（Schultz et al., 2013；徐亮等, 2016）（图 7-2）。

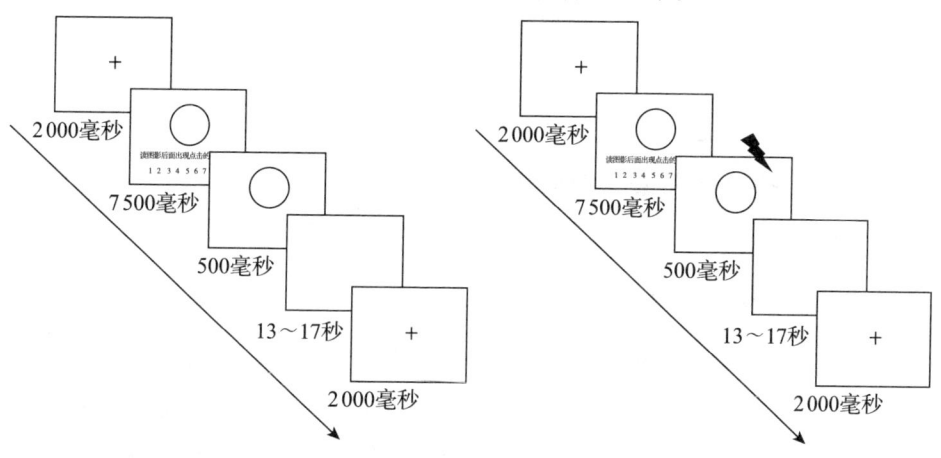

注：左图为无 US 出现，右图为有 US 出现。

图 7-2 实验流程图

7.2.5 统计分析

本研究的主要因变量指标是 CS 和 GS 的客观生理反应 SCR 和 US 主观预期值。以组别为被试间因素，以刺激类型（CSs/GSs）和时间为被试内因素进行多因素重复测量方差分析。其中，对恐惧习得的分析通过在各组中习得前期和习得后期 CS+ 和 CS− 的显著性检验来说明，尤其是习得后期的差异。对泛化测试阶段的分析主要通过泛化测试刺激的泛化梯度来验证习得规则对泛化梯度的影响，具体来讲，我们通过对泛化测试刺激整体的线性和二次趋势来说明。在消退阶段与习得阶段一样，通过消退早期和消退晚期 CSa+ 和 CS− 的显著性检验来说明消退效果。本研究的事后检验均使用最小差异法（least significant difference，LSD），采用 Holm-Bonferroni 对 α 值进行校正，使用 0.05 的显著水平并报告偏 η^2 作为效应量的估计。

7.3 结果与分析

7.3.1 条件性恐惧习得分析

1. US 主观预期值

刺激类型主效应显著 [$F(2, 88) = 139.06$, $p < 0.001$, $\eta^2 p = 0.76$]，阶段主效应显著 [$F(1, 44) = 6.97$, $p = 0.01$, $\eta^2 p = 0.14$]，组间效应不显著 [$F(1, 44) = 0.36$, $p = 0.55$, $\eta^2 p = 0.01$]；类型与阶段交互作用显著 [$F(2, 88) = 47.41$, $p < 0.001$, $\eta^2 p = 0.52$]；三重交互作用不显著 [$F(2, 88) = 0.73$, $p = 0.49$, $\eta^2 p = 0.02$]（表 7-1）。对实验组和对照组进行简单效应分析发现，在实验组中，CSa+ > CS−，[$t(22) = 9.09$, $p < 0.001$, $d = 1.90$]；CSb+ > CS−，[$t(22) = 9.58$, $p < 0.001$, $d = 2.00$]；CSa+ 与 CSb+ 差异不显著，[$t(22) = 0.54$, $p = 1$, $d = 0.11$]。阶段事后检验发现，习得早期 < 习得晚期，[$t(22) = -2.59$,

第 7 章　知觉泛化中概念信息的作用

$p = 0.02$, $d = -0.54$]。在对照组中，CSa+ > CS−，[$t(22) = 9.77$, $p < 0.001$, $d = 2.04$]；CSb+ > CS−，[$t(22) = 7.93$, $p < 0.001$, $d = 1.65$]；CSa+ 与 CSb+ 差异不显著，[$t(22) = 2.15$, $p = 0.13$, $d = 0.45$]。阶段事后检验发现，习得早期与习得晚期差异不显著，[$t(22) = -1.29$, $p = 0.21$, $d = -0.27$]（图 7-3）。总的来说，实验组与对照组均习得了对 CSa+ 与 CSb+ 的恐惧反应，且两组习得之间差异不显著。

表 7-1　习得过程中对条件刺激 US 预期的方差分析表

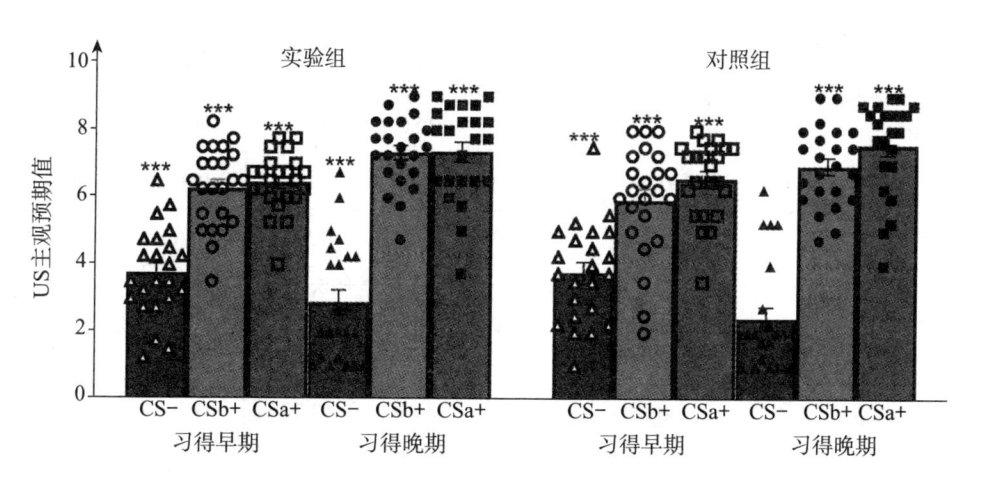

分组	统计量					
	SS	df	MS	F	p	$\eta^2 p$
类型	797.62	2	398.81	139.06	0.000	0.76
类型 × 组别	3.52	2	1.76	0.61	0.54	0.01
阶段	6.02	1	6.02	6.97	0.01	0.14
组别	1.08	1	1.08	0.36	0.55	0.01
阶段 × 组别	0.38	1	0.38	0.44	0.51	0.01
类型 × 阶段	68.62	2	34.31	47.41	0.000	0.52
类型 × 阶段 × 组别	1.05	2	0.53	0.73	0.49	0.02

注：ns 代表无显著性差异，* $p < 0.05$；** $p < 0.01$；*** $p < 0.001$，误差线代表标准误。

图 7-3　恐惧习得早期和晚期 CSa+、CSb+ 和 CS− 的平均 US 主观预期值

063

2. SCR

刺激类型主效应显著[$F(2, 88) = 30.73$, $p < 0.001$, $\eta^2 p = 0.41$]；阶段主效应显著[$F(1, 44) = 27.55$, $p < 0.001$, $\eta^2 p = 0.39$]；组间效应不显著[$F(1, 44) = 0.00$, $p = 0.99$, $\eta^2 p = 0.00$]；类型与阶段交互作用显著[$F(2, 88) = 0.23$, $p = 0.79$, $\eta^2 p = 0.01$]；三重交互作用不显著[$F(2, 88) = 0.96$, $p = 0.39$, $\eta^2 p = 0.02$]（表7-2）。对实验组和控制组进行简单效应分析发现，在实验组中，CSa+ > CS-，[$t(22) = 4.01$, $p = 0.002$, $d = 0.84$]；CSb+ > CS-，[$t(22) = 3.13$, $p = 0.01$, $d = 0.65$]；CSa+与CSb+差异不显著，[$t(22) = 1.20$, $p = 0.24$, $d = 0.25$]。阶段事后检验发现，习得早期大于习得晚期，[$t(22) = 3.28$, $p = 0.003$, $d = 0.68$]。在对照组中，CSa+ > CS-，[$t(22) = 6.13$, $p < 0.001$, $d = 1.28$]，CSb+ > CS-，[$t(22) = 5.14$, $p < 0.001$, $d = 1.07$]；CSa+与CSb+差异不显著，[$t(22) = 1.27$, $p = 0.22$, $d = 0.26$]。阶段事后检验发现，习得早期大于习得晚期，[$t(22) = 4.20$, $p < 0.001$, $d = 0.88$]（图7-4）。总的来说，实验组与对照组在SCR指标上均习得了对CSa+与CSb+的恐惧反应，且两组习得之间差异不显著。

表7-2 习得过程中对条件刺激SCR的方差分析表

分组	统计量					
	SS	df	MS	F	p	$\eta^2 p$
类型	1.77	2	0.88	30.73	0.000	0.41
类型 × 组别	0.08	2	0.04	1.32	0.27	0.03
阶段	1.05	1	1.05	27.55	0.000	0.39
组别	0.00	1	0.00	0.00	0.99	0.00
阶段 × 组别	0.01	1	0.01	0.14	0.71	0.00
类型 × 阶段	0.01	2	0.01	0.23	0.79	0.01
类型 × 阶段 × 组别	0.04	2	0.02	0.96	0.39	0.02

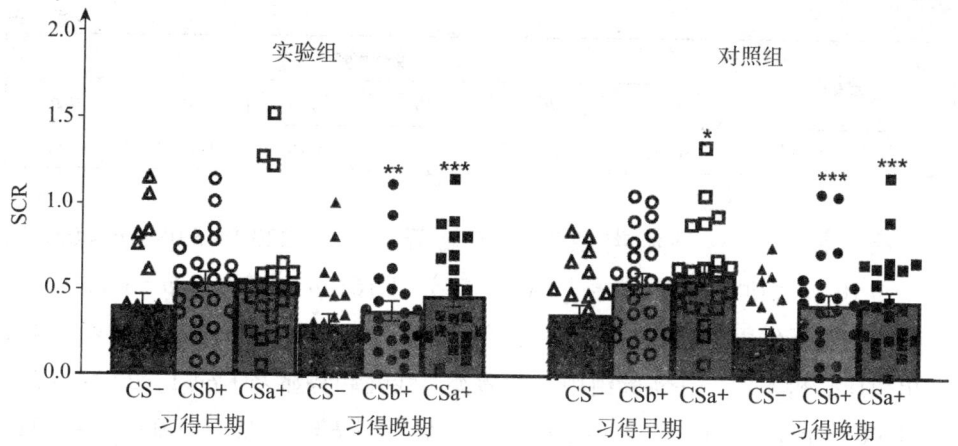

第 7 章 知觉泛化中概念信息的作用

图 7-4 恐惧习得的早期和晚期 CSa+、CSb+ 和 CS− 的皮肤电反应值

注：ns 代表无显著性差异，★ $p < 0.05$；★★ $p < 0.01$；★★★ $p < 0.001$，误差线代表标准误。

7.3.2 泛化测试分析

1. US 主观预期值

泛化测试 1：刺激类型主效应显著 [$F(10, 440) = 16.63$，$p < 0.001$，$\eta^2 p = 0.27$]，组间差异不显著 [$F(1, 44) = 0.83$，$p = 0.37$，$\eta^2 p = 0.02$]，类型与组别交互作用显著 [$F(10, 440) = 5.45$，$p < 0.001$，$\eta^2 p = 0.11$]（表 7-3）；简单效应分析发现，在实验组中，刺激类型线性趋势显著 [$F(1, 22) = 28.58$，$p < 0.001$，$\eta^2 p = 0.57$]，二次趋势显著 [$F(1, 22) = 19.25$，$p < 0.001$，$\eta^2 p = 0.47$]；在对照组中，刺激类型线性趋势不显著 [$F(1, 22) = 2.26$，$p = 0.15$，$\eta^2 p = 0.09$]，二次趋势显著 [$F(1, 22) = 10.82$，$p = 0.003$，$\eta^2 p = 0.33$]。

表 7-3 泛化测试 1 中对测试刺激 US 预期的方差分析表

分组	统计量					
	SS	df	MS	F	p	$\eta^2 p$
类型	551.35	10	55.14	16.63	0.000	0.27
组别	11.12	1	11.12	0.83	0.37	0.02

065

续 表

分组	统计量					
	SS	df	MS	F	p	$\eta^2 p$
类型 × 组别	180.82	10	18.08	5.45	0.000	0.11

泛化测试 2：刺激类型主效应显著 [$F(5, 220) = 5.08$, $p < 0.001$, $\eta^2 p = 0.10$]，组间差异不显著 [$F(1, 44) = 1.16$, $p = 0.29$, $\eta^2 p = 0.03$]，类型与组别交互作用不显著 [$F(5, 220) = 1.83$, $p = 0.11$, $\eta^2 p = 0.04$]（表 7-4）；简单效应分析发现，在实验组中，刺激类型线性趋势显著 [$F(1, 22) = 9.54$, $p = 0.005$, $\eta^2 p = 0.30$]，二次趋势不显著 [$F(1, 22) = 1.08$, $p = 0.31$, $\eta^2 p = 0.05$]；在对照组中，刺激类型线性趋势不显著 [$F(1, 22) = 0.67$, $p = 0.42$, $\eta^2 p = 0.03$]，二次趋势不显著 [$F(1, 22) = 2.76$, $p = 0.11$, $\eta^2 p = 0.11$]。

表 7-4　泛化测试 2 中对测试刺激 US 预期的方差分析表

分组	统计量					
	SS	df	MS	F	p	$\eta^2 p$
类型	101.37	5	20.27	5.08	0.000	0.10
组别	9.42	1	9.42	1.16	0.29	0.03
类型 × 组别	36.47	5	7.29	1.83	0.11	0.04

2. SCR

泛化测试 2：刺激类型主效应不显著 [$F(5, 220) = 0.46$, $p = 0.80$, $\eta^2 p = 0.01$]，组间差异不显著 [$F(1, 44) = 0.25$, $p = 0.62$, $\eta^2 p = 0.01$]，类型与组别交互作用不显著 [$F(5, 220) = 0.29$, $p = 0.92$, $\eta^2 p = 0.01$]（表 7-5）。

表 7-5　泛化测试中对测试刺激 SCR 的方差分析表

分组	统计量					
	SS	df	MS	F	p	$\eta^2 p$
类型	0.29	5	0.06	0.46	0.80	0.01
组别	0.13	1	0.13	0.25	0.62	0.01

续 表

分组	统计量					
	SS	df	MS	F	p	$\eta^2 p$
类型 × 组别	0.18	5	0.04	0.29	0.92	0.01

7.3.3 消退测试分析

1. US 主观预期值

刺激类型主效应显著[$F(1, 44) = 62.85$，$p < 0.001$，$\eta^2 p = 0.59$]，阶段主效应显著[$F(1, 44) = 66.71$，$p < 0.001$，$\eta^2 p = 0.60$]，组间效应不显著[$F(1, 44) = 0.03$，$p = 0.87$，$\eta^2 p = 0.00$]；类型与阶段交互作用显著[$F(1, 44) = 13.44$，$p < 0.001$，$\eta^2 p = 0.23$]；三重交互作用不显著[$F(1, 44) = 0.05$，$p = 0.82$，$\eta^2 p = 0.00$]（表7-6）。对实验组和控制组进行简单效应分析发现，在实验组中，CSa+ > CS−，[$t(22) = 5.59$，$p < 0.001$，$d = 1.17$]，阶段事后检验发现，消退早期大于消退晚期，[$t(22) = 5.83$，$p < 0.001$，$d = 1.22$]；在对照组中，CSa+ > CS−，[$t(22) = 5.67$，$p < 0.001$，$d = 1.18$]，阶段事后检验发现，消退早期大于消退晚期，[$t(22) = 5.74$，$p < 0.001$，$d = 1.20$]（图7-5）。总的来说，实验组与对照组对CSa+的恐惧反应消退了，且两组之间差异不显著。但在消退后期CSa+仍大于CS−，表明对CS+的恐惧反应并未完全消退。

表7-6 消退过程中对条件刺激US预期的方差分析表

分组	统计量					
	SS	df	MS	F	p	$\eta^2 p$
类型	332.24	1	332.24	62.85	0.000	0.59
类型 × 组别	3.60	1	3.60	0.68	0.41	0.02
阶段	75.35	1	75.35	66.71	0.000	0.60
组别	0.25	1	0.25	0.03	0.87	0.00
阶段 × 组别	0.15	1	0.15	0.13	0.72	0.00

续 表

分组	统计量					
	SS	df	MS	F	p	$\eta^2 p$
类型 × 阶段	10.64	1	10.64	13.44	0.000	0.23
类型 × 阶段 × 组别	0.04	1	0.04	0.05	0.82	0.00

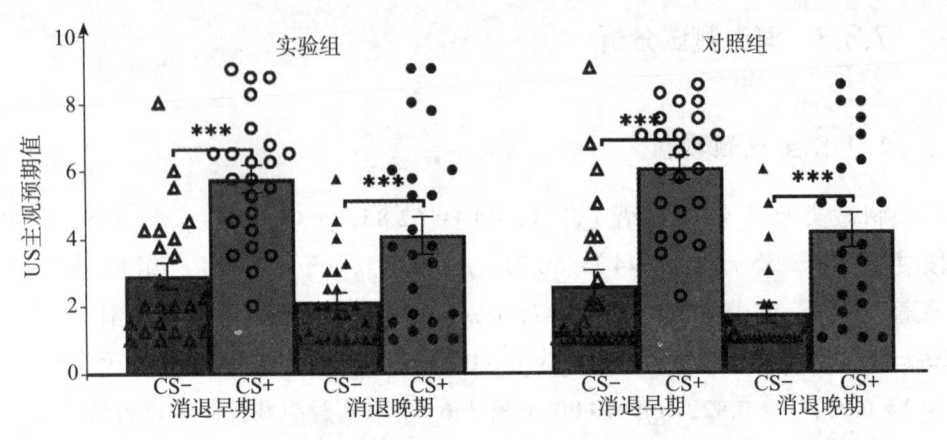

注：*** $p < 0.001$，误差线代表标准误。

图 7-5 消退早期和晚期 CSa+、CS− 的平均 US 主观预期值

2.SCR

刺激类型主效应不显著 [$F(1, 44) = 0.92, p = 0.34, \eta^2 p = 0.02$]，阶段主效应不显著 [$F(1, 44) = 0.48, p = 0.49, \eta^2 p = 0.01$]，组间效应不显著 [$F(1, 44) = 0.33, p = 0.57, \eta^2 p = 0.01$]；类型与阶段交互作用不显著 [$F(1, 44) = 0.38, p = 0.54, \eta^2 p = 0.01$]；三重交互作用不显著 [$F(1, 44) = 0.64, p = 0.43, \eta^2 p = 0.01$]（表 7-7）（图 7-6）。总的来说，实验组与控制组对 CSa+ 的恐惧反应消退，这可能与 SCR 对唤醒度的高敏感性有关。

表 7-7 消退过程中对条件刺激 SCR 的方差分析表

分组	统计量					
	SS	df	MS	F	p	$\eta^2 p$
类型	0.02	1	0.02	0.92	0.34	0.02

续 表

分组	统计量					
	SS	df	MS	F	p	$\eta^2 p$
类型 × 组别	0.08	1	0.08	3.09	0.09	0.07
阶段	0.02	1	0.02	0.48	0.49	0.01
组别	0.14	1	0.14	0.33	0.57	0.01
阶段 × 组别	0.00	1	0.00	0.00	0.97	0.00
类型 × 阶段	0.01	1	0.01	0.38	0.54	0.01
类型 × 阶段 × 组别	0.01	1	0.01	0.64	0.43	0.01

注：*** $p < 0.001$，误差线代表标准误。

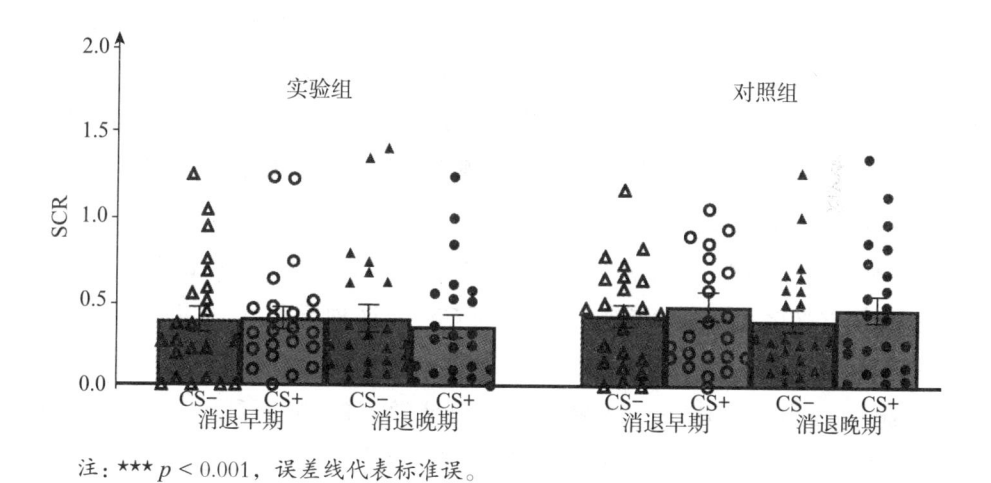

图 7-6 消退早期和晚期 CSa+、CS− 的皮肤电反应值

7.4 讨论

本研究使用了一个基本的视觉多维度刺激模型作为 CSs 和 GSs 以研究恐惧习得过程对恐惧泛化梯度的影响。结果表明，与泛化刺激不同维度的颜色习得组成功习得了恐惧，并在泛化测试中发现了基于相似性的恐惧泛化梯度，而与泛化刺激相同维度的大小习得组成功习得恐惧后，在泛化测试中发现了类似于归纳推理的线性恐惧泛化梯度。

本研究结果可以在联结性学习的泛化理论框架内进行解释，并进一步验证了在习得过程中区分 CS+ 和 CS- 的关键元素在恐惧泛化中的作用。如果我们能够找到恐惧泛化的关键元素，就能根据恐惧泛化的规则来减少恐惧泛化，进而降低恐惧过度泛化的可能性。而其中的关键问题在于找到恐惧泛化的机制。关于人类联结学习的一个有争议的解释提出，联结学习是一个涉及对刺激和事件之间关系的信念的推理过程，而不是一个纯粹的低级自动过程（Mitchell et al., 2009）。许多支持这一观点的证据来自人类条件反射研究，在这些研究中，只有意识到 CS-US 关联的参与者才表现出条件反射（Lovibond and Shanks, 2002）。这些经典条件作用的传统形式的修改与 Rescorla 的评论是一致的："巴甫洛夫条件反射不是一个愚蠢的过程，生物体在任意两个碰巧同时发生的刺激之间随意形成联系。相反，有机体更应该被看作一个信息搜寻者，利用事件之间的逻辑和知觉关系，以及他自己的先入之见，来形成对其世界的复杂表征。"（Rescorla, 1988）

本研究中，我们使用了辨别性条件性恐惧习得程序，被试分别需要在颜色和大小维度上区分 CSa+、CSb+ 与 CS-，这种辨别性习得类似于归纳推理论证中从更广泛的上位类别中对"远距离"的 CS- 与 CS+ 进行辨别（Voorspoels et al., 2015）。结果表明，联结学习的刺激泛化与归纳推理的属性泛化存在相似的加工过程。一般来讲，条件反射后泛化的联结机制是通过线索竞争来表达的，假设动物注意和了解刺激维度中最具预测性的特征（Sutherland and Mackintosh, 2016）和动物环境中的额外线索（Wagner, 1969），基于此，对刺激产生相应的恐惧反应。在我们的实验中，尽管实验环境中有一些额外的刺激物（如测试室内的其他物体、昏暗的灯光），但被试似乎不太可能认为它们与结果有任何关系。因此，跨维度辨别无法中和对这些刺激的学习，因为被试即使在单一线索训练中也不会学习这些额外刺激（Sutherland and Mackintosh, 2016）。

我们的结果突出了使用"抽象"或简单的知觉刺激进行人类联结学习研究的一般问题。结果中值得注意的一点是，归纳推理任务中使用的刺激物通常属于类别，有明确的层次分类（如动物、工具），我们的刺激物是简单的知觉刺激物。联结学习文献中普遍使用这种刺激，其隐含的假设是，这些抽象刺激将语义知识或类别知识的影响降到最低，这样就可以基于纯粹的知觉基础来评估泛化。然而，我们发现，在进行大小辨别的分组中，电击预期评级表现出了线性趋势，可以被解释为被试认为不同大小的几何图形会导致电击的"绝对"增加。这一解释意味着，被试认为即使是非常简单的知觉刺激（大小的圆形或方形）也属于更大类别的刺激（所有形状）的层次结构。这意味着，尽管泛化研究中通常使用的刺激被设计成与语义知识无关，但在现实中，被试可能会认为它们是更广泛类别的一部分，这可能会影响他们的恐惧的泛化。在我们的任务中，有可能呈现一个不同大小的几何图形突出了不同大小的刺激之间的分类差异，这是在大小维度上泛化出现线性梯度的原因。而呈现不同颜色的条件性恐惧习得可能不会让被试想到"大小"这个类别，因为没有对比类别来比较它。

另外，我们的研究结果发现，在消退阶段，两组均出现了消退效果。然而，在消退的晚期，CS+ 与 CS- 仍存在差异。消退阶段与习得阶段条件刺激呈现的次数是一样的，这再次证明了恐惧情绪易习得难消退的特点，同时在一定程度上解释了恐惧消退后 19%～62% 的高复发率（Craske and Mystkowski，2006）。一般认为，消退并不是 CS–US 关联的遗忘（Rescorla，1972），而是建立新的、与原始关联竞争的抑制性联结（Bouton，2002；Myers and Davis，2002），当抑制性联结弱于原始关联时就可能出现恐惧返回。因此，当使用与习得同等强度的消退后，并未完全消退的恐惧线索仍然会提取相关的恐惧记忆。

值得注意的是，在泛化测试阶段和消退阶段，US 主观预期值与 SCR 两个指标出现了分离。SCR 指标并未出现与 US 主观预期值相一致的显著性差异，这可能与该指标的高敏感性有关系。本研究的泛化测试阶段分为两个部分，第一部分由于告知被试不会有电击刺激出现，所以并不会诱发相应的 SCR 反应，但是却会对第二部分 SCR 的收集产生影响。这是由于皮肤电与刺激的唤醒度强弱相关，前面呈现了 11 个泛化测试刺激，降低了第二部分泛化刺激的警觉，很大程度上影响了皮肤电的反应差异。

总的来讲，我们已经证明，在不同维度上的正面刺激（CSa+、CSb+）和某维度弱强度的负面刺激（CS-）之间进行辨别训练，类似于在归纳推理论证中呈现远距离的负面证据，以增加对相似刺激的泛化。这一结果与动物泛化研究中跨维度辨别训练的文献不一致，表明解释动物泛化的联结机制并不总是在人类的联结学习任务中起作用。相反，结果表明，被试以类似于评估归纳论点的方式积极地对假设进行推理。

知觉线索与概念信息在条件性恐惧泛化中的作用

我们认为,联结学习和认知学习方法有一些重要的共性,来自一个领域的见解可以用来启发另一个领域(Dunsmoor and Murphy, 2015;Houwer et al., 2005)。虽然我们的任务和刺激是受联结方法的启发,但我们发现数据与归纳推理领域发展的理论描述更一致。整合认知和联结的方法可以产生一个更微妙的理解机制,通过这个机制人们可以泛化他们的学习。未来研究可以通过类别学习中的知觉泛化关系来进一步探究认知与联结的相互作用机制,需要更多地关注认知对泛化产生作用的神经机制。

本研究仍然存在一定的局限性。首先,在泛化测试中,SCR指标在泛化刺激间的差异未达到统计学显著水平。这可能是由于测试第一阶段电击仪的断开导致的,需要在未来研究中加以验证。其次,由于泛化测试包括11个刺激的呈现,我们主要通过泛化梯度的变化趋势来说明联结学习过程对恐惧泛化的影响,无法像以往的研究一样对泛化刺激进行合并(平均)来检验刺激之间的差异,这将是我们下一步研究的重点。最后,由于新冠病毒感染的影响,被试局限于华南师范大学的大学生,未能招到足够多的男性被试,因此未能很好地进行性别的平衡,有待在未来研究中进一步探索性别对恐惧泛化研究的影响。

通过探究联结学习过程在复杂的人类条件性恐惧泛化中的作用,我们的研究结果验证了之前关于高级认知加工在恐惧泛化中的作用,同时本研究通过设置三个条件刺激,扩展了高级认知加工本身的泛化,对联结学习与高级认知加工的关系有了更深入的认识。此外,如果在恐惧习得的过程中存在多个威胁刺激,应考虑不同的威胁刺激之间的关系,以便更好地理解恐惧习得的规则,进而为恐惧的消退提供更有价值的参考。威胁刺激及其与环境之间的关系是临床治疗的重要信息,涉及针对不同的焦虑障碍选择合适的治疗方法,本研究的结果对于临床的治疗逻辑具有重要的借鉴意义。

第 8 章 概念泛化中知觉线索的作用

8.1 研究背景

恐惧泛化会受到基于感知的相似性的影响（Ghirlanda and Enquist, 2003; Hanson, 1959; Lissek et al., 2008）。联结学习理论从刺激的复合特征来解释基于知觉的恐惧泛化（McLaren and Mackintosh, 2002; Pearce, 1987; Rescorla, 1976）。该理论认为，刺激是由多个元素组成的，泛化是泛化刺激与原始刺激共同元素匹配的结果。具体来说，与 CS+ 更相似的刺激比其他刺激更容易引发恐惧（Haddad et al., 2013; Lenaert et al., 2014; Lissek et al., 2010）。然而，人类经常根据从先前经验中提取的认知加工过程获取信息，这些信息超越了物理特征信息（Maltzman, 1977）。除了基于感知相似性的恐惧泛化外，还存在基于更高阶认知加工（如概念和类别）的恐惧泛化（Dunsmoor and Murphy, 2014）。

为了探索恐惧泛化中的高级认知加工的作用，一些研究使用了相互之间没有物理相似性的人工刺激类别（Dymond et al., 2014; Dymond et al.,

2015；Vervoort et al.，2014）。本质上，物理上不同的刺激可以相互替代的事实被认为是基于同一范畴概念的相似性。为了评估在这样一个人为类别中的恐惧泛化，这个类别中的一个成员被反复地与一个令人厌恶的 US 配对，在此之后，其他成员即使没有直接与 US 进行配对联结也可能会引发恐惧（Dymond et al.，2011；Valverde et al.，2009；Vervoort et al.，2014），这表明刺激的认知分类在恐惧泛化过程中起着重要作用。

对成人来说，概念泛化比知觉泛化更为重要。人类在处理符号信息（如文字、符号和数字）方面受过高度训练。符号代表信息而不依赖被代表对象的知觉特征。成人日常遇到的许多刺激都具有象征意义，它们之间的关联既取决于概念表征（如先验知识、类别归属、语义网络），也取决于知觉特征。事实上，在焦虑症的临床特征中，概念相关性也很可能是相关的。例如，幽闭恐惧症患者可能会害怕飞机、电梯和过度拥挤的地方，不是因为它们的外形相似，而是因为所有这些情况都涉及一个不可能立即逃离的密闭空间（Radomsky et al.，2001）。实际上，恐惧习得在现实世界的环境中很少涉及简单的感官刺激，而是由复杂的刺激和情境感知功能和象征意义。Mertens 等（2021）把不同大小的圆用词表示作为刺激材料，发现了与直接用不同大小的圆形做刺激材料类似的知觉泛化梯度（Lissek et al.，2008；Mertens et al.，2021）。

以往研究表明，具有类似 CS+ 特征的刺激，或属于同一类别的刺激，都可以诱发恐惧。然而，许多现实世界的恐惧是复杂的，焦虑症患者的行为是由感知和观念的结合引起的。恐惧刺激通常可以由相互关联的概念和信息网络表示，并且可以在每次遭遇中呈现出不同的形式。预测哪些信息可能获得情感意义，并在现实生活中引发恐惧和焦虑，仍然是一个挑战。例如，患有创伤后应激障碍的战斗老兵可能会表现出对某些物品的恐惧，这些物品会让他们联想到自己被部署的区域。在以往的研究中，相似性通常结合了明显的物理相似性和抽象的概念相似性，但对于恐惧泛化中感知和概念之间的关系却知之甚少（Bennett et al.，2015）。在现实生活中，事件的物理特征和概念特征很难相互区分，而且可能同时加剧泛化。把这两种相似的形式放在一起研究，我们就可以更好地描述那些不断增加的引发恐惧的事件。在恐惧泛化中，人们对知觉和概念的相似性发生的过程仍然缺乏了解，这在某种程度上反映出人们对恐惧泛

化的潜在机制理解并不完善。因此，考察知觉和概念在泛化过程中的关系是一个重要的研究课题。

本研究根据以往的研究结果，假设在恐惧泛化过程中，与同原始威胁刺激相似的刺激相比，和原始刺激同一类别的刺激泛化程度更强；同时，在与原始威胁刺激同一类别的刺激中，知觉相似性不同的刺激存在泛化程度的差异。

8.2 研究方法

8.2.1 被试

实验前，我们采用 G*Power 3.1 软件（Faul et al., 2007, 2009）对本研究的样本量进行了估算。根据本研究的实验设计，在中等效应量（$d = 0.25$）下，I 类错误的概率 α 水平为 0.05，检验效力为 0.80 时，所需的样本量最少为 22 人。综合考虑实验过程中可能出现的问题（如被试中途退出、实验仪器故障等），本研究共招募 60 名被试（$M = 19.57$，$SD = 2.24$）参与本研究，其中女性 45 名。

本研究所有被试均来自华南师范大学，均为右利手，视力正常或矫正后正常，无色盲色弱，无精神疾病（史），近期未参加过电刺激实验。要求被试实验前不要饮用刺激性饮料（酒、咖啡等），不要服用激素类药物，不要做剧烈运动。被试被随机分为两组，每组 30 人，一组进行分类学习后习得（实验组），另一组无分类学习习得（对照组），其中对照组有一名被试无按键反应，另有一名被试数据记录仪器出现问题，去掉两名被试的无效数据后，实验组 30 名被试，对照组 28 名被试，共 58 组有效数据纳入分析。

所有被试均在实验前签署了知情同意书，完成实验的被试可获得相应的被试费。该研究已获得华南师范大学心理学院人类研究伦理委员会的批准（批准号：SCNU-PSY-2020-4-011）。

8.2.2 刺激材料

1. 条件刺激和泛化刺激

实验材料选用在四个维度上各不相同（背景颜色为蓝色或绿色；内部图形的形状为正方形或圆形；内部图形的颜色为红色或黄色；内部图形的数量为一个或两个）的几何图形，大小为 300×300 像素（Waldron and Ashby, 2001）。选取一个基本图形作为条件刺激（CS+），选取一个黑白图形的中性刺激作为安全刺激（CS-）。实验组泛化测试刺激根据其与 CS+ 相同维度的数量来选取，对照组与实验组选取相同的刺激材料（图 8-1）。在选择刺激材料时对维度变量进行被试间项目平衡。

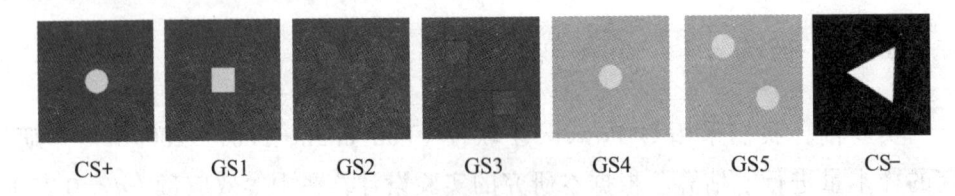

注：所有刺激材料均为中性的几何图形，在四个维度上各不相同（背景颜色为蓝色或绿色；内部图形的形状为正方形或圆形；内部图形的颜色为红色或黄色；内部图形的数量为一个或两个）。在正式实验前，根据某一维度（背景）进行分类学习，然后根据其与 CS+ 在四个维度上的重叠特征数量和类别属性把泛化刺激分为 5 个种类，GS1（与 CS+ 同一类别，含 3 个重叠特征）、GS2（与 CS+ 同一类别，含 2 个重叠特征）、GS3（与 CS+ 同一类别，含 1 个重叠特征）、GS4（与 CS+ 不同类别，含 3 个重叠特征）和 GS5（与 CS+ 不同类别，含 2 个重叠特征）。

图 8-1 实验材料示意图

2. 无条件刺激

与实验 2 相同。

8.2.3 测量指标

与实验 2 相同。

8.2.4 实验设计及流程

1. 实验设计

以刺激类型（CS+、CS-）和时间阶段（前半段、后半段）为被试内因素，组别（实验组、对照组）为被试间因素，采用 2×2×2 的多因素混合实验设计。

2. 实验流程

我们主要采用了经典条件反射范式，并在此基础上加入了分类任务，首先，在条件性恐惧习得之前，实验组被试要完成一个分类任务。被试被要求根据预先设定好的分类规则按 F 键或 J 键判断呈现的图像属于 A 类或是 B 类，分类规则被试并不知道，需要根据按键后的反馈进行学习，直到被试两轮准确无误地完成分类任务，实验才进入下一恐惧习得阶段。在对照组中，为了保证刺激物呈现的一致性，采用点探针任务代替实验组的分类任务。在屏幕的左边或右边呈现刺激材料，被试通过按 F 键或 J 键来对刺激材料出现的位置做出反应。分类任务是为了使被试在习得条件性恐惧前获得关于刺激材料的类别知识，通过被试对刺激的类别测试确保其获得了关于刺激材料的类别知识。

接下来，每名被试需通过佩戴电极片来连接电击仪，根据指导语找到一个令自己"极端不舒服但可以忍受"的电击水平。然后，参与者被告知在接下来的实验中，电脑屏幕上会呈现一些几何图形，有的后面会伴随电击，有的不会，电击强度即为刚才被试选择的强度。在图形出现后，他们须通过学习判断电击出现的可能性有多大，按数字键 1～9 来评定（Lissek et al., 2010；Vervliet and Geens, 2014），1 代表完全不可能出现，9 代表完全可能出现，数字越大代表被试认为电击再现的可能性越大。

恐惧习得阶段，CS+、CS- 各呈现 6 次，其中 CS+ 中 6 次有 4 次跟随电击，电击在刺激消失前 200 毫秒出现。CS- 后不出现电击。CS 以伪随机的方式呈现，确保每个 CS 不会连续两次以上重复出现。此阶段是为了使被试习得条件性恐惧，若被试在 CS+ 与 CS- 的测量指标上差异显著，则说明被试成功习得恐惧。

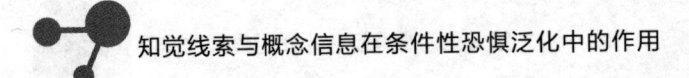

泛化阶段采用block设计，分为6个blocks。每个block包含5类泛化刺激，为了防止遗忘，每个block中设置2个CS+和CS-。其中，随机有1个CS+后跟随US。Gene1、Gene2、Gene3、Gene4、Gene5、Gene6分别代表泛化刺激在6个blocks中的反应，以此研究不同泛化刺激类型的时间进程。

程序采用E-prime 2.0进行编程，首先在屏幕中间呈现注视点"+" 2 000毫秒，注视点消失后呈现CS或GS，同时呈现探测界面，要求被试判断刺激后面出现电击的可能性，并按数字键1～9进行反应。按键后探测界面消失，刺激继续呈现，刺激呈现共8 000毫秒。试次间的间隔为13～17秒，平均间隔为15秒（Vervliet et al., 2014；徐亮等，2018）。

8.2.5 统计分析

本研究的主要因变量指标是CS和GS的客观生理反应SCR和US主观预期值。以组别为被试间因素，以刺激类型（CSs/GSs）和时间为被试内因素进行多因素重复测量方差分析。其中，对恐惧习得的分析通过在各组中习得前期和习得后期CS+和CS-的显著性检验来说明，尤其是习得后期的差异。对泛化测试阶段的分析主要通过泛化测试刺激类型之间的比较来说明。通过blocks间的对比来说明对刺激恐惧反应的时间进程。本研究的事后检验均使用最小差异法（least significant difference，LSD），采用Holm-Bonferroni对α值进行校正，使用0.05的显著水平并报告偏η^2作为效应量的估计。

8.3 结果与分析

8.3.1 US 主观预期值

1. 条件性恐惧习得

刺激类型主效应显著[$F(1, 56) = 200.99$, $p < 0.001$, $\eta^2 p = 0.78$],阶段主效应不显著[$F(1, 56) = 1.49$, $p = 0.23$, $\eta^2 p = 0.03$];组间差异不显著[$F(1, 56) = 0.72$, $p = 0.40$, $\eta^2 p = 0.01$];类型与组别交互作用不显著[$F(1, 56) = 2.42$, $p = 0.13$, $\eta^2 p = 0.04$],阶段与组别交互作用不显著[$F(1, 56) = 2.41$, $p = 0.13$, $\eta^2 p = 0.04$];类型与阶段交互作用不显著[$F(1, 56) = 7.89$, $p = 0.001$, $\eta^2 p = 0.12$];三重交互作用不显著[$F(1, 56) = 0.06$, $p = 0.80$, $\eta^2 p = 0.00$](表8-1)。对CS+与CS−进行配对样本t检验表明,对照组[$t(27) = 8.02$, $p < 0.001$, $d = 1.52$],且CS+显著大于CS−,对照组被试成功习得了恐惧反应;实验组[$t(29) = 12.52$, $p < 0.001$, $d = 2.29$],且CS+显著大于CS−,实验组被试成功习得了恐惧反应。对习得的早期与晚期进行配对样本t检验表明,对照组[$t(27) = -1.91$, $p = 0.07$, $d = -0.36$],实验组[$t(29) = 0.24$, $p = 0.81$, $d = 0.04$],习得在时间上差异不显著。总之,两组被试均成功习得了对CS+的恐惧反应(图8-2)。

表8-1 习得过程中对条件刺激US预期的方差分析表

分组	统计量					
	SS	df	MS	F	p	$\eta^2 p$
类型	869.03	1	869.03	200.99	0.000	0.78
类型 × 组别	10.48	1	10.48	2.42	0.13	0.04
阶段	1.87	1	1.87	1.49	0.23	0.03

续 表

分组	统计量					
	SS	df	MS	F	p	$\eta^2 p$
组别	1.46	1	1.46	0.72	0.40	0.01
阶段 × 组别	3.02	1	3.02	2.41	0.13	0.04
类型 × 阶段	11.84	1	11.84	7.89	0.01	0.12
类型 × 阶段 × 组别	0.10	1	0.10	0.06	0.80	0.00

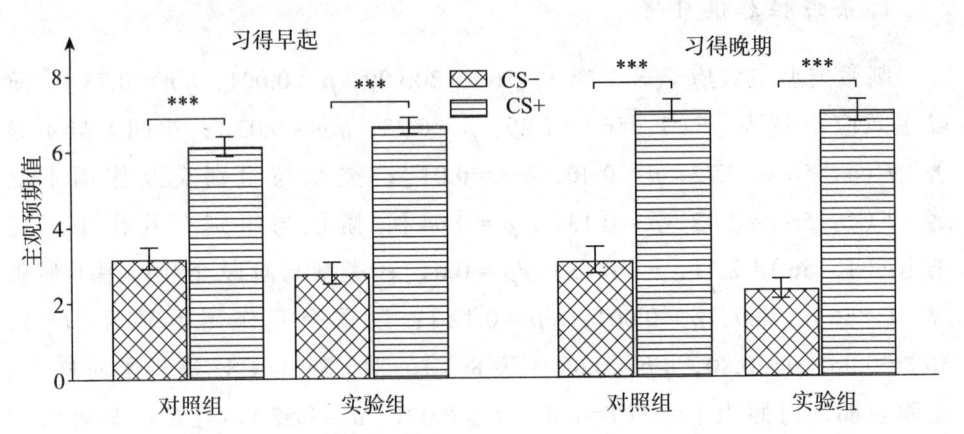

注：*** $p < 0.001$，误差线代表标准误。

图 8-2 每组被试在条件性恐惧习得的早期和晚期 CS+ 和 CS- 的平均 US 主观预期值

2. 泛化测试

刺激类型主效应显著 [$F(6, 336) = 126.79$, $p < 0.001$, $\eta^2 p = 0.69$]，block 主效应显著 [$F(5, 280) = 90.39$, $p < 0.001$, $\eta^2 p = 0.62$]；组间差异不显著 [$F(1, 56) = 0.29$, $p = 0.59$, $\eta^2 p = 0.01$]；类型与组别交互作用不显著 [$F(6, 336) = 1.68$, $p = 0.13$, $\eta^2 p = 0.03$]，block 与组别交互作用不显著 [$F(5, 280) = 1.03$, $p = 0.40$, $\eta^2 p = 0.02$]；类型与 block 交互作用显著 [$F(30, 1680) = 11.30$, $p < 0.001$, $\eta^2 p = 0.17$]；三重交互作用不显著 [$F(30, 1680) = 1.27$, $p = 0.15$, $\eta^2 p = 0.02$]（表 8-2）。

第 8 章 概念泛化中知觉线索的作用

表 8-2 泛化测试中对测试刺激 US 预期的方差分析表

分组	统计量					
	SS	df	MS	F	p	$\eta^2 p$
类型	6990.26	6	1165.04	126.79	0.000	0.69
类型 × 组别	92.48	6	15.41	1.68	0.13	0.03
阶段	1516.53	5	303.31	90.39	0.000	0.62
组别	18.63	1	18.63	0.29	0.59	0.01
阶段 × 组别	17.32	5	3.46	1.03	0.40	0.02
类型 × 阶段	589.05	30	19.64	11.30	0.000	0.17
类型 × 阶段 × 组别	66.19	30	2.21	1.27	0.15	0.02

对各组进行简单效应分析，结果显示，对照组：block 主效应显著 [$F(5, 135) = 36.33$, $p < 0.001$, $\eta^2 p = 0.57$]）（图 8-3）；刺激类型主效应显著 [$F(6, 162) = 57.08$, $p < 0.001$, $\eta^2 p = 0.68$]（图 8-4），类型与 block 交互作用显著 [$F(30, 810) = 5.30$, $p < 0.001$, $\eta^2 p = 0.16$]。事后检验发现所有刺激均发生了恐惧泛化（$p < 0.001$），但主要刺激类型之间并不存在显著差异（$p: 0.16 \sim 1$）（表 8-3）。

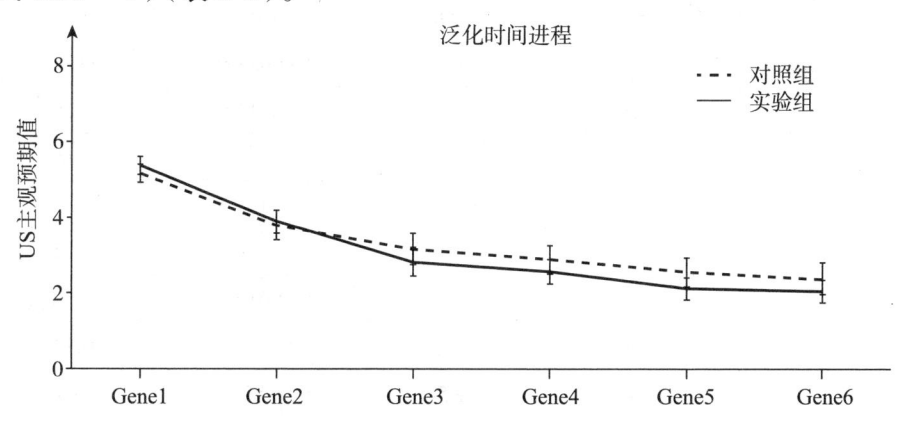

注：*$p < 0.05$；**$p < 0.01$；***$p < 0.001$，误差线代表标准误。

图 8-3 泛化测试的时间进程

知觉线索与概念信息在条件性恐惧泛化中的作用

图 8-4 泛化测试过程中不同刺激间的差异

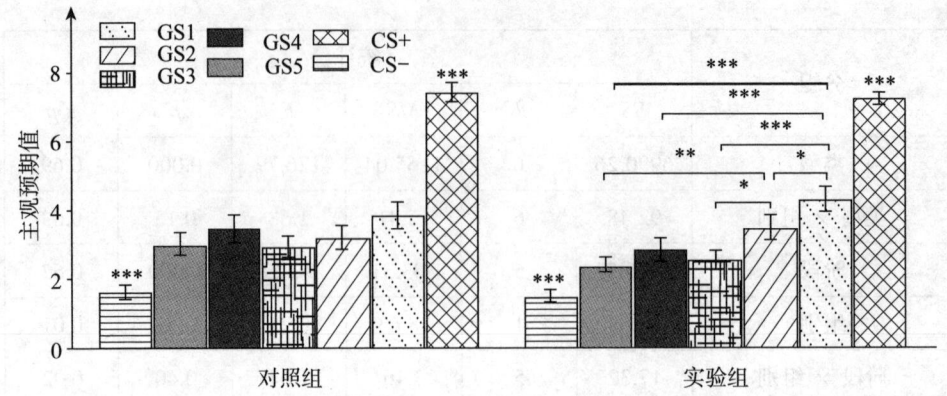

注：*$p < 0.05$；**$p < 0.01$；***$p < 0.001$，误差线代表标准误。

表 8-3 对照组泛化测试的刺激对比（US 主观预期值）

对照组	刺激	t	p	Cohen's d
GS1	GS2	1.93	0.44	0.37
	GS3	2.71	0.07	0.51
	GS4	1.14	1.00	0.22
	GS5	2.58	0.10	0.49
	CS+	−10.54	<0.001***	−1.99
	CS−	6.62	<0.001***	1.25
GS2	GS3	0.78	1.00	0.15
	GS4	−0.79	1.00	−0.15
	GS5	0.65	1.00	0.12
	CS+	−12.48	<0.001***	−2.36
	CS−	4.69	<0.001***	0.89
GS3	GS4	−1.57	0.83	−0.30
	GS5	−0.12	1.00	−0.02
	CS+	−13.25	<0.001***	−2.50
	CS−	3.91	0.002**	0.74

第 8 章 概念泛化中知觉线索的作用

续 表

对照组	刺激	t	p	Cohen's d
GS4	GS5	1.45	0.90	0.27
	CS+	−11.68	<0.001***	−2.21
	CS−	5.48	<0.001***	1.04
GS5	CS+	−13.13	<0.001***	−2.48
	CS−	4.04	0.001**	0.76
CS+	CS−	17.16	<0.001***	3.24

实验组：block 主效应显著 $[F(5,145)=55.49, p<0.001, \eta^2 p=0.66]$（图 8-3），刺激类型主效应显著 $[F(6,174)=72.16, p<0.001, \eta^2 p=0.71]$（图 8-4），类型与 block 交互作用显著 $[F(30,870)=7.18, p<0.001, \eta^2 p=0.20]$。事后检验发现所有刺激均产生了泛化（$p<0.001$），且刺激类型之间差异显著，GS1 vs GS2，$[t(29)=2.68, p=0.04, d=0.49]$；GS1 vs GS3，$[t(29)=5.68, p<0.001, d=1.04]$；GS1 vs GS4，$[t(29)=4.71, p<0.001, d=0.86]$；GS1 vs GS5，$[t(29)=6.24, p<0.001, d=1.14]$；GS2 vs GS3，$[t(29)=3.00, p=0.02, d=0.55]$；GS2 vs GS5，$t(29)=3.56, p=0.004, d=0.65]$（表 8-4）。

表 8-4 实验组泛化测试的刺激对比（US 主观预期值）

实验组	刺激	t	p	Cohen's d
GS1	GS2	2.68	0.04*	0.49
	GS3	5.68	<0.001***	1.04
	GS4	4.71	<0.001***	0.86
	GS5	6.24	<0.001***	1.14
	CS+	−9.29	<0.001***	−1.70
	CS−	9.01	<0.001***	1.65
GS2	GS3	3.00	0.02*	0.55
	GS4	2.03	0.18	0.37
	GS5	3.56	0.004**	0.65
	CS+	−11.98	<0.001***	−2.19
	CS−	6.33	<0.001***	1.16

续 表

实验组	刺激	t	p	Cohen's d
GS3	GS4	-0.97	0.67	-0.18
	GS5	0.56	0.67	0.10
	CS+	-14.97	<0.001***	-2.73
	CS-	3.33	0.008**	0.61
GS4	GS5	1.53	0.38	0.28
	CS+	-14.00	<0.001***	-2.56
	CS-	4.30	<0.001***	0.79
GS5	CS+	-15.54	<0.001***	-2.84
	CS-	2.77	0.04*	0.51
CS+	CS-	18.31	<0.001***	3.34

8.3.2 SCR

1. 条件性恐惧习得

刺激类型主效应显著 [$F(1, 56) = 14.49, p < 0.001, \eta^2 p = 0.21$]，阶段主效应显著 [$F(1, 56) = 30.06, p < 0.001, \eta^2 p = 0.35$]；组间差异显著 [$F(1, 56) = 6.61, p = 0.01, \eta^2 p = 0.11$]；类型与组别交互作用不显著 [$F(1, 56) = 1.02, p = 0.32, \eta^2 p = 0.02$]，阶段与组别交互作用不显著 [$F(1, 56) = 0.35, p = 0.56, \eta^2 p = 0.01$]；类型与阶段交互作用显著 [$F(1, 56) = 11.79, p = 0.001, \eta^2 p = 0.17$]；三重交互作用不显著 [$F(1, 56) = 2.02, p = 0.16, \eta^2 p = 0.04$]（表8-5）。组间的事后检验，实验组大于控制组，[$t(27) = 2.57, p = 0.01, d = 0.34$]。对CS+与CS-进行配对样本$t$检验表明，控制组 [$t(27) = 2.56, p = 0.02, d = -0.00$]，且CS+显著大于CS-，对照组被试成功习得了恐惧反应；实验组 [$t(29) = 2.93, p = 0.006, d = 0.54$]，且CS+显著大于CS-，对照组被试成功习得了恐惧反应。对习得的早期与晚期进行配对样本t检验表明，对照组 [$t(27) = 3.49, p = 0.002, d = 0.66$]，且习得早期显著大于晚期；实验组 [$t(29) = 4.27, p < 0.001$,

$d = 0.78$],且习得早期显著大于晚期。总之,在 SCR 指标上,被试习得了对 CS+ 的恐惧反应,且习得早期大于晚期,这与 US 主观预期值的表现不同(图 8-5)。

表 8-5 习得过程中对条件刺激 SCR 的方差分析表

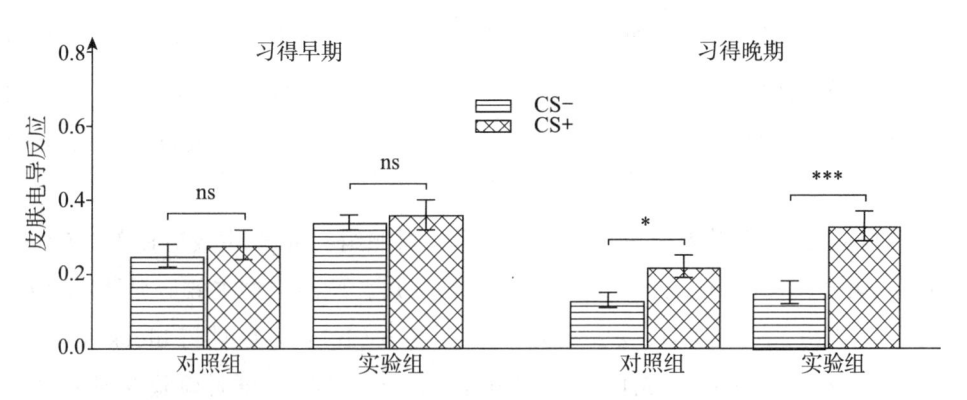

分组	统计量					
	SS	df	MS	F	p	$\eta^2 p$
类型	0.39	1	0.39	14.49	0.000	0.21
类型 × 组别	0.03	1	0.03	1.02	0.32	0.02
阶段	0.58	1	0.58	30.06	0.000	0.35
组别	0.33	1	0.33	6.61	0.01	0.11
阶段 × 组别	0.01	1	0.01	0.35	0.56	0.01
类型 × 阶段	0.18	1	0.18	11.79	0.001	0.17
类型 × 阶段 × 组别	0.03	1	0.03	2.02	0.16	0.04

注:ns 代表无显著性差异,* $p < 0.05$;*** $p < 0.001$,误差线代表标准误。

图 8-5 每组被试在条件性恐惧习得的早期和晚期 CS+ 和 CS- 的平均 SCR

2. 泛化测试

刺激类型主效应显著 [$F(6, 336) = 23.63$, $p < 0.001$, $\eta^2 p = 0.30$]，block 主效应显著 [$F(5, 280) = 5.57$, $p < 0.001$, $\eta^2 p = 0.09$]；组间差异不显著 [$F(1, 56) = 3.81$, $p = 0.06$, $\eta^2 p = 0.06$]；类型与分组交互作用显著 [$F(6, 336) = 2.64$, $p = 0.02$, $\eta^2 p = 0.05$]，block 与分组交互作用不显著 [$F(5, 280) = 0.60$, $p = 0.70$, $\eta^2 p = 0.01$]；类型与 block 交互作用显著 [$F(30, 1680) = 4.76$, $p < 0.001$, $\eta^2 p = 0.08$]；三重交互作用不显著 [$F(30, 1680) = 0.84$, $p = 0.72$, $\eta^2 p = 0.02$]（表 8-6）。

表 8-6　泛化测试中对测试刺激 SCR 的方差分析表

分组	统计量					
	SS	df	MS	F	p	$\eta^2 p$
类型	11.36	6	1.89	23.63	0.000	0.30
类型 × 组别	1.27	6	0.21	2.64	0.02	0.05
阶段	2.44	5	0.49	5.57	0.000	0.09
组别	2.38	1	2.38	3.81	0.06	0.06
阶段 × 组别	0.26	5	0.05	0.60	0.70	0.01
类型 × 阶段	8.26	30	0.28	4.76	0.000	0.08
类型 × 阶段 × 组别	1.46	30	0.05	0.84	0.72	0.02

对各组进行简单效应分析，结果显示，对照组：block 主效应显著 [$F(5, 135) = 4.71$, $p < 0.001$, $\eta^2 p = 0.15$]［图 8-6(a)］，刺激类型主效应显著 [$F(6, 162) = 17.20$, $p < 0.001$, $\eta^2 p = 0.39$]［图 8-6(b)］，类型与 block 交互作用显著 [$F(30, 810) = 3.19$, $p < 0.001$, $\eta^2 p = 0.11$]。事后检验发现类型主效应主要是 CS+ 的作用，其他刺激类型间并不存在显著差异（p：0.09～1）（表 8-7）。

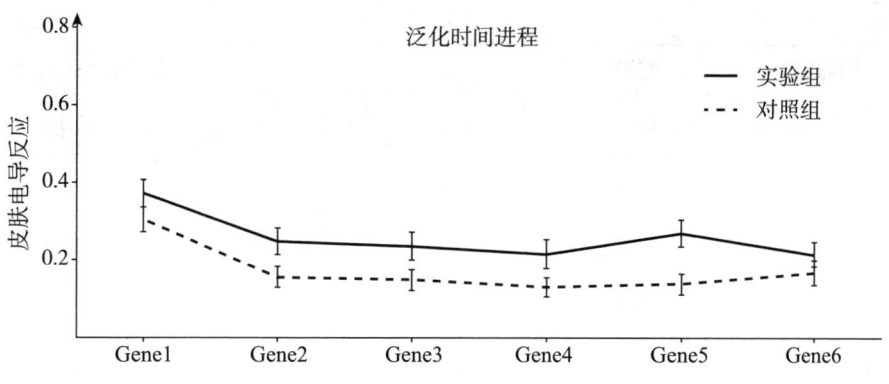

第 8 章　概念泛化中知觉线索的作用

（a）SCR 指标上泛化测试的时间进程

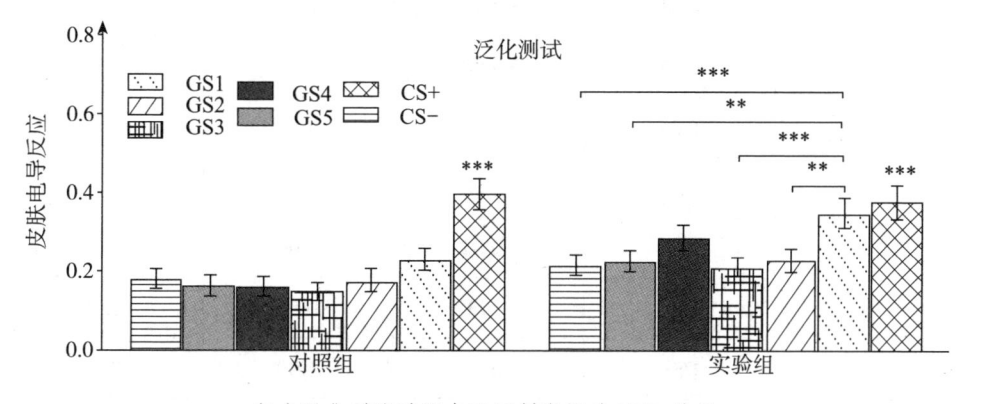

（b）泛化测试过程中不同刺激间的 SCR 差异

注：** $p < 0.01$；*** $p < 0.001$，误差线代表标准误。

图 8-6　泛化过程中个体对刺激的 SCR 变化

表 8-7　对照组泛化测试的刺激对比（SCR）

对照组	刺激	t	p	Cohen's d
GS1	GS2	1.80	0.89	0.34
	GS3	2.78	0.09	0.52
	GS4	2.34	0.29	0.44
	GS5	2.27	0.32	0.43
	CS+	−5.59	<0.001***	−1.06
	CS−	1.64	1.00	0.31

087

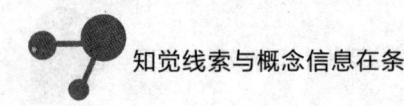

续 表

对照组	刺激	t	p	Cohen's d
GS2	GS3	0.98	1.00	0.18
	GS4	0.54	1.00	0.10
	GS5	0.47	1.00	0.09
	CS+	−7.39	<0.001***	−1.40
	CS−	−0.16	1.00	−0.03
GS3	GS4	−0.43	1.00	−0.08
	GS5	−0.50	1.00	−0.10
	CS+	−8.36	<0.001***	−1.58
	CS−	−1.14	1.00	−0.22
GS4	GS5	−0.07	1.00	−0.01
	CS+	−7.932	<0.001***	−1.50
	CS−	−0.71	1.00	−0.13
GS5	CS+	−7.86	<0.001***	−1.49
	CS−	−0.63	1.00	−0.12
CS+	CS−	7.23	<0.001***	1.37

实验组：block 主效应显著 [$F(5,145) = 2.19, p = 0.06, \eta^2 p = 0.07$][图 8-6（a）]，刺激类型主效应显著 [$F(6, 174) = 9.59, p < 0.001, \eta^2 p = 0.25$][图 8-6（b）]，类型与 block 交互作用显著 [$F(30, 870) = 2.52, p < 0.001, \eta^2 p = 0.08$]。事后检验发现 GS1 产生了泛化，且与其他刺激类型差异显著，GS1 vs GS2，[$t(29) = 3.87, p = 0.002, d = 0.71$]；GS1 vs GS3，[$t(29) = 4.39, p < 0.001, d = 0.80$]；GS1 vs GS4，[$t(29) = 3.92, p = 0.002, d = 0.72$]；GS1 vs CS−，[$t(29) = 4.27, p < 0.001, d = 0.78$]（表 8-8）。

表 8-8　实验组泛化测试的刺激对比 (SCR)

实验组	刺激	t	p	Cohen's d
GS1	GS2	3.87	0.002**	0.71
	GS3	4.39	<0.001***	0.80
	GS4	1.98	0.49	0.36
	GS5	3.92	0.002**	0.72
	CS+	−0.92	1.00	−0.17
	CS−	4.27	<0.001***	0.78
GS2	GS3	0.52	1.00	0.10
	GS4	−1.89	0.49	−0.35
	GS5	0.05	1.00	0.01
	CS+	−4.79	<0.001***	−0.87
	CS−	0.40	1.00	0.07
GS3	GS4	−2.41	0.21	−0.44
	GS5	−0.47	1.00	−0.09
	CS+	−5.31	<0.001***	−0.97
	CS−	−0.13	1.000	−0.02
GS4	GS5	1.94	0.49	0.35
	CS+	−2.90	0.06	−0.53
	CS−	2.28	0.26	0.42
GS5	CS+	−4.84	<0.001***	−0.88
	CS−	0.34	1.00	0.06
CS+	CS−	5.18	<0.001***	0.95

8.4 讨论

本研究使用分类任务后的恐惧反应模型考察了类别信息和知觉特征在恐惧泛化中的作用，结果发现类别信息和知觉特征共同在恐惧泛化中起作用，并且类别信息和知觉特征具有叠加效应，同时在同类别刺激中存在知觉相似性泛化。这说明，高级认知加工和初级感觉加工在恐惧泛化中共同起作用，高级认知加工的影响较突出。

本研究结果表明，类别特征和知觉特征重叠可以同时促进条件性恐惧的泛化。与之前的研究一致，概念和知觉上的相似性在恐惧泛化中都很重要（Dunsmoor et al., 2012；Lee et al., 2018；Lissek et al., 2008）。研究结果还表明，恐惧从 CS+ 向同一类别的刺激物扩展。特别有趣的是，考虑到 GS3，除了定义特性，它与 CS+ 完全不同，此外，它从未直接或间接地与 US 配对（Dymond et al., 2011；Vervoort et al., 2014）。这意味着习得性恐惧可能会推广到感知上不相似的任意刺激，特别是考虑到焦虑症中可能存在的不确定性规则。与此同时，那些不明显的物理特征的刺激重叠也会引起更强烈的恐惧。物体与 CS+ 重叠的知觉特征的相似性越大，越容易泛化。知觉泛化和概念泛化的同时存在增加了焦虑障碍的风险概率。

被试根据恐惧学习前的反馈对刺激进行分类，这促进了条件反射恐惧的泛化。换句话说，一种刺激的厌恶体验改变了对另一种刺激的情绪反应，同一类别的不同刺激在功能上可以和 US 互换。有意思的是，与原始威胁属于不同类别但感知上相似的刺激也会引起恐惧。一种解释是，尽管根据规则它们明确属于不同类别，但知觉相似性刺激也被概括为同一类别的成员。一些研究确实表明，分类刺激与类似的外分类刺激在功能上是可互换的（Bennett et al., 2015；Fields et al., 1991）。在我们的研究中，基于与 CS+ 重叠的特征而表现出相似性的非同类刺激可能被归为某一相同类别，并与 US 产生关联。同时，联结理论认为，不同刺激所共享的重叠特征激活了大脑中相同的记忆节点。这在进化上与"安全比遗憾好"的效果是一致的。从认知加工的角度考虑，自上

而下和自下而上的加工同时进行。简言之，相同类别的刺激和相似但不同类别的刺激是并行处理的。本研究以 CS+ 为基础，将类别成员认知概括为知觉相似的不同类别成员，恐惧随即蔓延到这些新成员身上。

值得注意的是，实验组比对照组表现出了更强的恐惧习得。根据 McLaren 和 Mackintosh 的理论模型，即基于修正的 Rescorla-Wagner 模型（McLaren and Mackintosh, 2002；Rescorla, 1972），前期的分类学习使条件刺激产生了更多的与 US 联结的元素，因此实验组在 SCR 指标上习得了更强的恐惧反应。同时，在 US 主观预期值上，实验组也表现出了更强的泛化反应。巴甫洛夫早期的一系列研究表明，相同的特征与不同的特征共同作用，会影响恐惧泛化的程度，并不是只有相同的特征才会表现出这种影响（Pavlov, 1927）。

前人研究发现 CS- 在一定程度上影响恐惧泛化的方向和程度（Dunsmoor et al., 2009；Dunsmoor et al., 2012；Lee et al., 2018；Lee et al., 2019；Vervliet and Geens, 2014）。本研究从类别的角度解释了类别泛化对非类别泛化的影响，这在一定程度上丰富了恐惧泛化模型。有趣的是，US 类别和特征的期望评分存在显著的相似性泛化效应。在 Zaman 团队关于知觉泛化的一系列研究中可以找到一种解释（Zaman et al., 2019）。他们发现，知觉错误与条件性恐惧泛化的峰值和面积的转移有关。我们选择具有重叠特征的材料作为泛化刺激，而不是单一维度的判别性刺激材料。辨别任务对被试来说并不困难。由于 SCR 指数是高敏感性的衡量标准，刺激材料和 CS+ 之间存在较大的感知差异，这掩盖了测试中泛化的更微妙的影响。因此，泛化阶段刺激间的 SCR 差异没有达到统计学的显著性。

有意思的是在 SCR 指标上，相似度相同的刺激间的恐惧反应并没有表现出显著性差异。这种与 US 预期的分离进一步说明了情绪反应的基于知觉的非认知特征。结果表明，特征的相似性在泛化过程中起着重要的作用。例如，一朝被蛇咬，十年怕井绳。一般来讲，与对照组相比，实验组在条件反射过程中可以形成统一的类别表征；此外，类别关系使恐惧泛化更强、更有规律。这与之前关于恐惧泛化偏好程度的典型性研究一致（Bennett et al., 2015；Dunsmoor and Murphy, 2014）。这在一定程度上说明了基于规则的恐惧泛化的影响小于感知特征，这对恐惧的过度泛化具有重要意义。它也从另一个侧面说明了临床焦虑症的不规律的过度泛化。我们推测假设，当存在关于恐惧泛化的规则时，它有助于实施暴露疗法，以找到更好的消退刺激，同时，可以降低过度泛化的概率。

本研究结果与 Bennett 等人（2015）的研究一致，该研究考察了概念泛化后的知觉相似性如何促进恐惧的泛化，这对于理解无害事件之间的联系如何在威胁事件发生后引发恐惧有启发。我们从刺激物的物理相似性和认知范畴的性质来研究刺激物本身的泛化差异。结果表明，刺激的认知属性的泛化强于知觉属性的泛化。而其他的研究中的知觉属性的泛化掩盖了泛化刺激的认知属性，因此在使用知觉属性进行消退时出现了恐惧返回。

本研究从类别和知觉特征的角度对恐惧泛化进行了研究，为今后焦虑障碍治疗的研究提供了重要的启示。暴露疗法的目标是将习得的恐惧的消退泛化到相关刺激的网络中。然而，已有研究发现，恐惧消退的泛化作用是有限的，尤其是当概念刺激的知觉与原始条件刺激不一致时（Vervliet et al., 2010；Vervoort et al., 2014），这导致了暴露疗法在实践中的高复发率。幸运的是，一些研究人员发现诱发最大恐惧反应的泛化刺激在恐惧消除方面比 CS 效果更好（Wong and Lovibond, 2020）。在进一步的研究中，可以考虑结合知觉和概念来增强消退的泛化效果。

本研究存在以下几个局限：一是我们没有按性别来平衡样本，未来可以研究知觉特征与类别之间的交互是否存在性别差异；二是我们选择几何图形作为条件刺激可能会影响外部效度。虽然从研究的角度来看，这可能是目前最好的选择，但未来会有更好的方法来量化对特征和类别的反应，从而更好地为消除日常生活中产生的恐惧提供参考。

总的来讲，本研究强调了刺激的高阶认知特性是如何促进条件性恐惧传播的。这里表明，认知可以极大地影响恐惧经历后泛化的强度，因此，认知可能有助于理解经历相同创伤事件的个体在恐惧反应上的差异。

第9章 人工概念中知觉线索与概念信息的作用比较

9.1 研究背景

人类对刺激的泛化不仅仅体现为物理相似性，而在恐惧泛化的研究中大多使用简单的感官线索，如简单的几何图形、光线和音调。许多现实世界的恐惧是复杂的，恐惧刺激通常可以由相互关联的概念和信息网络表示，并且可以呈现出不同的形式。预测哪些信息可能获得情绪意义，并在现实生活中引发恐惧和焦虑，仍然是一个挑战。"相似"一词通常指的是知觉上的物理相似或抽象概念上的相似。然而，关于知觉信息和概念信息是如何同时参与恐惧泛化的我们还知之甚少（Fields et al., 1991）。我们认为，研究知觉和概念相似性之间的关系是探索解释焦虑障碍中恐惧泛化理论的一个必要步骤。

通过第二章的相关研究，我们发现，刺激本身的知觉特征在恐惧泛化中起着重要作用，知觉特征的相似性形成了峰梯度，而知觉特征之间的对比关系形成了类似规则推理的线性梯度，同时，知觉特征和概念关系之间存在着复杂的非线性关系。刺激的知觉特征和类别属性（概念）之间的对比关系是探究恐惧泛化机制的重要切入点。刺激泛化被假设为一种基于知觉相似性（主要）或概念相似性（次要）的分类结果（Leventhal and Trembly，1968）。在现实生活中，根据知觉或概念相似性对恐惧泛化进行分类是困难的，因为这两个因素同时作用，促进了恐惧泛化。为了更好地把知识经验和类别概念分离开来，本研究采用刺激等价的方法来控制实验中的相关变量。该方法由 Sidman 及其同事开发（Sidman，1994；Sidman and Tailby，1982），采用匹配样本的方法训练不熟悉刺激物之间的任意关系，从而产生表征刺激物类别或类别组织的新关系。因此，这似乎是一种建立相对不受实验外因素影响的人工类别的理想的方式，成为在行为分析和动物认知领域引起关注的分类研究方法（Zentall and Smeets，1996）。

　　刺激等价关系的实验室研究通常从任意匹配样例训练开始，其中建立了至少两个涉及物理上不同刺激的相互关联的条件判别。在任何给定的实验中，被试都被展示至少两个可能的样例刺激之一和一组至少两个比较刺激。选择正确的比较刺激被强化，而指定的正确的比较刺激是有条件的特定样例。例如，当展示样例刺激 A1 与比较刺激 B1 和 B2 时，比较刺激 B1 的选择被加强；当展示样例 A2 与比较刺激 B1 和 B2 时，B2 的选择得到加强。类似地，被试接受了一组新的比较训练，选择 C1 给出 A1 样例，选择 C2 给出 A2 样例。

　　在学习了这样一个基线之后，被试在面对新的试验类型时可以准确地判断出刺激关系的出现，而这种刺激关系并没有得到明确的加强。这些新颖的表现被指定为刺激反射性（例如，给定 A1 作为样例，A1 和 A2 作为比较，A1 被选择；即每个刺激与自身之间表现出未经训练的关系）、刺激对称性（例如，给定 B1 作为样例，A1 和 A2 作为比较，则选择 A1，即将刺激以未训练的角色呈现，表明训练后的样例和比较刺激的功能是可逆的）和刺激传递性（例如，给定 B1 作为样例，C1 和 C2 作为比较，则选择 C1，也就是说，在训练中从未一起出现过的不同刺激之间的关系被证明）。因此，直接训练最少 4 个刺激关系（A1B1、A2B2、A1C1、A2C2）后，刺激可能以未训练的方式相互关联，得到 18 个刺激 - 控制关系结果（训练后的 4 个刺激与 A1A1，A2A2，B1B1，B2B2，C1C1，C2C2；B1A1，B2A2，C1A1，C2A2；B1C1，B2C2，A1C1，A2C2；A1B1，A2B2，C1B1，C2B2）。如果刺激以这种方式相互关

第 9 章 人工概念中知觉线索与概念信息的作用比较

联,因为所有元素在给定的上下文中都是可替换的(Sidman,1994),所以它们被称为等价类(即,A1、B1 和 C1 为一类;A2,B2,C2 作为另一类)。刺激对等可以允许在最基本的层面上分析类别,避免了语言介入来创建类的必要性(Casey and Heath,1983)。

样例匹配范式(matching to sample,MTS)是在等价关系理念下的任务范式:一个单独的项目(样例刺激)首先在电脑屏幕的顶部呈现几秒钟,然后在屏幕底部呈现一组项目。被试被要求根据出现过的样例刺激从集合中选择一个项目。可以展示几个集合,但每个集合中都有一个正确的项目(比较刺激),每个选择之后都有纠正性反馈。因此,首先训练出若干条件关系,使不同的比较刺激与相同的样例刺激相互关联。在稍后的测试阶段,通过检查未经过训练的相关关系来确定等价关系的建立。使用相同的格式,尽管没有纠正性反馈,被试可以在有比较刺激时选择样例刺激(称为对称关系),也可以在有另一个比较刺激时选择比较刺激(称为等价关系)。从本质上说,物理上不同的刺激可以相互替换,这是合乎逻辑的,类似于一个言语范畴内的概念上的相同(Barnes-Holmes et al.,2001;Bennett et al.,2015;Fields et al.,1991;Galizio et al.,2001)。

事实上,我们的实验模型与强迫症患者的经历有着惊人的相似之处,强迫症患者在污染和不断增加的触发器网络的恐惧中挣扎。例如,有一个强迫症患者被口头告知她的嫂子腹泻,这些信息改变了病人对她的嫂子的情绪反应,她的嫂子现在引起了此强迫症患者的厌恶并引发了强迫行为,这是概念泛化的一个例子。此外,这种非适应性恐惧蔓延到某种程度,甚至她嫂子的照片也会引发她的强迫症症状,导致她把它们从家里移开——这是一种感知泛化的实例(McGinn and Sanderson,1999)。恐惧的知觉线索和概念信息加剧了焦虑障碍患者的恐惧反应。

本研究通过 MTS 任务范式形成的等价关系来进行分类学习,然后结合经典条件性恐惧范式来探究知觉特征和类别关系(概念)在恐惧泛化中的作用机制。目前,知觉泛化研究很少涉及概念信息的作用,概念泛化研究也很少涉及物理特征信息的重要性。虽然单独检查知觉信息或概念信息的恐惧泛化机制可以为个别研究提供明确的重点,但这可能会影响刺激作为整体泛化的外部有效性,现实世界的事件同时包含了知觉和概念的信息,而不仅仅是其中之一。总

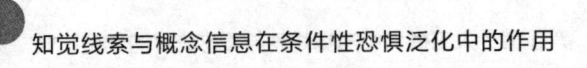

的来说，研究恐惧的概念泛化和知觉泛化是更好地理解焦虑障碍中的恐惧蔓延的重要一步。

9.2 研究方法

9.2.1 被试

实验前，我们采用G*Power 3.1软件（Faul et al., 2007, 2009）对本研究的样本量进行了估算。根据本研究的实验设计，在中等效应量（$d = 0.25$）下，I类错误的概率α水平为0.05，检验效力为0.80时，所需的样本量最少为24人。综合考虑实验过程中可能出现的问题（如被试中途退出、实验仪器故障等），本研究共招募32名被试（$M = 20.28$，$SD = 2.00$）参与本研究，其中女性15名，男性17名，所有被试均按要求完成实验。

本研究所有被试均来自华南师范大学，均为右利手，视力正常或矫正后正常，无色盲色弱，无精神疾病（史），近期未参加过类似的电刺激实验。要求被试实验前不要饮用刺激性饮料（酒、咖啡等），不要服用激素类药物，不要做剧烈运动。所有被试均在实验前签署了知情同意书，完成实验的被试可获得相应的被试费。该研究已获得华南师范大学心理学院人类研究伦理委员会的批准（批准号：SCNU-PSY-2021-324）。

9.2.2 刺激材料

本研究选用的刺激材料分为三类：A类刺激材料选取艾宾浩斯无意义音节（3个字母构成一个无意义音节，其中第1个和第3个字母是辅音，中间字母是元音，如Zeg、Lor、Mav）；B类刺激材料选取Fribbles图库中的Keza、Loro和Jaru家族图片（Barry et al., 2014），根据Willia毫秒的相似性评分选取相似刺激并在被试间进行项目平衡（Willia毫秒，1998）；C类刺激材料选取国际情感图片系统（IAPS）中的中性图片。本研究采用线上问卷的方式，招募了30名大学生对这些刺激进行效价和唤醒度评定。参与评估者须对每种刺激的效价和唤醒度进行9点评分（1表示极度不愉快/极度平静或放松，9表示极度愉快/极度兴奋或激动）。然后对选用的Fribbles图片进行重复测量方差分析，三个家族图片效价不存在显著性差异（$p = 0.48$，$\eta^2 p = 0.03$），其中Keza（M = 4.03，SD = 1.56）、Loro（M = 4.23，SD = 1.50）和Jaru（M = 4.30，SD = 1.34）；三个家族图片唤醒度不存在显著性差异（$p = 0.63$，$\eta^2 p = 0.02$），其中Keza（M =3.93，SD =1.57）、Loro（M =4.17，SD =1.32）和Jaru（M =4.17，SD =1.74）。C类图片的效价为（M =4.46，SD =1.31；M =4.76，SD =1.14；M =4.97，SD =1.16），唤醒度为（M = 3.40，SD = 1.85；M = 4.13，SD = 1.59；M = 3.60，SD = 1.94）。所有刺激图片大小均为150×150像素。

1. 条件刺激

随机从Fribbles家族中选取两张不同家族的图片作为条件刺激CS+和CS-，并在被试间进行项目平衡。

2. 无条件刺激

与实验2相同。

3. 泛化测试刺激

选取与条件刺激相似的Fribbles图片GS1+、GS1-，与条件刺激同一类别的IAPS图片GS2+、GS2-作为泛化测试刺激。

9.2.3 测量指标

与实验2相同。

9.2.4 实验设计及流程

1. 实验设计

通过MTS任务，训练被试习得两种等价关系的刺激类别，以刺激类型（CS+、CS-）和时间阶段（前半段、后半段）为被试内因素，进行2×2的被试内实验设计。

2. 实验流程

实验程序参考MTS任务范式和经典条件性恐惧泛化范式，实验过程分为三个阶段，即MTS类别学习阶段、恐惧习得阶段和泛化测试阶段。

（1）MTS类别学习阶段。该阶段分为等价关系的学习和验证两个部分，把刺激材料分为X和Y两个类别。先在屏幕上半部分呈现刺激A1或A2，3秒后在屏幕下半部分呈现B1、B2、B3或C1、C2、C3（刺激位置完全随机），被试须对与刺激A属于同一类别的刺激做出判断，按数字键1、2、3（分别对应左、中、右位置）进行反应，按键后所有刺激消失并给予正确或错误的反馈（3秒），试次间间隔为3秒，所有等价关系随机4次，连续16次正确才进入关系验证部分。

等价关系的验证部分，先在屏幕上半部分呈现一个比较刺激（如B1），5秒后呈现另外的比较刺激（如C1、C2、C3），与上一阶段相同，按数字键判断刺激的等价关系类别，按对应的位置键反应（不再出现反馈）。共有4种测试配对类型：B1—C1，C2，C3；B2—C1，C2，C3；C1—B1，B2，B3；C2—B1，B2，B3。所有配对类型伪随机呈现4次，共16次。判断全部正确才进入正式实验阶段，否则返回等价关系学习部分继续学习。

（2）恐惧习得阶段。CS+和CS-各呈现8次，其中CS+后出现电刺激的概率为75%，即呈现的CS+中8次有6次跟随电击，CS-后不出现电击。CS以伪随机的方式呈现，确保每个CS不会连续两次以上重复出现。此阶段是为了使被试习得条件性恐惧，若被试在CS+与CS-的测量指标上差异显著，则说明成功习得恐惧。

（3）泛化测试阶段。该阶段采用block设计，包括四种类型的测试刺激

(GS1+、GS1-、GS2+ 和 GS2-）。每个 block 中每类刺激呈现 1 次，共分 4 个 blocks。

恐惧习得阶段和泛化测试阶段实验流程相同。程序采用 E-prime 2.0 进行编程，首先在屏幕中间呈现注视点 "+" 2 000 毫秒，注视点消失后呈现 CS 或 GS，同时呈现探测界面，要求被试判断刺激后面出现电击的可能性，并按数字键 1～9 进行反应，按键后探测界面消失，刺激继续呈现，刺激呈现共 8 000 毫秒。试次间的间隔为 13～17 秒，平均间隔为 15 秒（Schultz et al., 2013；徐亮等，2016）。刺激流程图如图 9-1 所示：

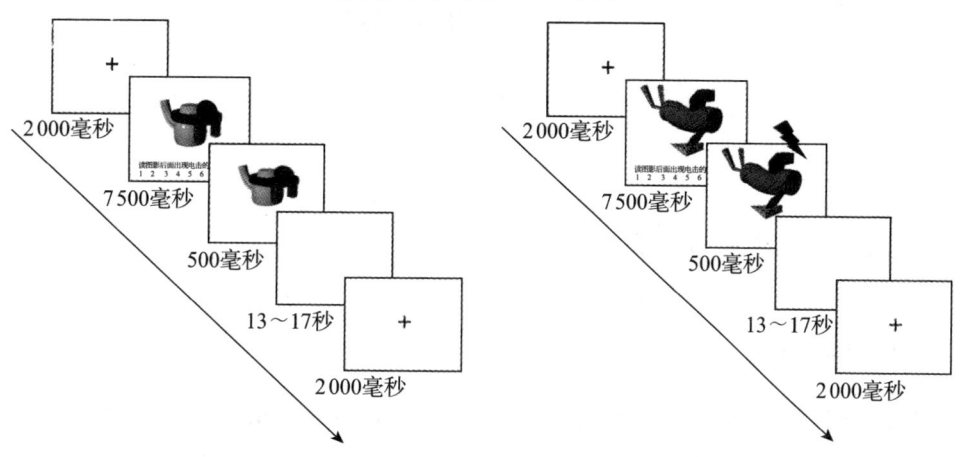

图 9-1 实验流程图（左图为无 US 出现，右图为有 US 出现）

9.2.5 统计分析

对于 MTS 任务的有效性，在 MTS 任务中，参考前人研究，每名被试的正确等效测试用测试试次的准确率分数来表示，当等效测试的准确达到 87.5% 以上时，表明成功建立了等价关系的类别。本研究的 MTS 任务程序中，16 个测试试次中 14 次以上正确才能确保等价关系类别的建立，实际程序操作中被试只有正确率达到 100% 才进入下一阶段，因此，完成实验的被试均建立了等价关系的 X 和 Y 两个类别。

本研究正式实验的主要因变量指标是 CS 和 GS 的客观生理反应 SCR 和 US 主观预期值。以刺激类型（CSs/GSs）和时间（blocks）为被试内因素进行两因素重复测量方差分析。其中对恐惧习得的分析通过习得前期和习得后期 CS+ 和 CS- 的显著性检验来说明，尤其是习得后期的差异。对泛化测试阶段的分析主要通过泛化测试刺激类型（GS1+、GS2+、GS1- 和 GS2-）和时间（block）的主效应来比较在恐惧泛化过程中知觉和概念信息之间的差异。本研究的事后检验均使用最小差异法（least significant difference，LSD），采用 Holm-Bonferroni 对 α 值进行校正，使用 0.05 的显著水平并报告偏 η^2 作为效应量的估计。

9.3 结果与分析

9.3.1 US 主观预期值

1. 恐惧习得分析

刺激类型主效应显著 $[F(1, 31) = 113.71, p < 0.001, \eta^2 p = 0.79]$，阶段主效应显著 $[F(1, 31) = 9.40, p = 0.005, \eta^2 p = 0.23]$；类型与阶段交互作用显著 $[F(1, 31) = 26.47, p < 0.001, \eta^2 p = 0.46]$（表 9-1）。配对样本 t 检验表明，类型上 CS+ > CS-，$[t(31) = 10.66, p < 0.001, d = 1.89]$；阶段上习得早期小于习得晚期，$[t(31) = -3.07, p = 0.004, d = -0.54]$（图 9-2）。

表 9-1 习得过程中对条件刺激 US 预期的方差分析表

分组	统计量					
	SS	df	MS	F	p	$\eta^2 p$
类型	370.45	1	370.45	113.71	0.000	0.79
阶段	7.67	1	7.67	9.40	0.005	0.23
类型 × 阶段	46.77	1	46.77	26.47	0.000	0.46

第 9 章 人工概念中知觉线索与概念信息的作用比较

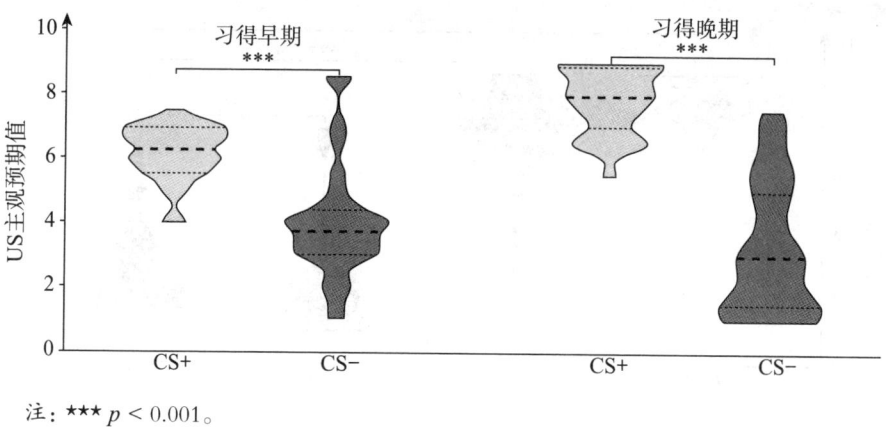

注：*** $p < 0.001$。

图 9-2 条件性恐惧习得的早期和晚期 CS+、CS- 的平均 US 主观预期值

2. 泛化测试分析

刺激类型主效应显著 $[F(3, 93) = 150.90, p < 0.001, \eta^2p = 0.83]$，block 主效应不显著 $[F(3, 93) = 0.19, p = 0.91, \eta^2p = 0.01]$；类型与 block 交互作用不显著 $[F(9, 279) = 0.46, p = 0.90, \eta^2p = 0.02]$（表 9-2）。刺激类型之间差异显著，事后检验发现，GS1+ vs GS2+，$[t(31) = 4.00, p < 0.001, d = 0.71]$；GS2+ vs GS1-，$[t(31) = 13.70, p < 0.001, d = 2.42]$；GS2+ vs GS2-，$[t(31) = 11.72, p < 0.001, d = 2.07]$；GS1- vs GS2-，$[t(31) = -1.98, p = 0.30, d = -0.35]$（图 9-3）。

表 9-2 泛化测试中对测试刺激 US 预期的方差分析表

分组	统计量					
	SS	df	MS	F	p	η^2p
类型	3558.48	3	1186.16	150.90	0.000	0.83
阶段	0.59	3	0.20	0.19	0.91	0.01
类型 × 阶段	5.59	9	0.62	0.46	0.90	0.02

101

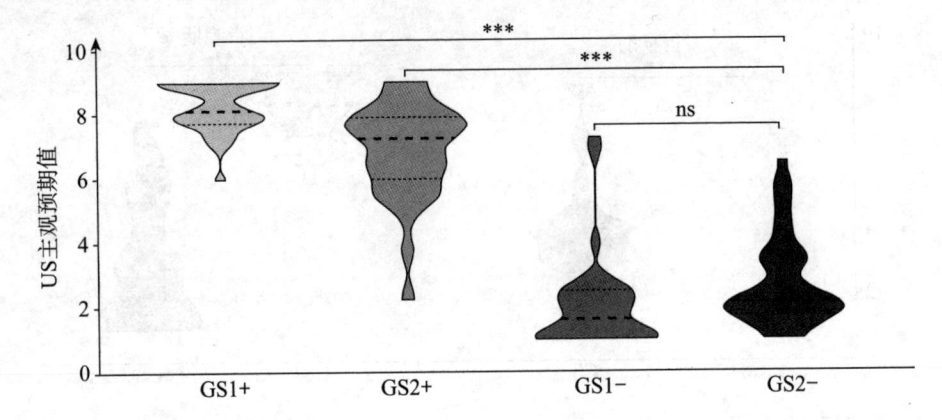

图 9-3 恐惧泛化测试中 GS1+、GS1-、GS2+ 和 GS2- 的平均 US 主观预期值

9.3.2 SCR

1. 恐惧习得分析

刺激类型主效应显著 [$F(1, 31) = 350.19$, $p < 0.001$, $\eta^2 p = 0.92$]，阶段主效应显著 [$F(1, 31) = 103.01$, $p < 0.001$, $\eta^2 p = 0.77$]；类型与阶段交互作用显著 [$F(1, 31) = 75.00$, $p < 0.001$, $\eta^2 p = 0.71$]（表9-3）。配对样本 t 检验表明，类型上 CS+ > CS-，[$t(31) = 18.71$, $p < 0.001$, $d = 3.31$]，阶段上习得早期小于习得晚期，[$t(31) = -10.15$, $p < 0.001$, $d = -1.79$]（图9-4）。

表 9-3 习得过程中对条件刺激 SCR 的方差分析表

分组	统计量					
	SS	df	MS	F	p	$\eta^2 p$
类型	6.09	1	6.09	350.19	0.000	0.92
阶段	2.74	1	2.74	103.01	0.000	0.77
类型 × 阶段	1.90	1	1.90	75.00	0.000	0.71

第 9 章 人工概念中知觉线索与概念信息的作用比较

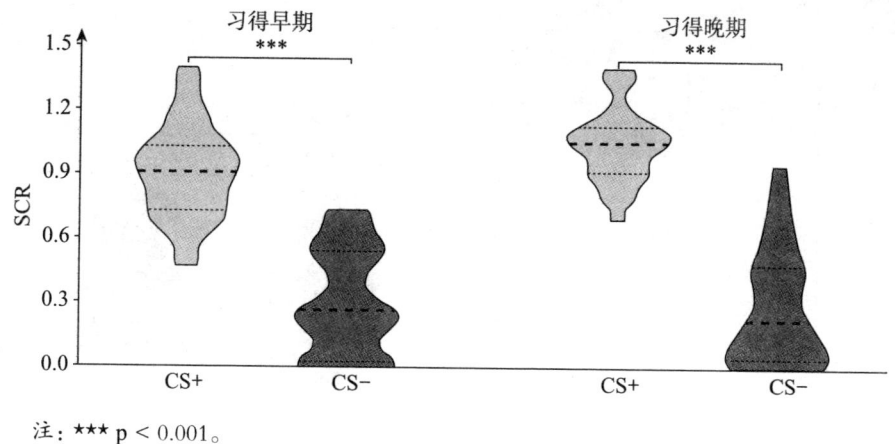

注：*** p < 0.001。

图 9-4 条件性恐惧习得的早期和晚期 CS+ 和 CS- 的 SCR 值

2. 泛化测试分析

刺激类型主效应显著 [$F(3, 93) = 7.87$, $p < 0.001$, $\eta^2 p = 0.20$]，block 主效应显著 [$F(3, 93) = 3.68$, $p = 0.02$, $\eta^2 p = 0.11$]；类型与 block 交互作用不显著 [$F(9, 279) = 1.56$, $p = 0.13$, $\eta^2 p = 0.05$]（表 9-4）。刺激类型之间差异显著，事后检验发现，GS1+ vs GS2+，[$t(31) = 4.30$, $p < 0.001$, $d = 0.76$]；GS2+ vs GS1-，[$t(31) = -0.30$, $p = 1$, $d = -0.05$]；GS2+ vs GS2-，[$t(31) = -0.89$, $p = 1$, $d = -0.16$]；GS1- vs GS2-，[$t(31) = -0.59$, $p = 1$, $d = -0.10$]（图 9-5）。

表 9-4 泛化测试中对测试刺激 SCR 的方差分析表

分组	统计量					
	SS	df	MS	F	p	$\eta^2 p$
类型	2.25	3	0.75	7.87	0.000	0.20
阶段	0.76	3	0.25	3.68	0.02	0.11
类型 × 阶段	0.74	9	0.08	1.56	0.13	0.05

知觉线索与概念信息在条件性恐惧泛化中的作用

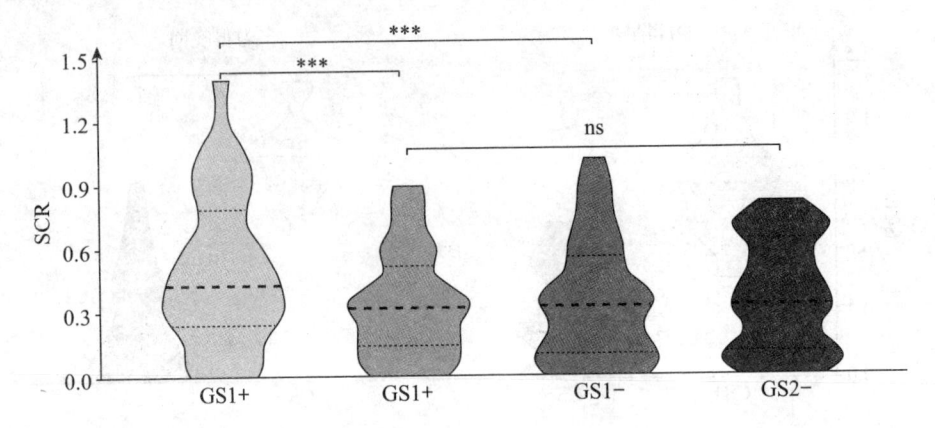

图 9-5 恐惧泛化测试中 GS1+、GS1-、GS2+ 和 GS2- 的平均 SCR 值

9.4 讨论

本研究通过 MTS 任务来分离条件性恐惧中的知觉线索和概念信息在恐惧泛化中的作用。结果发现，在恐惧习得阶段，被试在主客观指标上均成功习得了对 CS+ 的条件性辨别恐惧，且习得强度后期大于前期；而在恐惧泛化阶段，在主客观指标上出现了分离，在主观预期指标中表现出了知觉泛化和概念泛化，且知觉泛化强度大于概念泛化，在泛化过程中未出现时间效应，而 SCR 指标仅发现了知觉泛化而并未发现概念泛化，且在泛化过程中出现了时间效应。这说明，知觉信息和概念信息在条件性恐惧泛化过程中的作用机制不同。

以往研究发现，概念和知识内部联系的网络提供了从已知威胁到与之相关的其他刺激恐惧泛化的途径（Murphy，2002）。人类也会在物理特征上不同但概念上相关的物体之间传递知识——这就是归纳推理的过程。例如，狗和猫会生下活的幼崽，这一知识可以推广到其他哺乳动物，如鲸鱼和蝙蝠，它们的出生从未被观察到。这种泛化的概念路径也可以用于条件性恐惧行为的转移，从 CS 到来自同一类别的其他刺激，这些刺激可能在物理形态上存在很大差异，但也可能构成威胁。越来越多的文献表明人类可以使用类别层面的知识

第9章 人工概念中知觉线索与概念信息的作用比较

将 US 与整个类别联系起来（Dunsmoor et al., 2012；Dunsmoor and Murphy, 2014）。此外，本研究表明类别关系可能是相当任意的，因此泛化可能不受物理形式的限制。在现实世界中，类别水平的恐惧泛化解释了为什么对狗有强烈恐惧的人也会对其他类型的动物或与狗有关的物品（狗项圈或兽医）感到害怕，或者可能会避开与狗有关的地方（公园或徒步旅行路线）。即使一个特定的公园从来没有人进入过，知道狗可能会在公园里乱跑，就可能会导致对狗有恐惧的人害怕和避开这个公园。

前人研究发现，刺激之间的概念相似性程度促进条件性恐惧的泛化（Dunsmoor and Murphy, 2014）。研究者让被试首先习得对典型的哺乳动物（如马、兔子和熊）的恐惧，然后测试是否能将其泛化到非典型哺乳动物（如犰狳、食蚁兽和水獭），或者反过来（以非典型样例为条件，并对典型样例进行测试）。不同组之间的学习是相似的，但泛化是不对称的：被试在接受典型成员训练后将条件反射泛化到非典型成员，但在接受非典型成员训练后却没有将恐惧泛化到典型成员。因此，当习得过程涉及典型 CSs 时，恐惧泛化更强。这一发现表明，恐惧泛化可能与概念结构和习得过程有关，而不是仅仅与知觉相似性有关，因为知觉相似性在两组中是相同的。

被试将刺激物分成有意义的类别，这促进了对条件性恐惧的泛化。也就是说，无意义的中性刺激和类似动物的刺激在功能上是可以互换的，这样一种刺激厌恶体验会使人对另一种刺激产生类似的情绪反应。我们的发现与之前 Barnes 和 Keenan（1993）关于泛化过程中概念关系和知觉关系如何相互作用的研究结果一致。他们利用无意义词刺激的 MTS 任务塑造了两类刺激等价性，然后形成特定的按键模式。一个类别的成员控制低的响应率，另一个类别的成员控制高的响应率。在最后的测试阶段，反应率具体泛化到相同类别的成员和以前未见过的知觉上相似的刺激。本研究在知觉泛化和概念泛化的对比关系上拓展了前人的研究。

值得注意的是，与条件刺激知觉上相似的物体也引起了恐惧反应。一种解释是，物理上相似的物体也成为类别成员。Fields 等人（1991）确实证明了类别成员的物理变体可以与其他类别成员互换。在他们的研究中，MTS 任务建立了一个刺激等价类别，其中无意义词刺激和虚线是等价的。在随后的 MTS 测试中，虚线被替换为物理变体（类似的虚线），当这些虚线与原始线条相似时，它们更有可能与无意义的单词相关。物理上相似的物体通常具有相似的潜在属性，这就解释了为什么动物会将它们对一个物体的了解泛化到其他物理上相似的物体上。在本研究中，类似于刺激等价类别成员的类动物刺激也可能成为人工类别的一部分，因此与条件刺激联结。在这种情况下，类别成员从知觉上泛化到该类别成员的变体，然后恐惧泛化到这些新成员。当然，另一种解释是，刺激等价类别的实际成员和感知变量之间的共同元素可能促进了恐惧的泛化。

元素联结理论通过刺激的复合特征来解释基于知觉的恐惧泛化（McLaren and Mackintosh, 2002；Pearce, 1987；Rescorla, 1976）。假设每个单独的刺激是由多个元素组成的，刺激之间的泛化是由共同元素产生的联想连接的结果。也就是说，当一个曾经是中性的刺激物与另一个已经与该结果相关的刺激物共享相同的元素时，它就能诱发对这个厌恶结果的记忆。与同CS+共同特征少的泛化刺激相比，与CS+更相似的泛化刺激会诱发更多的恐惧（Haddad et al., 2013；Lenaert et al., 2014）。值得注意的是，有研究发现，类别刺激的泛化程度要高于对知觉变量的泛化程度（Bennett et al.,2015），然而，我们的研究发现知觉泛化程度却高于类别刺激的泛化程度。我们推测，在本研究中知觉变量泛化刺激（GS1+）既包含了与CS+相同的元素，也被从认知上判断为CS+同一类的刺激，因此，知觉与概念的共同作用诱发了泛化反应，知觉泛化刺激（GS1+）导致了比概念泛化刺激（GS2+）更强的恐惧反应。

有意思的是，知觉泛化和概念泛化在主观预期值和SCR两个指标上出现了分离。在主观预期值上，对CS+的恐惧反应泛化到GS1+和GS2+，而在SCR指标上，恐惧反应仅泛化到GS1+。双加工理论（dual theory）认为条件反射形成的学习存在着外显学习和内隐学习两种不同的加工系统，简单来讲，主观预期值代表个体对CS-US联结的外显学习加工，而SCR代表的则是个体内隐的加工学习（Balderston and Helmstetter, 2010；Schultz and Helmstetter, 2010）。本研究的结果表明被试即使在生理的内隐层面没有觉察到概念相关的恐惧联结，但是在主观层面同时报告了对知觉泛化测试刺激和概念泛化测试刺激的恐惧反应。从进化的角度看，这种高预期值的报告与人类的高级认知活动有关，一方面可能是为了唤起同伴注意获得关注与支持，另一方面可能是提醒同伴避免可能存在的潜在危险。而SCR指标上仅发现了知觉泛化，这可能与情绪加工的双通路模型有关。情绪加工的一条通路用于产生意识感觉，另一条通路用于控制对威胁的行为和生理反应。简单来讲，第一种回路系统产生有意识的感觉，而第二种回路系统在很大程度上无意识地运作。本研究结果表明知觉泛化可能是同时存在有意识和无意识两种加工方式，而概念泛化主要进行的是有意识的加工。这对研究恐惧泛化的加工机制有重要的启发意义。另外，一般来讲，SCR 可能会因在该测量中经常观察到的刺激敏感性降低。在正式实验前的 MTS 任务中，GS2+ 已出现了多次，而 GS1+ 从未出现过，这可能限制了在测试中观察测试刺激 GS2+ 的可靠差异的潜力。因此，结果的差异也可能与 SCR 指标对唤醒度的高敏感性有关。主观预期值和 SCR 两个指标在泛化的时间进程上也出现了分离，主观预期值并未表现出时间效应，而 SCR 表现出了时间效应，这说明两个指标在时间进程上可能存在不同的加工机制，这需要进一步的研究来证明。

本研究仍然存在一定的局限性。首先，在泛化刺激的选取中，GS1+ 除了具有与 CS+ 的知觉相似性之外，可能还存在潜在的类别属性，在接下来的研究中将对 GS1+ 的类别属性进行区分，以便更清晰地探究知觉和概念信息在恐惧泛化中的作用机制；其次，由于 SCR 指标的唤醒度具有高敏感性的特点，可以考虑其他指标（如 FPS、EEG）来探究恐惧泛化的潜在机制；最后，知觉泛化与概念泛化的二级泛化也是值得探讨的问题。

本研究考察了知觉线索和概念信息在恐惧泛化中的作用，未来的研究可以考察这两种泛化过程的治疗意义。例如，暴露疗法的一个目标是将消退学习泛化到一个与恐惧相关的刺激网络。但有证据表明，当使用原始条件刺激的知觉或概念泛化刺激消退时，消退的泛化作用是有限的（Vervliet et al., 2010；Vervoort et al., 2014）。我们假设利用刺激物与条件刺激物之间的知觉和概念关系可能会产生更好的消退效果。简单来讲，如果消退刺激既与原始条件刺激相似，又与高度典型的类别范例相似，那么消退学习就可以产生恐惧消退的泛化效应。

综上所述，本研究强调了刺激之间复杂的概念和知觉关系可能会加剧条件性恐惧的传播。在（过度）泛化是焦虑障碍的一个特征症状的假设下，这些发现可能对理解无害事件之间的联系如何在威胁发作后引发恐惧有启发意义。同时，本研究的发现为广泛的事件网络创造了一种可能，使与恐惧类别相似的刺激也产生一定程度的恐惧泛化，也许仅仅通过知觉泛化就能获得更多的效果，可以进一步探究等价关系类别泛化后传递的知觉泛化程度。

第10章 知觉泛化与概念泛化中的二级泛化

10.1 研究背景

在第 9 章的研究中，我们发现，与 CS+ 知觉上不相似但属于同一概念的刺激相比，与 CS+ 知觉上相似的刺激诱发了更大的恐惧反应。这与恐惧习得阶段关于知觉线索和概念信息的作用的研究结果是一致的（Wang et al., 2021）。然而，经过实验 4 的分析和讨论，我们认为，产生该结果的原因也可能是知觉相似刺激（GS1+）是一个单独刺激，使个体倾向于将 GS1+ 看作与 CS+ 属于同一类别，如此，GS1+ 不仅包含知觉相似的信息，也包含概念相同的信息，两类信息相互叠加产生了比单一概念信息更强的恐惧反应。另外，值得注意的是，Peperkorn 等人（2014）通过虚拟现实技术把蜘蛛恐怖症患者暴露于知觉线索、概念信息和知觉线索与概念信息的结合三种条件下，发现两者结合和知觉线索条件均诱发了比概念信息更强的恐惧反应，且两者结合条件下患者在 SCR 指标上产生了最强的恐惧反应。在正常的对照组并未发现显著性

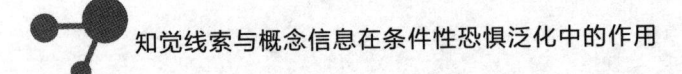

差异，而实验 4 选用正常大学生作为被试却发现了泛化信息的叠加效应。这种不一致的发现表明，在恐惧泛化的过程中，可能存在不同的信息加工机制。

以往研究主要通过条件刺激的直接泛化测试来研究恐惧泛化，然而，恐惧泛化在实际生活中更多地表现为二阶条件性恐惧，这也为恐惧泛化的机制研究带来了挑战。我们尝试通过二级泛化的概念来探究知觉线索和概念信息在恐惧泛化中的作用机制。在这里我们把二级泛化定义为与 CS+ 直接关联的泛化刺激的泛化，简单来讲，二级泛化指的是泛化刺激的泛化。有研究者试图通过知觉线索和概念信息的泛化来探究恐惧的过度泛化，这与我们对二级泛化的研究是相通的。Bennet 等人（2015）发现概念和知觉信息共同易化了恐惧泛化，并且概念泛化强度大于二级知觉泛化。我们认为这种差异是初级泛化和二级泛化之间的属性本身产生的。该研究通过 MTS 任务建立了刺激之间（A—B—C）的类人工类别，通过对刺激 B 的条件化来测试刺激 C（概念泛化）和与 C 相似的刺激 C1（知觉泛化），这巧妙地解释了过度泛化的部分模式。实际上，C 是条件刺激的初级概念泛化，而 C1 是 C 的二级知觉泛化，这也在一定程度上说明了刺激 C 与 C1 的强度差异。然而，知觉线索和概念信息在恐惧泛化中的关系对比需要进一步地说明。

本研究在实验 4 的基础之上，通过 MTS 任务对 GS1+ 进行新类别的界定，进一步探究知觉泛化与概念泛化的强度差异（10.2）并探索知觉泛化中的二级概念泛化（10.2）和概念泛化中的二级知觉泛化（10.3）。

10.2 知觉泛化中的二级概念泛化

10.2.1 研究方法

1. 被试

实验前，我们采用 G*Power 3.1 软件（Faul et al., 2007，2009）对本研

究的样本量进行了估算。根据本研究的实验设计，在中等效应量（$d = 0.25$）下，I类错误的概率 α 水平为 0.05，检验效力为 0.80 时，所需的样本量最少为 21 人。综合考虑实验过程中可能出现的问题（如被试中途退出、实验仪器故障等），本研究共招募 30 名被试参与本研究，其中一名被试中途退出，其余被试均按要求完成实验。因此，纳入分析的有效数据来自 29 名被试（M = 20.62，SD = 2.38），其中女性 19 名。

本研究所有被试均来自华南师范大学，均为右利手，视力正常或矫正后正常，无色盲色弱，无精神疾病（史），近期未参加过类似的电刺激实验。要求被试实验前不要饮用刺激性饮料（酒、咖啡等），不要服用激素类药物，不要做剧烈运动。所有被试均在实验前签署了知情同意书，完成实验的被试可获得相应的被试费。该研究已获得华南师范大学心理学院人类研究伦理委员会的批准（批准号：SCNU-PSY-2021-324）。

2. 刺激材料

本研究选用与实验 4 相一致的刺激材料，分为三类：A 类刺激材料选取艾宾浩斯无意义音节；B 类刺激材料选取 Fribbles 图库中的 Keza、Loro 和 Jaru 家族图片（Barry et al., 2014），根据 Williams 的相似性评分选取相似刺激并在被试间进行项目平衡（Williams, 1998）；C 类刺激材料选取 IAPS 中的中性图片。材料评定数据见第 9 章。

（1）条件刺激。随机从 Fribbles 家族中选取两张不同家族的图片作为条件刺激 CS+ 和 CS−，并在被试间进行项目平衡。

（2）无条件刺激。与上一实验相同。

（3）泛化测试刺激。选取与条件刺激相似但不属于同一类别的 Fribbles 图片 GS1+、GS1−，与条件刺激同一类别的 IAPS 图片 GS2+、GS2−，选用与 GS1+ 属于同一类别的 IAPS 图片 GS3 作为泛化测试刺激。

3. 测量指标

与上一实验相同。

4. 实验设计及流程

（1）实验设计。通过MTS任务，训练被试习得三种等价关系的刺激类别，以刺激类型（CS+、CS-）和时间阶段（前半段、后半段）为被试内因素，进行2×2的被试内实验设计。

（2）实验流程。实验程序参考MTS任务范式和经典条件性恐惧泛化范式，实验过程分为四个阶段，即MTS类别学习阶段、恐惧习得阶段、泛化测试阶段和消退阶段。

①MTS类别学习阶段。该阶段分为等价关系的学习和验证两个部分，把刺激材料分为X、Y、Z三个类别。先在屏幕上半部分呈现刺激A1、A2或A3，3秒后在屏幕下半部分呈现B1、B2、B3或C1、C2、C3（刺激位置完全随机），被试须对与刺激A属于同一类别的刺激做出判断，按1、2、3（分别对应左、中、右位置）键进行反应，按键后所有刺激消失并给予正确或错误的反馈（3秒），试次间间隔为3秒，所有等价关系随机4次，连续24次正确才进入关系验证部分。

等价关系的验证部分，先在屏幕上半部分呈现一个比较刺激（如B1），5秒后呈现另外的比较刺激（如C1、C2、C3），与上一阶段相同，按数字键判断刺激的等价关系类别，按对应的位置键反应（不再出现反馈）。共有6种测试配对类型：B1—C1，C2，C3；B2—C1，C2，C3；B3—C1，C2，C3；C1—B1，B2，B3；C2—B1，B2，B3；C3—B1，B2，B3。所有配对类型伪随机呈现4次，共24次。判断全部正确才进入正式实验阶段，否则返回等价关系学习部分继续学习。

②恐惧习得阶段。CS+和CS-各呈现8次，其中CS+后出现电刺激的概率为75%，即呈现的CS+中8次有6次跟随电击，CS-后不出现电击。CS以伪随机的方式呈现，确保每个CS不会连续两次以上重复出现。此阶段是为了使被试习得条件性恐惧，若被试在CS+与CS-的测量指标上差异显著，则说明成功习得恐惧。

③泛化测试阶段。该阶段采用block设计，包括五种类型的测试刺激（GS1+、GS1-、GS2+、GS2-和GS3）。每个block中每类刺激呈现1次，共分4个blocks。

④消退阶段。CS+ 和 CS- 各呈现 8 次，后面均不跟随电击。CSs 以伪随机的方式呈现，确保每个 CSs 不会连续两次以上重复出现。

恐惧习得阶段和泛化测试阶段实验流程相同。程序采用 E-prime 3.0 进行编程，首先在屏幕中间呈现注视点"+"2 000 毫秒，注视点消失后呈现 CS 或 GS，同时呈现探测界面，要求被试判断刺激后面出现电击的可能性，并按数字键 1～9 进行反应，按键后探测界面消失，刺激继续呈现，刺激呈现共 8 000 毫秒。试次间的间隔为 13～17 秒，平均间隔为 15 秒（Schultz et al., 2013；徐亮等，2016）。刺激流程图如图 10-1 所示：

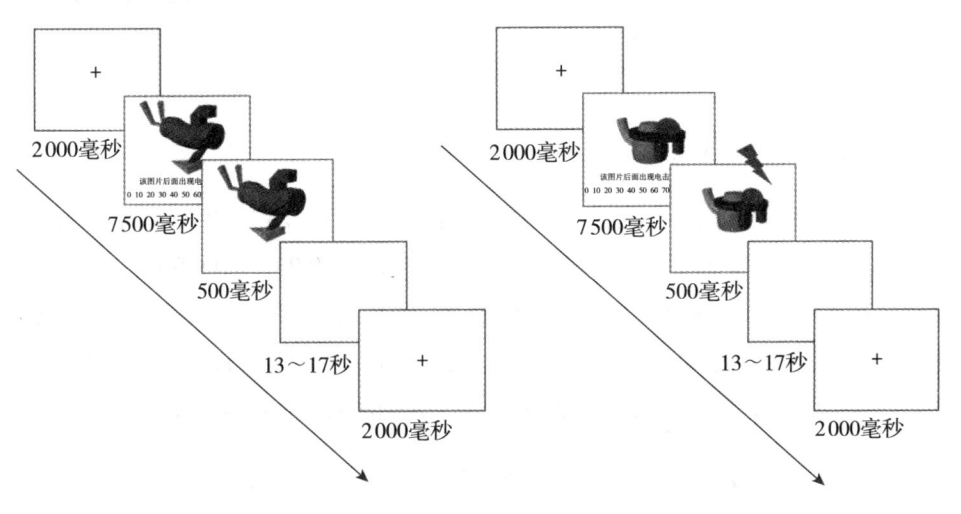

图 10-1 实验流程图（左图为无 US 出现，右图为有 US 出现）

5. 统计分析

对于 MTS 任务的有效性，在 MTS 任务中，参考前人研究，每名被试的正确等效测试用测试试次的准确率分数来表示，当等效测试的准确达到 87.5% 以上时，表明成功建立了等价关系的类别。本研究的 MTS 任务程序中，24 个测试试次中 21 次以上正确才能确保等价关系类别的建立，实际程序操作中被试只有正确率达到 100% 才进入下一阶段，因此，完成实验的被试均建立了等价关系的 X、Y 和 Z 三个类别。

本研究正式实验的主要因变量指标是 CS 和 GS 的客观生理反应 SCR 和 US 主观预期值。以刺激类型（CSs/GSs）和时间（blocks）为被试内变量进行两因素重复测量方差分析。其中,对恐惧习得的分析通过习得前期和习得后期 CS+ 和 CS− 的显著性检验来说明,尤其是习得后期的差异。对泛化测试阶段的分析主要通过泛化测试刺激类型(GS1+、GS2+、GS1−、GS2− 和 GS3)和时间(block)的主效应来比较在恐惧泛化过程中知觉和概念信息之间的差异。本研究的事后检验均使用最小差异法(least significant difference,LSD),采用 Holm−Bonferroni 对 α 值进行校正,使用 0.05 的显著水平并报告偏 η^2 作为效应量的估计。

10.2.2 结果与分析

1. US 主观预期值

(1)恐惧习得分析。刺激类型主效应显著 [$F(1, 28) = 206.16, p < 0.001, \eta^2 p = 0.88$],阶段主效应显著 [$F(1, 28) = 5.50, p = 0.03, \eta^2 p = 0.16$];类型与阶段交互作用显著 [$F(1, 28) = 30.69, p < 0.001, \eta^2 p = 0.52$](表 10−1)。配对样本 t 检验表明,类型上 CS+ > CS−,[$t(28) = 14.36, p < 0.001, d = 2.67$];阶段上习得早期大于习得晚期,[$t(28) = 2.35, p = 0.03, d = 0.44$](图 10−2)。

表 10−1 习得过程中对条件刺激 US 预期的方差分析表

分组	统计量					
	SS	df	MS	F	p	$\eta^2 p$
类型	93453.07	1	93453.07	206.16	0.000	0.88
阶段	389.28	1	389.28	5.50	0.03	0.16
类型 × 阶段	3841.00	1	3841.00	30.69	0.000	0.52

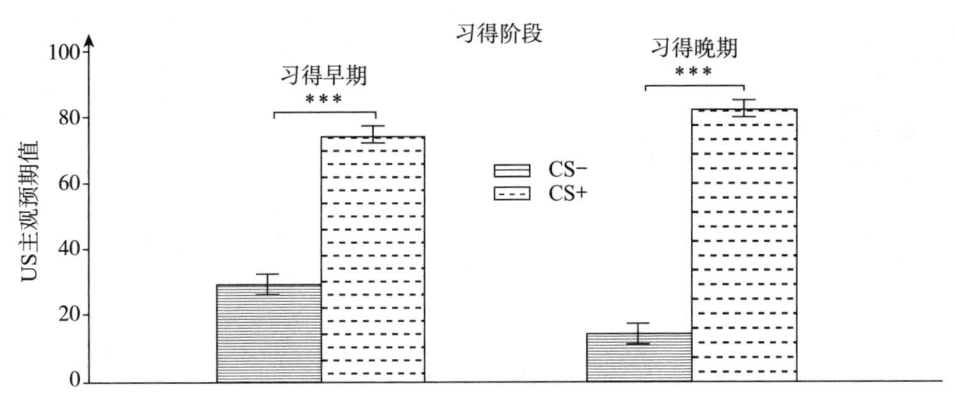

第 10 章 知觉泛化与概念泛化中的二级泛化

图 10-2 条件性恐惧习得的早期和晚期 CS+、CS- 的平均 US 主观预期值

（2）泛化测试分析。刺激类型主效应显著 $[F(4, 112) = 15.02, p < 0.001, \eta^2 p = 0.35]$（图 10-3），block 主效应显著 $[F(3, 84) = 39.72, p < 0.001, \eta^2 p = 0.59]$（图 10-4）；类型与 block 交互作用显著 $[F(12, 336) = 4.74, p < 0.001, \eta^2 p = 0.15]$（表 10-2）。刺激类型之间差异显著，事后检验发现，GS1+ vs GS2+，$[t(28) = -1.51, p = 0.29, d = -0.28]$；GS1+ vs GS1-，$[t(28) = 4.32, p < 0.001, d = 0.80]$；GS2+ vs GS2-，$[t(28) = 5.30, p < 0.001, d = 0.98]$；GS1+ vs GS3，$[t(28) = 2.79, p = 0.05, d = 0.52]$；GS3 vs GS2-，$[t(28) = 2.73, p = 0.05, d = 0.51]$；GS1- vs GS2-，$[t(28) = 0.22, p = 0.83, d = 0.04]$（表 10-3）。

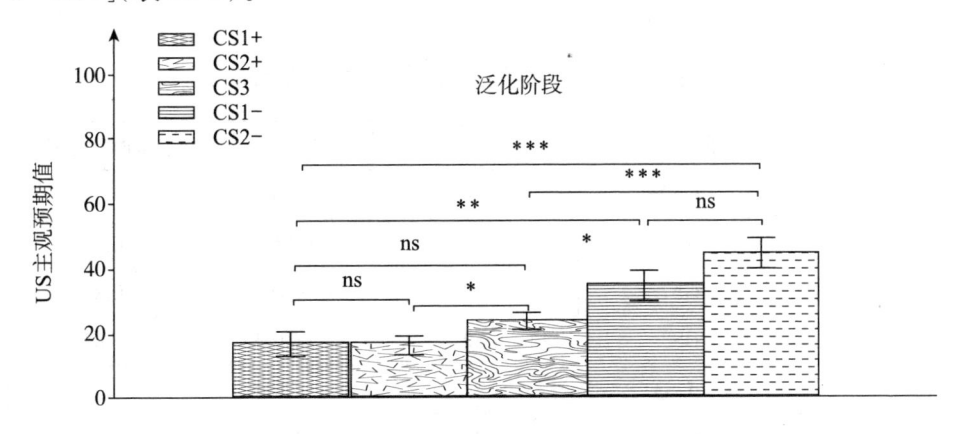

注：* $p < 0.05$；** $p < 0.01$；*** $p < 0.001$。

图 10-3 恐惧泛化测试中 GS1+、GS1-、GS2+、GS2-、GS3 的平均 US 主观预期值

115

知觉线索与概念信息在条件性恐惧泛化中的作用

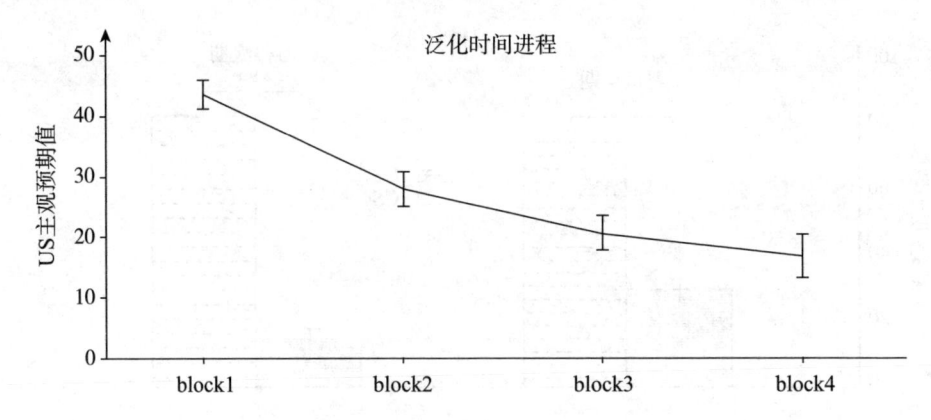

泛化时间进程

注：* $p < 0.05$ ；** $p < 0.01$ ；*** $p < 0.001$。

图 10-4 恐惧泛化测试的时间进程

表 10-2 泛化测试中对测试刺激 US 预期的方差分析表

分组	统计量					
	SS	df	MS	F	p	$\eta^2 p$
类型	69171.38	4	17292.85	15.02	0.000	0.35
阶段	61110.35	3	20370.12	39.72	0.000	0.59
类型 × 阶段	14667.24	12	1222.27	4.74	0.000	0.15

表 10-3 泛化刺激之间的比较 (US 主观预期值)

泛化刺激（主观预期）		t	p	Cohen's d
GS1+	GS2+	-1.51	0.29	-0.28
	GS3	2.79	0.05	0.52
	GS1-	4.32	0.001**	0.80
	GS2-	4.42	<0.001***	0.82
GS2+	GS3	4.91	<0.001***	0.91
	GS1-	4.86	<0.001***	0.90
	GS2-	5.30	<0.001***	0.98

续 表

泛化刺激（主观预期）		t	p	Cohen's d
GS3	GS1−	2.15	0.12	0.40
	GS2−	2.73	0.05	0.51
GS1−	GS2−	0.22	0.83	0.04

（3）消退测试分析。刺激类型主效应显著[$F(1, 28) = 100.87$，$p < 0.001$，$\eta^2 p = 0.78$]，阶段主效应显著[$F(1, 28) = 79.07$，$p < 0.001$，$\eta^2 p = 0.74$]；类型与阶段交互作用显著[$F(1, 28) = 19.68$，$p < 0.001$，$\eta^2 p = 0.41$]（表10-4）。配对样本 t 检验表明，类型上CS+ > CS−，[$t(28) = 10.04$，$p < 0.001$，$d = 1.87$]，阶段上习得早期大于习得晚期，[$t(28) = 8.89$，$p < 0.001$，$d = 1.65$]。CS+ 前显著大于后，CS− 前后不显著，说明CS+消退但未完全消退（图10-5）。

表10-4 消退过程中对条件刺激US预期的方差分析表

分组	统计量					
	SS	df	MS	F	p	$\eta^2 p$
类型	57828.45	1	57828.45	100.87	0.000	0.78
阶段	6600.22	1	6600.22	79.07	0.000	0.74
类型 × 阶段	4104.31	1	4104.31	19.68	0.000	0.41

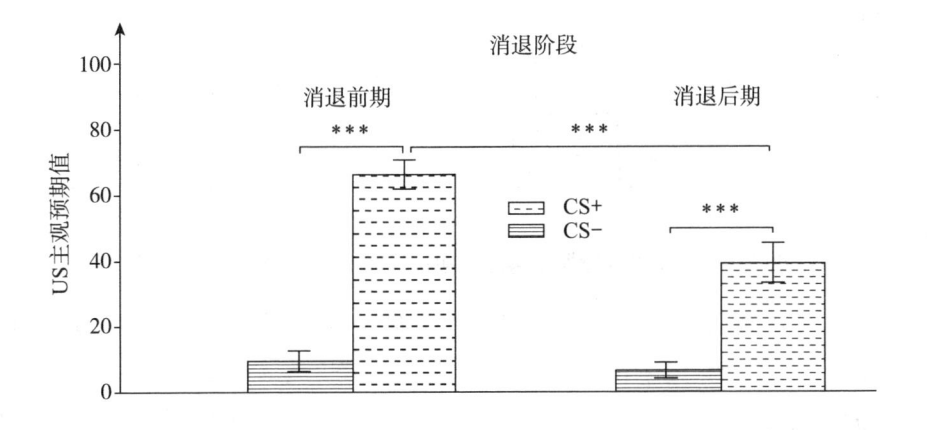

图10-5 条件性恐惧消退的前期和后期CS+、CS−的平均US主观预期值

2.SCR

（1）恐惧习得分析。刺激类型主效应显著 [$F(1, 28) = 58.89$，$p < 0.001$，$\eta^2 p = 0.68$]，阶段主效应不显著 [$F(1, 28) = 0.65$，$p = 0.43$，$\eta^2 p = 0.02$]；类型与阶段交互作用不显著 [$F(1, 28) = 0.17$，$p = 0.68$，$\eta^2 p = 0.01$]（表10-5）。配对样本 t 检验表明，类型上 CS+ > CS-，[$t(28) = 7.67$，$p < 0.001$，$d = 1.43$]；阶段上习得早期晚期无差异，[$t(28) = 0.81$，$p = 0.43$，$d = 0.15$]（图10-6）。

表 10-5 习得过程中对条件刺激 SCR 的方差分析表

分组	统计量					
	SS	df	MS	F	p	$\eta^2 p$
类型	1.55	1	1.55	58.89	0.000	0.68
阶段	0.02	1	0.02	0.65	0.43	0.02
类型 × 阶段	0.003	1	0.003	0.17	0.69	0.01

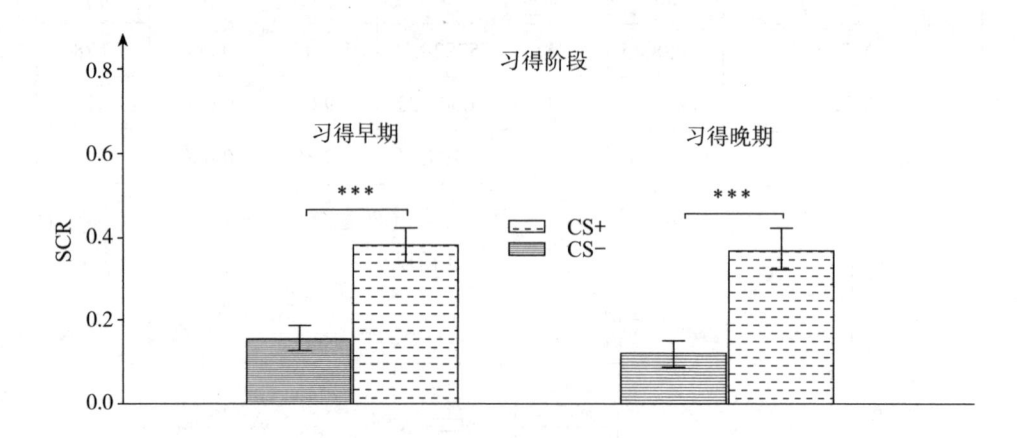

图 10-6 条件性恐惧习得的早期和晚期 CS+、CS- 的 SCR 值

（2）泛化测试分析。刺激类型主效应显著 [$F(4, 112) = 3.33$，$p = 0.01$，$\eta^2 p = 0.11$]（图10-7），block 主效应不显著 [$F(3, 84) = 1.95$，$p = 0.13$，$\eta^2 p = 0.07$]（图10-8）；类型与 block 交互作用显著 [$F(12, 336) = 2.17$，$p = 0.01$，$\eta^2 p = 0.07$]（表10-6）。刺激类型之间差异显著，事后检验发现，

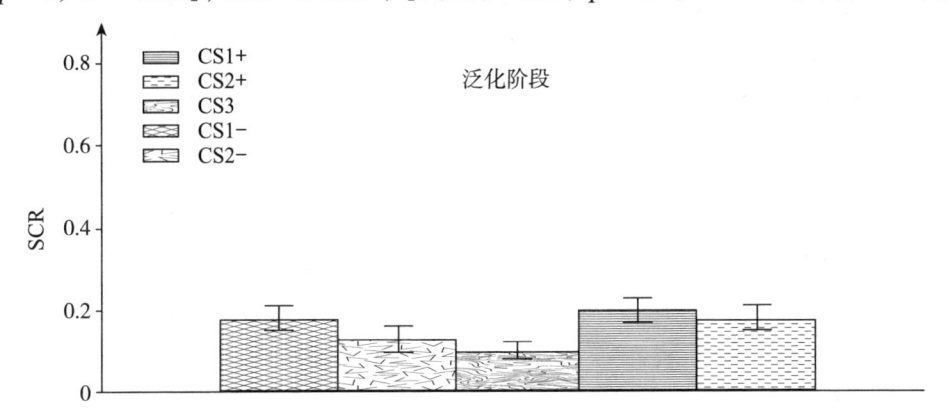

GS1+ vs GS2+，[$t(28)=0.35$，$p=1$，$d=0.07$]；GS1+ vs GS1−，[$t(28)=0.50$，$p=1$，$d=0.09$]；GS2+ vs GS2−，[$t(28)=1.69$，$p=0.56$，$d=0.31$]；GS1+ vs GS3，[$t(28)=3.02$，$p=0.03$，$d=0.56$]；GS3 vs GS2−，[$t(28)=-0.98$，$p=1$，$d=-0.18$]；GS1− vs GS2−，[$t(28)=1.55$，$p=0.63$，$d=0.29$]（表10-7）。

图 10-7　恐惧泛化测试中 GS1+、GS1−、GS2+、GS2−、GS3 的平均 SCR 值

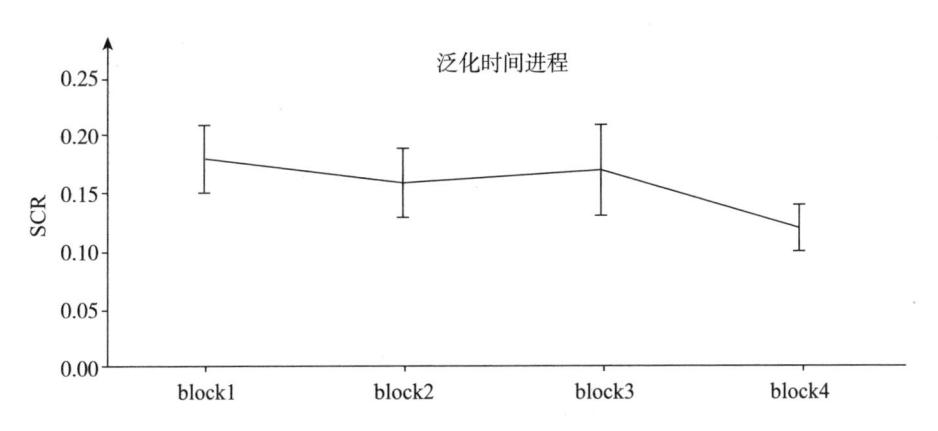

图 10-8　恐惧泛化测试的时间进程

表 10-6　泛化测试中对测试刺激 SCR 的方差分析表

分组	统计量					
	SS	df	MS	F	p	$\eta^2 p$
类型	0.74	4	0.18	3.33	0.01	0.11

续 表

分组	统计量					
	SS	df	MS	F	p	η^2p
阶段	0.33	3	0.11	1.95	0.13	0.07
类型 × 阶段	1.27	12	0.11	2.17	0.01	0.07

表 10-7 泛化刺激之间的比较 (SCR)

泛化刺激 (SCR)		t	p	Cohen's d
GS1+	GS2+	0.35	1	0.07
	GS3	3.02	0.03*	0.56
	GS1-	0.50	1	0.09
	GS2-	2.04	0.30	0.38
GS2+	GS3	2.67	0.08	0.50
	GS1-	0.15	1	0.03
	GS2-	1.69	0.56	0.31
GS3	GS1-	-2.52	0.11	-0.47
	GS2-	-0.98	1	-0.18
GS1-	GS2-	1.55	0.63	0.29

（3）消退测试分析。刺激类型主效应显著 [$F(1, 28) = 14.78, p < 0.001, \eta^2p = 0.35$]，阶段主效应显著 [$F(1, 28) = 9.26, p = 0.005, \eta^2p = 0.25$]；类型与阶段交互作用不显著 [$F(1, 28) = 0.18, p = 0.68, \eta^2p = 0.01$]（表 10-8）。配对样本 t 检验表明，类型上 CS+ > CS-，[$t(28) = 3.85, p < 0.001, d = 0.71$]；阶段上消退前期大于消退后期，[$t(28) = 3.04, p = 0.005, d = 0.57$]。CS+ 前后不显著，CS- 前后不显著，说明 CS+ 在生理指标上未消退（图 10-9）。

表 10-8 消退过程中对条件刺激 SCR 的方差分析表

分组	统计量					
	SS	df	MS	F	p	$\eta^2 p$
类型	0.33	1	0.33	14.78	0.000	0.35
阶段	0.06	1	0.06	9.26	0.005	0.25
类型 × 阶段	0.001	1	0.001	0.18	0.68	0.01

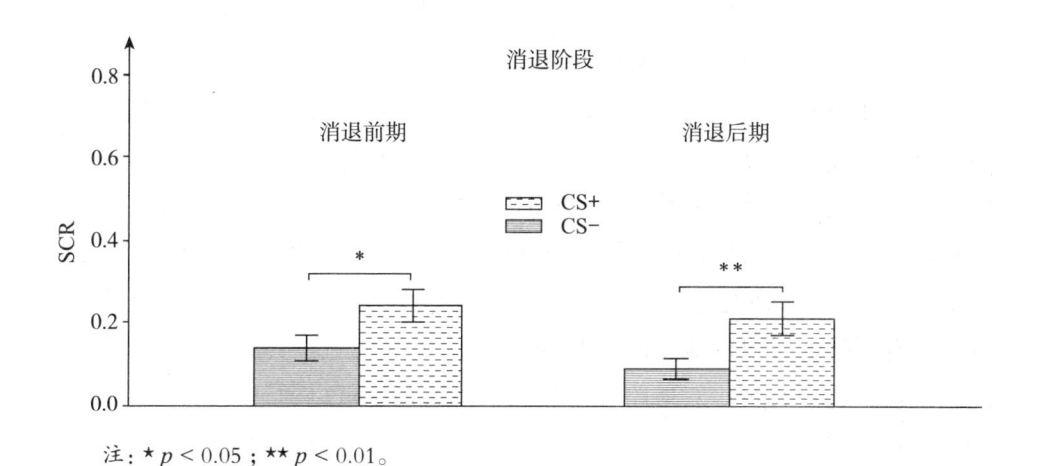

注：* $p < 0.05$；** $p < 0.01$。

图 10-9 条件性恐惧消退阶段前期和后期 CS+、CS- 的 SCR 值

10.2.3 讨论

本研究在实验 4 的基础上，通过对知觉泛化刺激进行分类，进一步探究了知觉泛化与概念泛化的强度差异，结果发现，知觉泛化刺激与概念泛化刺激并未与实验 4 表现出相同的显著性差异。同时，我们对知觉泛化刺激同类别的刺激进行了泛化测试，发现二级泛化的强度减小，但二级泛化刺激也导致了一定程度的恐惧反应。

知觉泛化刺激和概念泛化刺激均诱发了与 CS+ 类似的恐惧反应。情绪网络理论认为，知觉线索或概念信息均可激活条件性恐惧过程中形成的

恐惧网络。这两种触发可以被视为情绪网络不同元素的激活器，并将恐惧的不同方面整合到一个由线索、反应和概念元素组成的强互连神经网络中（Foa and Kozak，1998）。在恐惧的知觉泛化研究中，与 CS+ 具备知觉相似性的刺激诱发了与相似性匹配的恐惧泛化梯度，联结学习理论认为是 GS 与 CS+ 的共享元素量影响了恐惧泛化的强度。而在概念泛化的研究中，与 CS+ 属于同一类别的刺激也同样能诱发相应的恐惧反应。简单来讲，恐惧网络的激活并非取决于知觉线索和概念信息输入的一致性，与元素联结理论相一致，只要与 CS+ 具备一定的共享元素，就可能产生类似的恐惧反应。这在一定程度上可以解释现实生活中出现的对一些新刺激产生的恐惧反应，可能存在与过去恐惧网络中的元素相关的信息激活了存储的恐惧网络。

与以往研究不同的是，本实验并未发现知觉泛化刺激与概念泛化刺激之间的强度差异。这可能与知觉泛化刺激本身的类别属性有关系。为了控制实验 4 中个体对知觉泛化刺激进行与 CS+ 同类别判断的倾向，在本实验中，在实验前期对知觉泛化刺激进行了新的类别分类，这可能就减弱了被试对 GS1+ 的反应强度。前人研究通过对蜘蛛恐惧症患者进行实验发现知觉线索诱发了比概念信息更强的恐惧反应（Peperkorn et al.，2014），这可能与焦虑障碍个体的恐惧加工特点有关。双通路理论认为，情绪加工可以通过"快速通路"和"慢速通路"两个通路进行，一方面，外界输入的信息从丘脑直接投射到杏仁核，然后引起自主神经的兴奋，迅速触发恐惧的生理反应；另一方面，恐惧信息被丘脑投射到高级感觉皮层，形成暂时的感觉表征，再通过海马体进行对比加工。焦虑障碍个体的情绪加工可能产生了"快速通路"和"慢速通路"的偏差，使其更多地进行快速的自主神经兴奋，产生恐惧反应的认知进而影响"快速通路"的加工偏差。同时，知觉相似刺激的同一类别刺激与概念线索刺激存在差异，即 GS2+ 诱发了比 GS3 更强的恐惧反应。这从侧面验证了在恐惧泛化中存在反应弱化的现象。在恐惧泛化的过程中，并非所有的恐惧线索都可以完全激活恐惧网络，在恐惧网络激活的过程中存在衰减效应。神经放射理论认为恐惧泛化是大脑神经兴奋向周围扩散的结果（Pavlov，1927），在神经兴奋向外扩散的过程中，可能存在一定程度的能量衰减，因此与知觉相似刺激同一类别的刺激只诱发了较弱的恐惧反应。知觉泛化主要是通过自主神经兴奋产生的恐惧反应，更多地表现为自主性恐惧反应，而概念泛化主要是通过高级认知

加工产生的恐惧反应，知觉泛化和概念泛化的二级泛化是否存在对称性，这是一个值得研究的问题，因此，我们设计了实验 5.2 探究概念泛化中的二级知觉泛化。

10.3 概念泛化中的二级知觉泛化

为了进一步探究知觉线索和概念信息在恐惧泛化中的作用，我们在本实验中主要通过测试与 CS+ 属于同一类别的刺激 GS1+、与 GS1+ 相似但不属于同一类别的刺激 GS2+ 的恐惧反应，来探讨在恐惧概念泛化中的二级知觉泛化。

10.3.1 研究方法

本实验的设计与实验 5.1 类似，我们采用 G*Power 3.1 软件（Faul et al., 2007，2009）对本研究的样本量进行了估算。根据本研究的实验设计，在中等效应量（$d = 0.25$）下，I 类错误的概率 α 水平为 0.05，检验效力为 0.80 时，所需的样本量最少为 24 人。综合考虑实验过程中可能出现的问题（如被试中途退出、实验仪器故障等），本研究共招募 30 名被试参与本研究，其中一名被试因实验仪器故障退出实验，其余被试均按要求完成实验。因此，纳入分析的有效数据来自所有 29 名被试（$M = 20.52$，$SD = 2.13$），其中女性 24 名。

本实验的设计流程与实验 5.1 相同，包括 MTS 类别学习阶段、恐惧习得阶段、泛化测试阶段和消退阶段等四个阶段，方法也非常相似，主要差别在于刺激材料的选取。为了探究概念泛化中的二级知觉泛化，我们随机从 C 类刺激材料中选取两张图片作为条件刺激 CS+ 和 CS−，选取与条件刺激属于同一类别的 B 类刺激材料的图片 GS1+、GS1−，与 B 类刺激材料相似但属于不同类别的图片 GS2+、GS2−，作为泛化测试刺激。所有刺激材料在被试之间进行了项目平衡。

10.3.2 结果与分析

与实验 5.1 类似，我们分阶段从 US 主观预期值和 SCR 两个指标上进行了分析。

1. US 主观预期值

（1）恐惧习得分析。与实验 5.1 类似，刺激类型主效应显著 [$F(1, 28) = 116.06$, $p < 0.001$, $\eta^2 p = 0.81$]，阶段主效应不显著 [$F(1, 28) = 0.41$, $p = 0.53$, $\eta^2 p = 0.01$]；类型与阶段交互作用显著 [$F(1, 28) = 41.67$, $p < 0.001$, $\eta^2 p = 0.60$]（表 10-9）。配对样本 t 检验表明，类型上 CS+ > CS-，[$t(28) = 10.77$, $p < 0.001$, $d = 2.00$]，个体习得了对 CS+ 的恐惧反应（图 10-10）。

表 10-9 习得过程中对条件刺激 US 预期的方差分析表

分组	统计量					
	SS	df	MS	F	p	$\eta^2 p$
类型	73000.86	1	73000.86	116.06	0.000	0.81
阶段	55.17	1	55.17	0.41	0.53	0.01
类型 × 阶段	5656.03	1	5656.03	41.67	0.000	0.60

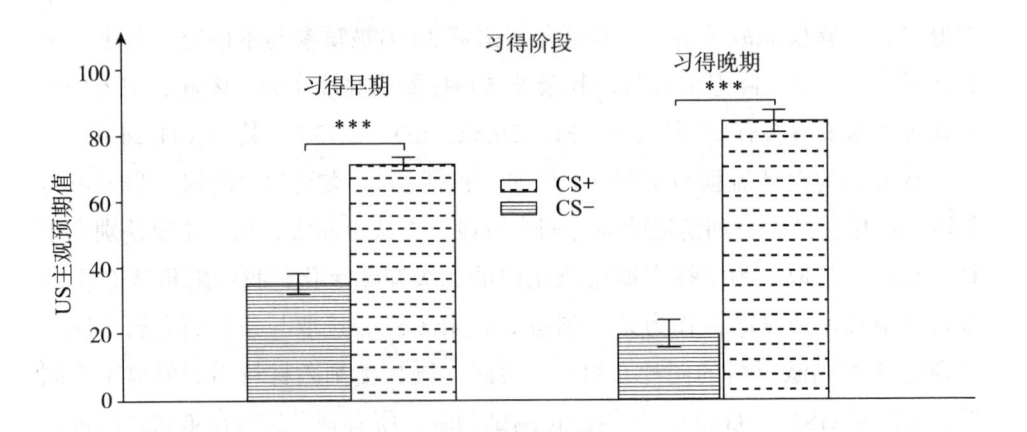

图 10-10 条件性恐惧习得的早期和晚期 CS+、CS- 的平均 US 主观预期值

（2）泛化测试分析。刺激类型主效应显著 [$F(3, 84) = 18.13$，$p < 0.001$，$\eta^2 p = 0.39$]（图 10–10），block 主效应显著 [$F(3, 84) = 34.68$，$p < 0.001$，$\eta^2 p = 0.55$]（图 10–11）；类型与 block 交互作用不显著 [$F(9, 252) = 5.23$，$p < 0.001$，$\eta^2 p = 0.16$]（表 10–10）。刺激类型之间差异显著，事后检验发现，GS1+ vs GS2+，[$t(28) = 4.50$，$p < 0.001$，$d = 0.84$]；GS1+ vs GS1−，[$t(28) = 6.12$，$p < 0.001$，$d = 1.14$]；GS2+ vs .GS2−，[$t(28) = 2.11$，$p = 0.11$，$d = 0.39$]；GS1− vs GS2−，[$t(28) = 0.50$，$p = 0.62$，$d = 0.09$]（表 10–11）。

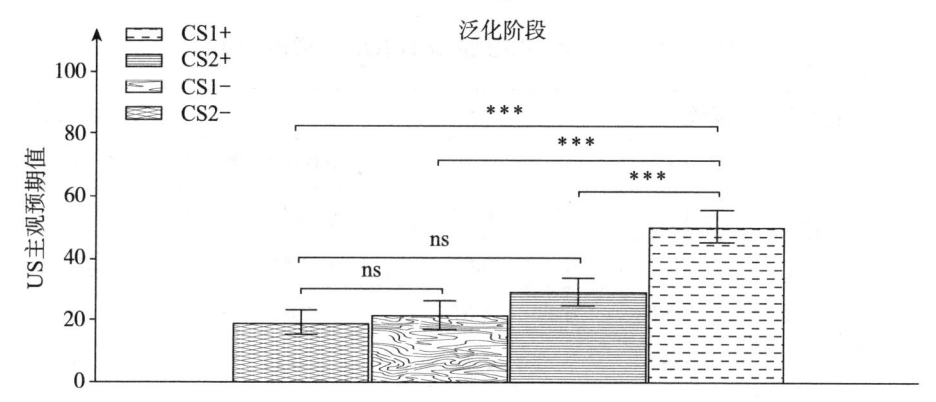

（a）恐惧泛化测试中 GS1+、GS1−、GS2+、GS2− 的平均 US 主观预期值

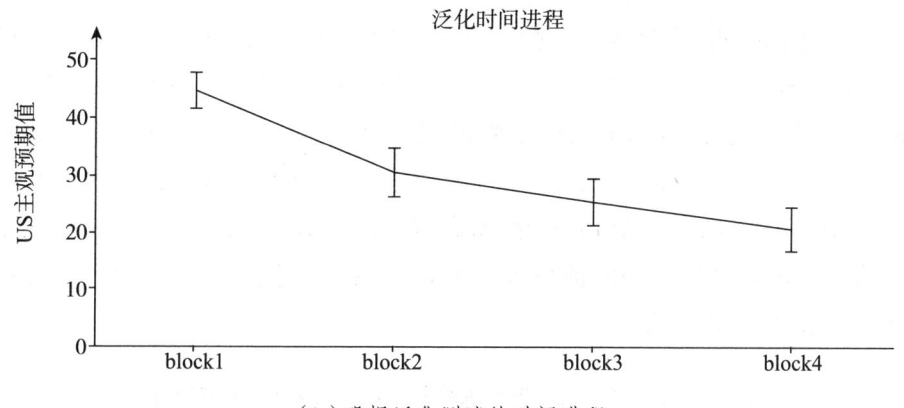

（b）恐惧泛化测试的时间进程

注：*** $p < 0.001$。

图 10–11　恐惧泛化测试的平均 US 主观预期值

表 10-10　泛化测试中对测试刺激 US 预期的方差分析表

分组	统计量					
	SS	df	MS	F	p	$\eta^2 p$
类型	68252.59	3	22750.86	18.13	0.000	0.39
阶段	37756.03	3	12585.35	34.68	0.000	0.55
类型 × 阶段	7969.83	9	885.54	5.23	0.000	0.16

表 10-11　泛化刺激之间的比较（US 主观预期值）

泛化刺激（主观预期）		t	p	Cohen's d
GS1+	GS2+	4.50	< 0.001***	0.84
	GS1−	6.12	< 0.001***	1.14
	GS2−	6.62	< 0.001***	1.23
GS2+	GS1−	1.61	0.22	0.30
	GS2−	2.11	0.11	0.39
GS1−	GS2−	0.50	0.62	0.09

（3）消退测试分析。刺激类型主效应显著 [$F(1, 28) = 80.83$, $p < 0.001$, $\eta^2 p = 0.74$]，阶段主效应显著 [$F(1, 28) = 45.54$, $p < 0.001$, $\eta^2 p = 0.62$]；类型与阶段交互作用显著 [$F(1, 28) = 23.35$, $p < 0.001$, $\eta^2 p = 0.46$]（表 10-12）。配对样本 t 检验表明，CS+ > CS−，[$t(28) = 8.99$, $p < 0.001$, $d = 1.67$]，阶段上消退前期大于消退后期，[$t(28) = 6.75$, $p < 0.001$, $d = 1.25$]。CS+ 前显著大于后，CS− 前后不显著，说明 CS+ 消退但未完全消退（图 10-12）。

表 10-12　消退过程中对条件刺激 US 预期的方差分析表

分组	统计量					
	SS	df	MS	F	p	$\eta^2 p$
类型	58275.86	1	58275.86	80.83	0.000	0.74
阶段	5867.46	1	5867.46	45.54	0.000	0.62

第 10 章　知觉泛化与概念泛化中的二级泛化

续　表

分组	统计量				
	SS	df	MS	F	p	η^2p
类型 × 阶段	3051.94	1	3051.94	23.35	0.000	0.46

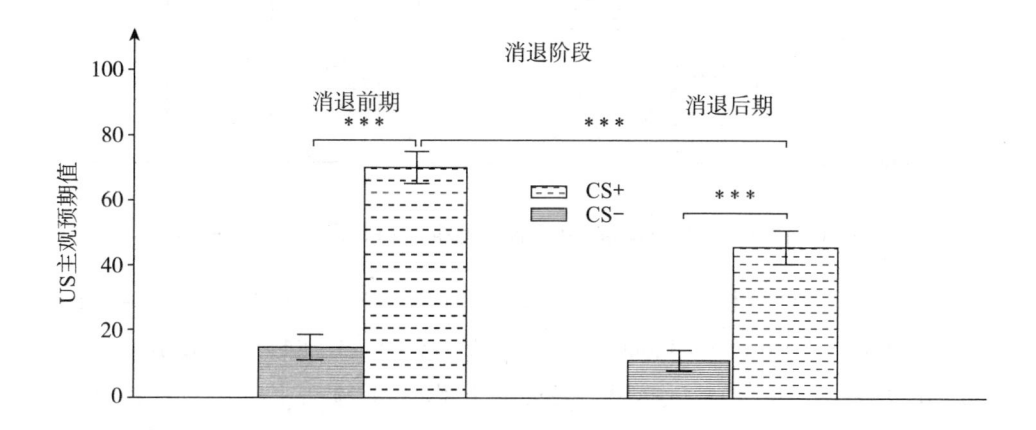

图 10-12　条件性恐惧消退的前期和后期 CS+、CS− 的平均 US 主观预期值

2. SCR

（1）恐惧习得分析。刺激类型主效应显著 [$F(1, 28) = 34.64$, $p < 0.001$, $\eta^2p = 0.55$]，阶段主效应不显著 [$F(1, 28) = 0.02$, $p = 0.88$, $\eta^2p = 0.001$]；类型与阶段交互作用不显著 [$F(1, 28) = 1.59$, $p = 0.22$, $\eta^2p = 0.05$]（表 10-13）。配对样本 t 检验表明，类型上 CS+ > CS−，[$t(28) = 5.89$, $p < 0.001$, $d = 1.09$]；阶段上早期与晚期差异不显著，[$t(28) = 0.15$, $p = 0.88$, $d = 0.03$]（图 10-13）。

表 10-13　习得过程中对条件刺激 SCR 的方差分析表

分组	统计量					
	SS	df	MS	F	p	η^2p
类型	1.69	1	1.69	34.64	0.000	0.55
阶段	0.001	1	0.001	0.02	0.88	0.001
类型 × 阶段	0.03	1	0.03	1.59	0.22	0.05

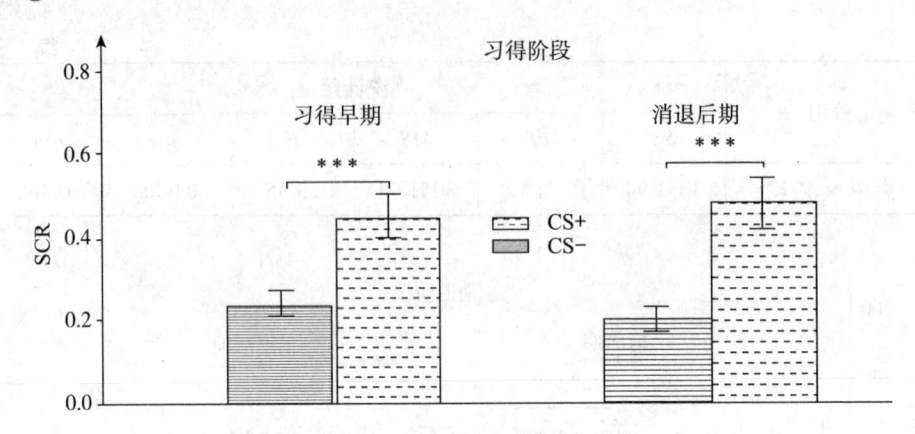

图 10-13 条件性恐惧习得的早期和晚期 CS+、CS− 的 SCR 值

（2）泛化测试分析。刺激类型主效应不显著 [$F(3, 84) = 2.20$, $p = 0.10$, $\eta^2 p = 0.07$]（图 10-14），block 主效应显著 [$F(3, 84) = 7.86$, $p < 0.001$, $\eta^2 p = 0.22$]（图 10-15）；类型与 block 交互作用不显著 [$F(9, 252) = 0.78$, $p = 0.64$, $\eta^2 p = 0.03$]（表 10-14）。刺激类型之间差异显著，事后检验发现，GS1+ vs GS2+，[$t(28) = 1.32$, $p = 0.77$, $d = 0.25$]；GS1+ vs GS1−，[$t(28) = 2.14$, $p = 0.18$, $d = 0.40$]；GS2+ vs GS2−，[$t(28) = 0.97$, $p = 1$, $d = 0.18$]；GS1− vs GS2−，[$t(28) = 0.15$, $p = 1$, $d = 0.03$]（表 10-15）。

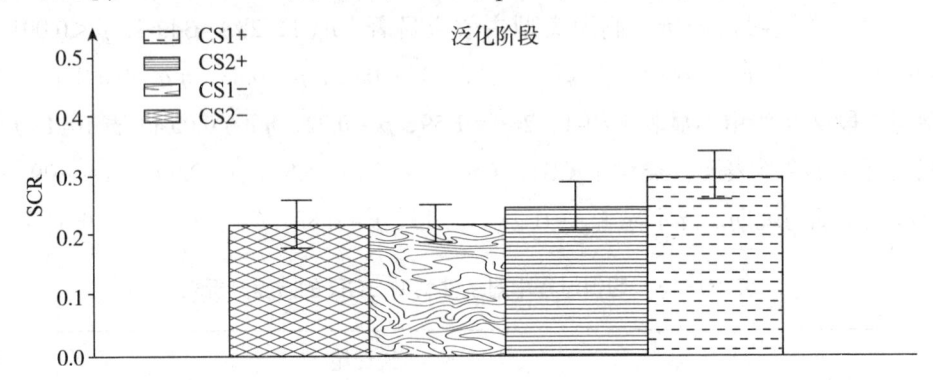

图 10-14 恐惧泛化测试中 GS1+、GS1−、GS2+、GS2− 的平均 SCR 值

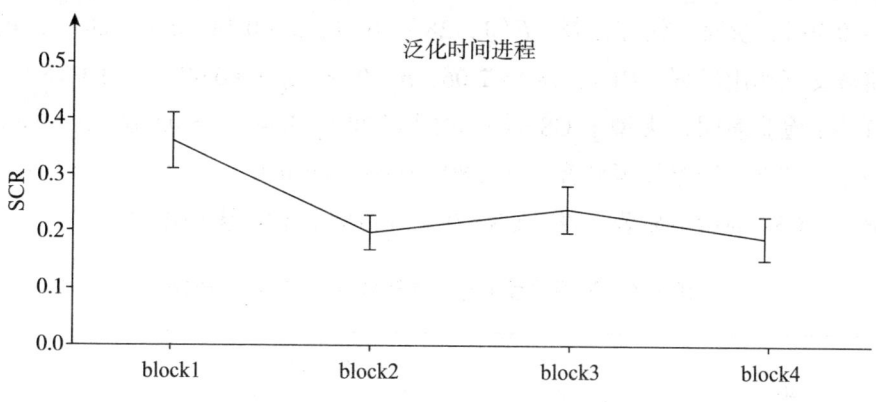

第 10 章 知觉泛化与概念泛化中的二级泛化

图 10-15 恐惧泛化测试的时间进程

表 10-14 泛化测试中对测试刺激 SCR 的方差分析表

分组	统计量					
	SS	df	MS	F	p	η^2p
类型	0.54	3	0.18	2.20	0.10	0.07
阶段	2.22	3	0.74	7.86	0.000	0.22
类型 × 阶段	0.43	9	0.05	0.78	0.64	0.03

表 10-15 泛化刺激之间的比较（SCR）

泛化刺激（SCR）		t	p	Cohen's d
GS1+	GS2+	1.32	0.77	0.25
	GS1-	2.14	0.18	0.40
	GS2-	2.29	0.15	0.43
GS2+	GS1-	0.82	1	0.15
	GS2-	0.97	1	0.18
GS1-	GS2-	0.15	1	0.03

（3）消退测试分析。刺激类型主效应显著 [$F(1, 28) = 11.82$，$p = 0.002$，

$\eta^2p = 0.30$〕，阶段主效应显著〔$F(1, 28) = 0.81$，$p = 0.38$，$\eta^2p = 0.03$〕；类型与阶段交互作用显著〔$F(1, 28) = 2.06$，$p = 0.16$，$\eta^2p = 0.07$〕(表 10-16)。配对样本 t 检验表明，类型上 CS+ > CS-，〔$t(28) = 3.44$，$p = 0.002$，$d = 0.64$〕；阶段上前期与后期差异不显著，〔$t(28) = 0.90$，$p = 0.38$，$d = 0.17$〕。CS+ 前后不显著，CS- 前后不显著，表明 CS+ 在生理指标上未消退（图 10-16）。

表 10-16 消退过程中对条件刺激 SCR 的方差分析表

分组	统计量					
	SS	df	MS	F	p	η^2p
类型	0.44	1	0.44	11.82	0.002	0.30
阶段	0.01	1	0.01	0.81	0.38	0.03
类型 × 阶段	0.03	1	0.03	2.06	0.16	0.07

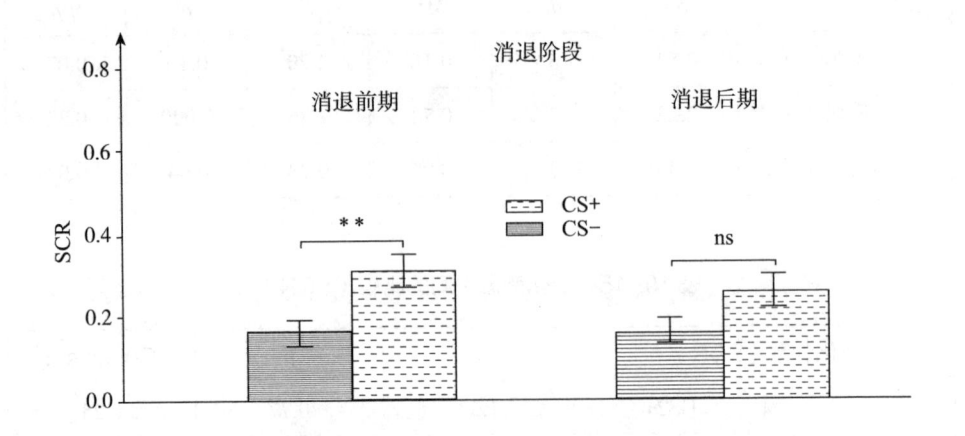

图 10-16 条件性恐惧消退阶段前期和后期 CS+、CS- 的 SCR 值

在 10.2 中，并没有与前人研究一样发现概念泛化的二级知觉泛化，且概念泛化强度大于知觉泛化。简单来讲，研究结果的差异可能存在三方面的原因：一是前人研究使用了指示性条件性恐惧习得，并未在习得阶段出现真实的厌恶刺激 US；二是前人知觉泛化和概念泛化的差异主要体现在回避反应这个指标上，因此，整体上个体遵循在厌恶学习中"安全总比遗憾好"的倾向，在较小代价下选择回避反应；三是前人的研究中知觉泛化中可能包含潜在的概念

泛化，即个体可能倾向于把模糊的知觉泛化刺激潜在地与 CS+ 进行同类别归类，这样知觉泛化刺激同时就具备了概念属性，从主观认知上做出更多的恐惧反应。具体我们将在总讨论中展开详细论述。

总的来说，本实验中，10.2 与 10.3 均成功习得了对 CS+ 和 CS- 的辨别性恐惧反应，并在消退测试中表现出一致的消退模式。不同的是，在 10.2 中，知觉泛化表现出了二级概念泛化，而在 10.3 中，概念泛化并未表现出二级知觉泛化。这表明在知觉泛化和概念泛化中存在不同的加工机制。

10.4　讨论

本研究主要有两个发现。第一，上一研究中的第 9 章和本研究 10.2 的研究结果表明恐惧泛化中知觉泛化和概念泛化的强度并不存在差异。第 9 章中知觉泛化刺激（GS1+）在 MTS 任务中并未进行分类任务，在泛化测试的过程中有可能把知觉泛化刺激同时判断为与条件刺激（CS+）的同类别刺激，因此表现出比概念泛化刺激（GS2+）更强的恐惧反应。10.2 中对 GS1+ 在 MTS 任务中进行了分类，使它与 CS+ 分属不同的人工类别，这样排除了 GS1+ 与 CS+ 归为一类的可能性，结果发现 GS1+ 与 GS2+ 并未表现出明显的差异。这与前人的研究发现并不一致，这可能与本研究中形成概念的任务类型有关系。MTS 任务主要通过习得等价性来建立刺激之间的中介联结，这种联结与自然概念形成的内在属性的关联相比，形成的类概念联结要弱很多，因此，我们推测本研究 GS1+ 与 GS2+ 的强度对比可能存在一定程度的偏差，需要通过自然概念中知觉和概念信息的对比进行补充。第二，知觉泛化中存在二级概念泛化，而概念泛化中不存在二级知觉泛化。10.2 中，我们对 GS1+ 的同类别刺激 GS3 进行了泛化测试，发现 GS3 出现了类似的条件性恐惧反应；10.3 中，我们对与 CS+ 的同类别刺激（GS1+）和与该 GS1+ 相似却不属于同一类别的刺激（GS2+）进行泛化测试，发现 GS2+ 并未与 10.2 中的 GS3 一样诱发类似的条件性恐惧反应。这些研究结果说明，知觉泛化到概念泛化和概念泛化到知觉泛化存在不对称的加工机制。

本研究首次考察了恐惧泛化中的二级泛化，并揭示了知觉泛化中的二级概念泛化和概念泛化中的二级知觉泛化的不对称性。本研究基于MTS的等价学习任务形成类人工概念的刺激分类的二级恐惧泛化发现，并通过对泛化测试刺激进行分类，排除了其类别的模糊性对研究结果的影响，与之前基于概念研究的结论是基本一致的（Murphy，2004），即在人类的认知研究中会优先提取基位水平的信息（初级的知觉泛化和概念泛化）。10.2中基位信息到下位信息的过程形成知觉泛化，再形成到上位信息的二级概念泛化；10.3中基位信息到上位信息的过程形成概念泛化，再形成到下位信息的二级知觉泛化。简单来讲，信息量更大的刺激更易产生恐惧泛化。这可以从概念典型性与非典型性泛化的不对称性的角度来解释（Dunsmoor and Murphy，2014），更典型的刺激容易向非典型的刺激（鸟类：麻雀—企鹅）泛化，而非典型的刺激较难向典型的刺激泛化（鸟类：企鹅—麻雀）。从本质上，这也可以从元素联结理论的角度来进行理解。在形成联结的过程中，与CS+知觉上相似的刺激包含更多与US联结的元素，因此可以诱发更多的恐惧反应，这种恐惧反应通过命题过程同时对同类别的刺激也诱发恐惧反应；而与CS+概念上相似的刺激是通过命题知识与US联结在一起的，再通过相似性的比较难以激活CS-US的恐惧联结（Mitchell et al.，2009）。在二级泛化的过程中，初级知觉泛化刺激包含更多的恐惧联结信息，有利于进行二级的概念泛化。

以往研究对知觉线索和概念信息在恐惧泛化中的内在作用机制是存在争议的。例如，知觉线索和概念信息共同促进了恐惧泛化，但是概念泛化强度大于知觉泛化（Bennet et al.，2015），还是知觉线索和概念信息共同在恐惧泛化中起作用，知觉泛化强于概念泛化（Wang et al.，2021；Peperkorn et al.，2014），人们对此尚无定论。我们关于知觉线索和概念信息在恐惧泛化中的作用的研究，在前人研究结果的基础上，得出了与他们不一致的结果，即知觉泛化和概念泛化在恐惧泛化中共同起作用，但其强度差异不显著。这主要是对知觉泛化和概念泛化的定义差异所引起的。如前文分析，前人的研究主要是对恐惧泛化的错位比较，即把初级的概念泛化与二级的知觉泛化进行对比或是探究在知觉泛化中混杂的概念泛化的可能性等因素。本研究的独特之处在于使知觉泛化和概念泛化处于同级进行对比，探究恐惧泛化的潜在机制，发现知觉泛化与概念泛化同等重要。这与恐惧情绪加工的双通路模型的假设是一致的。

第 10 章 知觉泛化与概念泛化中的二级泛化

本研究考察了知觉线索和概念信息在恐惧泛化中的作用机制,揭示了二级恐惧泛化中知觉线索和概念信息的不对称性,有助于更好地理解人们情绪加工的认知特点。在恐惧加工的过程中知觉线索和概念信息均发挥着重要作用,这对焦虑障碍患者的临床治疗具有重要的启发意义,为认知行为疗法的应用提供理论基础,同时为过度泛化的研究提供了新的视角,如知觉线索在二级恐惧泛化中可能有更加重要的作用。我们推测在过度泛化中,知觉信息可能发挥着更为重要的作用,其更容易促进个体进入快速的情绪加工通道而抑制深层的认知加工,即更易使人"情绪化而失去理性"。本研究不仅为恐惧泛化研究提供了新的视角,也为之后焦虑障碍的治疗建立了实验室模型。

本研究也具有一定的局限性。第一,本研究是通过 MTS 任务的习得等价性建立了类概念的刺激间关系,存在较弱的概念关系,这在一定程度上影响了知觉泛化与概念泛化的对比关系。因此,在泛化测试的过程中,概念信息的作用持久性有待进一步的验证。未来可以通过自然概念来探究知觉线索和概念信息在恐惧泛化中的作用机制。第二,本研究的结果揭示了知觉泛化和概念泛化中的二级恐惧泛化,但是目前尚未有人对二级泛化进行研究,研究结果的稳定性有待进行多角度全方位的检验。未来研究可以通过不同的实验范式进一步对此问题进行探索。第三,本研究中的生理实验指标 SCR 并未产生与主观预期指标相一致的实验结果。一方面,这可能是与该指标的特点有关,与第 9 章研究相比,本研究的 MTS 任务刺激呈现的次数多了 16 次,在一定程度上降低了唤醒度,在后期的泛化测试中出现了指标阈限的天花板效应;另一方面,如以上内容所讨论的,情绪的加工包括内隐和外显两个加工过程,SCR 指标在一定程度上反映了内隐加工过程,这两个加工过程本身是存在差异的。将来可以通过其他的研究技术如 ERP、fMRI 等多角度考察知觉线索和概念信息在恐惧泛化中的作用机制。

第11章 自然概念中知觉线索与概念信息的作用比较

11.1 研究背景

过度的恐惧泛化是焦虑障碍的核心特征之一。前人研究发现了基于知觉相似性的泛化梯度和基于概念相关和典型性的高级认知加工的恐惧泛化。但在实际环境中，知觉线索和概念信息是共同起作用的，知觉线索和概念信息在恐惧泛化中的作用机制对于理解焦虑障碍的病因及其治疗有重要意义。

恐惧记忆，可以被看作一个储存在记忆中的网络结构，这个结构包括关于反应和刺激、反应和反应的意义相关命题的信息（Foa and Kozak，1986；Lang，1971）。感知（与恐惧相关的线索）和概念（与恐惧相关的信息）路径被假定来调节恐惧的激活。情绪网络理论认为知觉线索和概念信息可以被看作情感网络不同元素的激活器，将恐惧的不同方面整合到一个由线索、反应和概念元素组成的强互连神经网络中（Foa and Kozak，1998）。例如，对于蜘蛛恐惧症患者来说，他们不仅在看到蜘蛛时会产生恐惧反应（即知觉线索），而且

知觉线索与概念信息在条件性恐惧泛化中的作用

在知道蜘蛛的存在时也会激活恐惧反应（即概念信息）。有假设认为，恐惧网络的激活程度取决于概念信息和知觉输入之间的一致性。在现实生活环境中，知觉线索和概念信息通常是同时可用的，并通过多次输入激活恐惧网络。任何对恐惧记忆的修改都需要它的激活尽可能完整。重要的是，当与恐惧网络匹配的部分输入足够大时，可以激活其他部分，恐惧网络可以被匹配部分结构的输入完全激活（Craske et al.，2008）。但是，特定的知觉线索或概念信息（关于蜘蛛的存在）可能是通过不同的进入路径激活恐惧网络的（如知觉线索 vs 概念性元素），它们最终会触发其他元素，从而将自我报告和生理上的恐惧反应联系起来。知觉线索和概念信息是否分别对自我报告和生理反应指标产生作用尚未可知。

目前，关于知觉线索和概念信息在学习中的作用机制有两种观点：一种观点认为个体对客体的熟悉度依赖于对其知觉特征多样性的学习，知觉线索在客体再认中起主要作用（Benson and Perrett，1994；Burton et al.，2005；Burton et al.，2011；Jenkins and Burton，2008，2011）；另一种观点认为概念信息可以通过分类和个性化机制提高新客体的识别能力，概念信息在客体再认中起主要作用（Hugenberg et al.，2010；Levin，2000；McGugin et al.，2011；Tanaka and Pierce，2009）。关于条件性恐惧的研究发现，和与恐惧相关的概念信息相比，与恐惧相关的知觉线索诱发了更强的恐惧反应（Peperkorn et al.，2014）。也有研究发现，在对物体的知觉特征和概念信息学习时，个体会将有意义的概念信息与图像关联，将其表征从基于图像的感知转换为视图不变的概念，具体表现为与物体相关的概念信息更有利于对物体的再认（Schwartz and Yovel，2016）。简单来讲，在学习记忆中，概念知识比知觉信息有更强的线索的作用。另一项关于知觉线索和概念信息对恐惧泛化的研究发现，相比于知觉线索，概念信息的恐惧泛化更强（Wang et al.，2021）。

实验5探讨了在人工概念中知觉线索与概念信息在恐惧泛化中的对比，结果与前人研究并不一致，我们推测是由于人工概念的弱概念属性对知觉泛化和概念泛化的强度可能会产生一定程度的影响。因此，本研究在前人研究的基础之上，通过自然颜色（知觉线索）和类别词语（概念信息）两个变量来探究知觉线索和概念信息在恐惧泛化中的作用机制。

第 11 章　自然概念中知觉线索与概念信息的作用比较

11.2　研究方法

11.2.1　被试

实验前，我们采用 G*Power 3.1 软件（Faul et al., 2007, 2009）对本研究的样本量进行了估算。根据本研究的实验设计，在中等效应量（$d = 0.25$）下，I 类错误的概率 α 水平为 0.05，检验效力为 0.80 时，所需的样本量最少为 21 人。综合考虑实验过程中可能出现的问题（如被试中途退出、实验仪器故障等），通过校内张贴和网络自愿报名的方式招募在校大学生 35 名（其中女性 20 人，男性 15 人），年龄在 18～28 周岁（$M = 21$, $SD = 2.8$）。所有被试均为右利手，视力正常或者矫正后正常，无色盲色弱，无听力障碍，无躯体疾病及精神障碍，且近三个月内没有参加类似实验。整个实验过程与被试招募标准均通过华南师范大学心理学院人类研究伦理委员会审核（批准号：SCNU-PSY-2021-324）。所有被试均在实验前签署了知情同意书，实验完成后可获得一定报酬。实验前填写状态—特质焦虑量表（STAI-T）（$M = 39.69$, $SD = 8.18$）和无法忍受不确定性量表（IUS）（$M = 36.69$, $SD = 6.86$），所有被试均符合实验的控制条件。实验过程中，有两名被试因个人原因退出实验，另有两名被试采集的皮肤数据无法读取，因此，最终有 31 名被试的实验数据被纳入数据分析。

11.2.2　实验材料

从《现代汉语分类词典》（苏新春主编）中的鸟类、鱼类和水果类中各选取 40 个词语，让被试从典型性、熟悉度、效价、唤醒度等四个维度进行评定，要求参与者评估每种刺激的典型性、熟悉度、效价和唤醒度（1～7，1 表示非常不典型/不熟悉/消极/不兴奋，7 表示非常典型/熟悉/积极/兴奋）。根据研究设计，共需要鸟类词语和鱼类词语各 17 个，水果类语词 27

个。对三个类型的词语在四个维度上进行重复测量方差分析表明,在典型性维度$[F(2,194)=0.99, p=0.38]$,其中,鸟类(M=4.71,SD=1.29),鱼类(M=4.49,SD=1.18),水果类(M=4.65,SD=1.16);在熟悉度维度$[F(2,194)=2.16, p=0.12]$,其中,鸟类(M=4.80,SD=1.25),鱼类(M=4.48,SD=1.17),水果类(M=4.74,SD=1.05);在效价维度上$[F(2,194)=2.50, p=0.09]$,其中,鸟类(M=4.66,SD=1.18),鱼类(M=4.34,SD=1.15),水果类(M=4.61,SD=1.03);在唤醒度维度$[F(2,194)=0.57, p=0.57]$,其中,鸟类(M=4.48,SD=1.46),鱼类(M=4.41,SD=1.16),水果类(M=4.60,SD=1.19)。选择的三个类别的刺激在典型性、熟悉度、效价和唤醒度等四个维度上均不存在差异,符合实验要求。

其中条件刺激为蓝色或紫色的鸟类和鱼类词语,测试刺激为蓝色、紫色或黑色的鸟类、鱼类和水果类词语共9种类型。本研究是为了探究知觉线索和概念信息在恐惧泛化中的作用,因此,选用其中7种类型作为本实验的刺激材料,例如:紫色的鸟类词作为CS+(威胁词+威胁色,WW),蓝色的鱼类词作为CS-(安全词+安全色,AA),黑色的鸟类词作为GS1+(威胁词+中性色,WZ),紫色的水果词作为GS2+(中性词+威胁色,ZW),黑色的水果词作为GS3(中性词+中性色,ZZ),蓝色的水果词作为GS4(中性词+安全色,ZA),黑色的鱼类词作为GS5(安全词+中性色,AZ),用作CS+/CS−的颜色和类别词在被试间平衡。

US设置与操作和上一个实验相同。

11.2.3 测量指标

1. US 主观预期值

本研究的认知测量指标为主观预期值。在实验的各个阶段,每个CS或GS出现时,在其下方都会出现黑色字体的探测文本"后面出现电击的可能性?",下方则同时对应出现1～9的9个黑色数字,并要求被试按照自己实际的判断用右手按数字小键盘进行反应:1代表完全不可能,5代表中等可能,9代表完全可能,数字越大代表被试认为词语后面出现电击的可能性越大。

2. SCR

与上一实验相同。

11.2.4 实验设计及流程

1. 实验设计

正式实验分为四阶段——前习得阶段、习得阶段、泛化测试阶段和消退阶段，整体上为被试内实验设计。其中前习得阶段，刺激类型（CS+/CS−）和试次（各6个试次）为被试内因素，建立CS习得前的基线水平并熟悉实验操作流程；习得阶段，刺激类型（CS+/CS−）和试次（各12个试次）为被试内因素，建立条件刺激CS+与非条件刺激US的联结，即习得对CS+的恐惧反应；泛化测试阶段，刺激类型（CS+/CS−、5种泛化刺激）和block（3个blocks）为被试内因素，测试不同刺激类型习得的恐惧反应以及其发生变化的时间进程；消退阶段，刺激类型（CS+/CS−）和试次（各12个试次）为被试内因素，测试在不与US联结的学习过程中，CS+与CS−的变化过程。

2. 实验流程

根据实验设计，实验流程包括四个阶段。

（1）前习得阶段。被试坐在与生物反馈仪和电击仪相连接的电脑前，距离约60 cm，电击仪连接到被试的右手腕，生物反馈仪连接到他们的食指和中指指尖上。由于每个被试对电击的感受性和耐受性不同，正试实验前先进行个体电击强度的主观评定（0~9分，0代表没有任何感觉，1代表有一点点不舒服，数字越大代表不舒服程度越大，8代表极端不舒服但可以忍受，9代表极端不舒服且不能忍受），选择一个让被试评价为"极端不舒服，但可以忍受"即8分的电击程度。前习得阶段包含6个CS+试次和6个CS−试次，后面均不跟随电击。各试次完全随机呈现（为减少重复的学习效应，在该阶段包含了6个填充刺激）。该阶段主要目的是使被试熟悉实验材料及操作。

（2）习得阶段。习得阶段包含24个试次，其中12个CS+试次，75%伴有电击，即9个CS+后面有电击出现，3个CS+无电击，12个CS−无电击。

各试次按照伪随机顺序呈现，标准为第一个 CS+ 和 CS- 完全随机呈现，不超过 2 个 CS 试次是相同刺激类型，且不超过 2 个连续试次伴随电击。训练被试对两个类别的刺激进行辨别反应：一类是紫色的鸟类词语，另一类是蓝色的鱼类词语。每类刺激类型用作 CS+ 的机会在被试间进行项目平衡，以形成被试对 CS+ 的条件性恐惧。

条件性恐惧习得之后，被试休息 5 分钟，为了保证在休息期间被试进行同样的与任务无关的活动，给被试播放一段 5 分钟的中性视频片段，描述的是一辆从英国开往哥伦比亚的火车（Dunsmoor and LaBar, 2013; McClay et al., 2020）。

（3）泛化测试阶段。泛化测试阶段共有 7 种刺激，42 个试次，每类刺激呈现 6 次，包括 CS+/CS- 两种条件刺激和 WZ、ZW、ZZ、ZA 和 AZ 等五种泛化刺激。刺激分为 3 个 blocks，每个 block 均按照伪随机顺序呈现，标准与习得阶段一致。为了减少在测试过程中的消退，6 个 CS+ 试次，50% 伴有电击，即 3 个 CS+ 后面有电击出现，3 个 CS+ 无电击，其余刺激后面均不跟随电击。

（4）消退阶段。消退阶段包括 CS+/CS- 两类刺激，每个刺激呈现 12 次，共 24 个试次。刺激分为 3 个 blocks，每个 block 均按照伪随机顺序呈现，标准与习得阶段一致。

即便是温和的电刺激，理论上并不会对被试造成负面的影响，但出于伦理的考虑，我们还是在实验结束后对被试进行了简单的心理疏导，并告知被试如果出现实验造成的不适情况，及时与实验人员联系（实验结束以来并未有被试产生与实验相关的不适）。

前习得阶段、习得阶段、泛化测试阶段和消退阶段实验流程相同。首先，在屏幕中间呈现注视点"+" 2 000 毫秒，注视点消失后呈现 CS 或 GS，呈现时间为 8 000 毫秒，同时呈现探测界面，要求被试判断后面出现 US 的可能性，按 1～9 的数字键进行反应。探测界面随着按键消失，若伴随有 US，US 在刺激消失前 500 毫秒出现并与刺激一起消失。试次间的间隔为 13 秒、14 秒、15 秒、16 秒和 17 秒，平均间隔为 15 秒（Schultz et al., 2013; 徐亮等，2016）。

所有刺激材料均在电脑屏幕中间呈现，程序采用 E-prime 3.0 编程。

11.2.5 数据处理

本研究的主要因变量是对刺激的恐惧反应(指标为 US 主观预期值和 SCR)。对两个指标在各个阶段以刺激类型(CS/GS)和时间进程(block)为被试内变量进行重复测量方差分析。事后检验均使用最小差异法(least significant difference,LSD),采用 Holm-Bonferroni 对 α 值进行校正,使用 0.05 的显著水平并报告偏 η^2 作为效应量的估计。使用 Greenhouse-Geisser 在适当时候对自由度进行校正。

11.3 结果与分析

11.3.1 条件性恐惧习得分析

1. US 主观预期值

对刺激类型与 block 进行重复测量方差分析,类型主效应显著 $[F(1, 30) = 92.30, p < 0.001, \eta^2 p = 0.76]$,block 主效应显著 $[F(2, 60) = 8.03, p < 0.001, \eta^2 p = 0.21]$ [图 11-1(a)],交互作用显著 $[F(2, 60) = 61.47, p < 0.001, \eta^2 p = 0.67]$ (表 11-1)。配对样本 t 检验表明,前习得阶段 CS+ 与 CS- 无差异,$[t(30) = -0.02, p = 0.99, d = -0.004]$;习得阶段 CS+ > CS-,$[t(30) = 9.61, p < 0.001, d = 1.73]$ [图 11-1(b)]。在主观预期值指标上,被试成功习得了对 CS+ 的条件性恐惧。

表 11-1 习得过程中对条件刺激 US 预期的方差分析表

分组	统计量					
	SS	df	MS	F	p	$\eta^2 p$
类型	588.74	1	588.74	92.30	0.000	0.76

续表

分组	统计量					
	SS	df	MS	F	p	$\eta^2 p$
阶段	15.46	2	7.73	8.03	0.000	0.21
类型 × 阶段	103.37	2	51.69	61.47	0.000	0.67

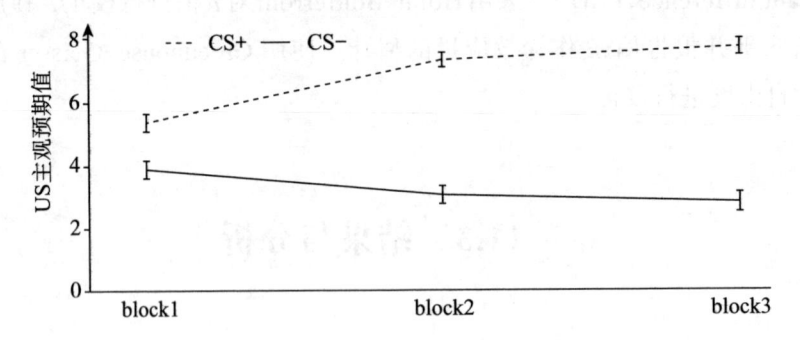

（a）条件性恐惧在 US 主观预期上的习得过程

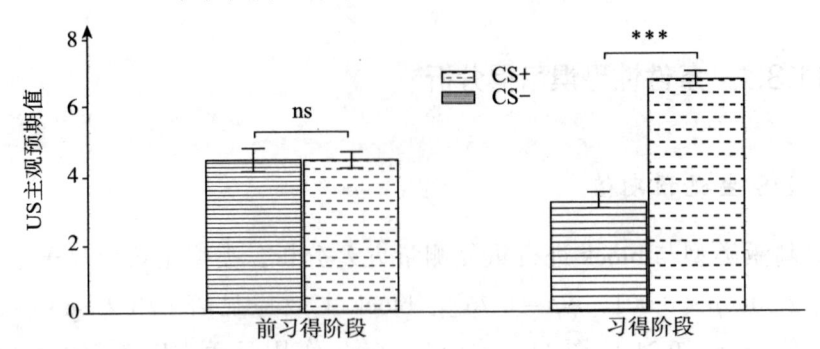

（b）条件性恐惧的在前习得和习得阶段的结果

注：*** $p < 0.001$。

图 11-1 条件性恐惧的习得

2. SCR

对刺激类型与 block 进行重复测量方差分析，类型主效应显著 [$F(1, 30) = 154.09$，$p < 0.001$，$\eta^2 p = 0.84$]，block 主效应显著 [$F(2, 60) = 4.54$，$p = 0.02$，$\eta^2 p = 0.13$][图 11-2（a）]，交互作用显著 [$F(2, 60) = 7.50$，$p < 0.001$，$\eta^2 p = 0.20$]（表 11-2）。配对样本 t 检验表明，前习得阶段 CS+ 与

第 11 章 自然概念中知觉线索与概念信息的作用比较

CS- 无差异，[$t(30) = -0.49$，$p = 0.63$，$d = -0.09$]；习得阶段 CS+ > CS-，[$t(30) = 12.41$，$p < 0.001$，$d = 2.23$]［图 11-2（b）］。在 SCR 指标上，被试成功习得了对 CS+ 的条件性恐惧。

表 11-2 习得过程中对条件刺激 SCR 的方差分析表

分组	统计量					
	SS	df	MS	F	p	$\eta^2 p$
类型	6.20	1	6.20	154.09	0.000	0.84
阶段	0.24	2	0.12	4.54	0.02	0.13
类型 × 阶段	0.41	2	0.21	7.50	0.001	0.20

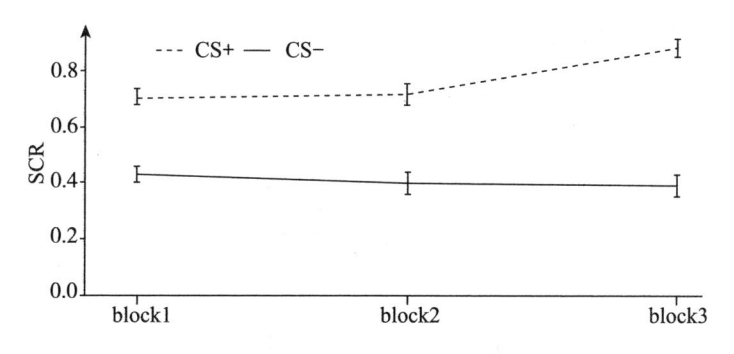

（a）条件性恐惧在 SCR 上的习得过程

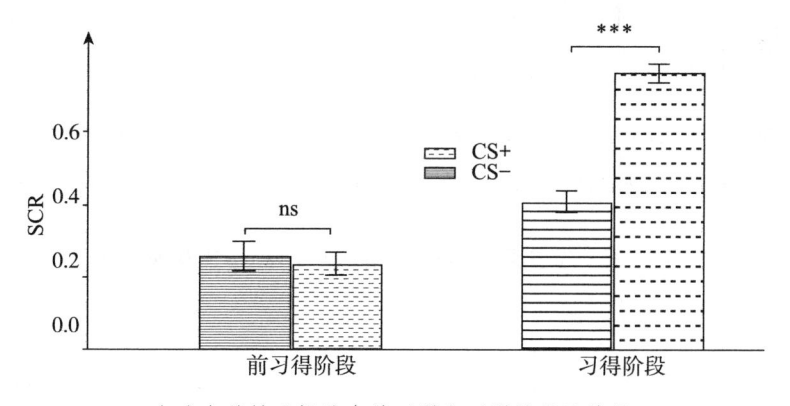

（b）条件性恐惧的在前习得和习得阶段的结果

注：*** $p < 0.001$。

图 11-2 条件性恐惧习得的平均 SCR 值

143

11.3.2 泛化测试分析

1. US 主观预期值

对 5 个泛化测试刺激、CS+ 和 CS− 共 7 类刺激与 block 进行重复测量方差分析，结果发现，类型主效应显著 [$F(6, 180) = 63.07$, $p < 0.001$, $\eta^2 p = 0.68$]（图 11-3），block 主效应显著 [$F(2, 60) = 22.21$, $p < 0.001$, $\eta^2 p = 0.43$]（图 11-4），交互作用显著 [$F(12, 360) = 3.24$, $p < 0.001$, $\eta^2 p = 0.10$]（表 11-3）。事后分析发现，WZ 显著大于 ZW，[$t(30) = 3.99$, $p < 0.001$, $d = 0.72$]；ZW 大于 CS−，[$t(30) = 3.75$, $p = 0.002$, $d = 0.67$]，表明概念与知觉均产生了泛化，且概念泛化大于知觉泛化，高级认知加工在恐惧泛化中起作用，并对恐惧泛化程度进行了更精细的量化区分。

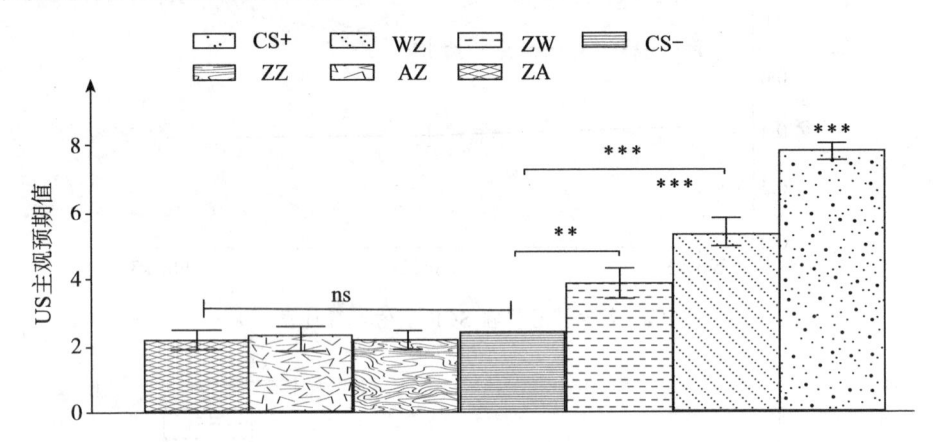

注：WZ 代表威胁词 + 中性色，ZW 代表中性色 + 威胁词，ZZ 代表中性词 + 中性色，AZ 代表安全词 + 中性色，ZA 代表中性词 + 安全色。*$p < 0.05$；**$p < 0.01$；***$p < 0.001$。

图 11-3 恐惧泛化测试中各刺激的平均 US 主观预期值

第11章 自然概念中知觉线索与概念信息的作用比较

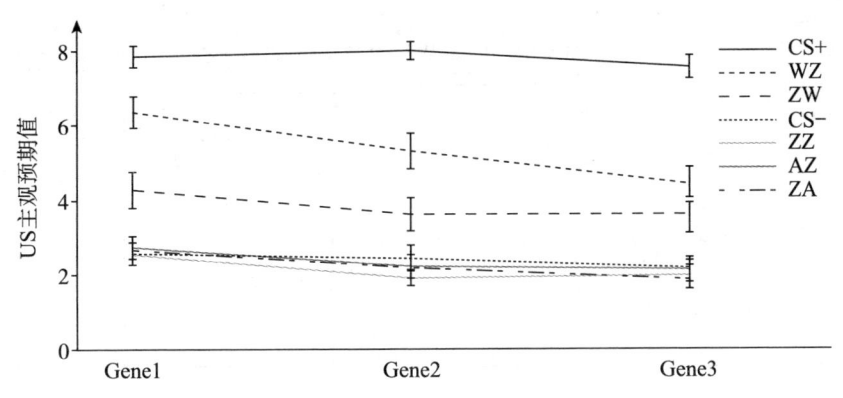

注：WZ 代表威胁词 + 中性色，ZW 代表中性色 + 威胁词，ZZ 代表中性词 + 中性色，AZ 代表安全词 + 中性色，ZA 代表中性词 + 安全色。*p < 0.05；**p < 0.01；***p < 0.001。

图 11-4 刺激恐惧泛化测试的时间进程

表 11-3 泛化测试中对测试刺激 US 预期的方差分析表

分组	统计量					
	SS	df	MS	F	p	$\eta^2 p$
类型	2564.33	6	427.39	63.07	0.000	0.68
阶段	61.98	2	30.99	22.21	0.000	0.43
类型 × 阶段	34.15	12	2.85	3.24	0.000	0.10

2.SCR

对 5 个泛化测试刺激、CS+ 和 CS- 共 7 类刺激与 block 进行重复测量方差分析，结果发现，类型主效应显著 [$F(6,180) = 25.95, p < 0.001, \eta^2 p = 0.46$][图 11-5(a)]，block 主效应显著 [$F(2,60) = 1.42, p = 0.25, \eta^2 p = 0.05$][图 11-5(b)]，交互作用显著 [$F(12, 360) = 3.17, p < 0.001, \eta^2 p = 0.10$]（表 11-4）。事后分析发现，WZ 与 ZW 无差异，[$t(30) = 0.61, p = 1, d = 0.11$]；ZW 大于 CS-，[$t(30) = 3.17, p = 0.02, d = 0.57$]，表明概念与知觉均产生了泛化，但概念泛化与知觉泛化无显著差异，SCR 指标并未对概念信息与知觉线索进行区别加工。

知觉线索与概念信息在条件性恐惧泛化中的作用

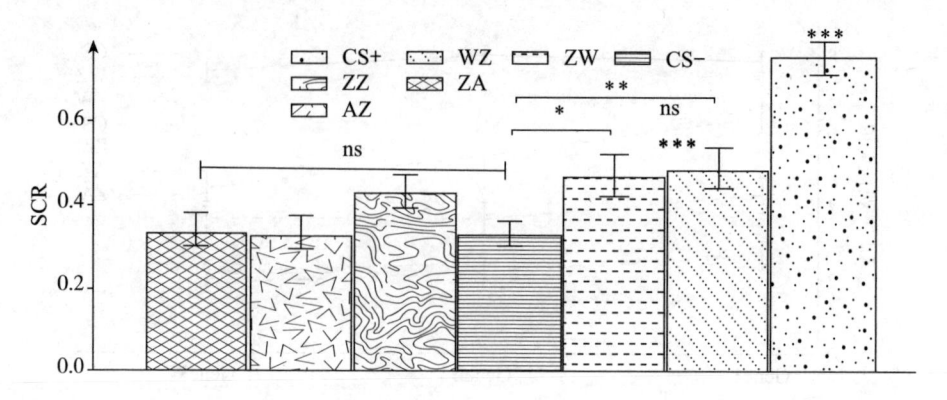

(a)恐惧泛化测试中所有刺激的平均 SCR 值

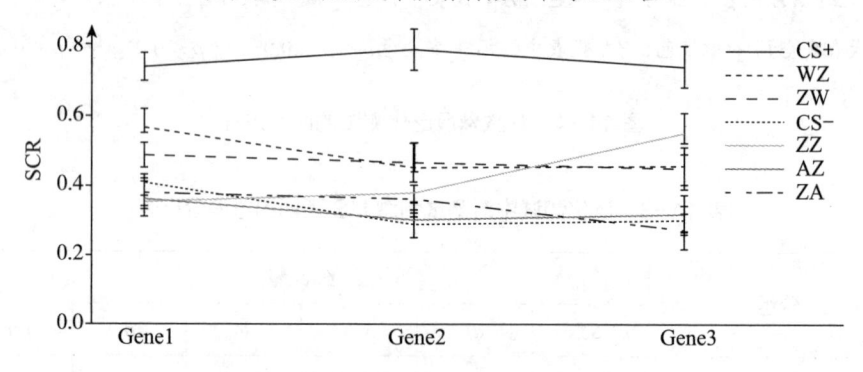

(b)刺激恐惧泛化测试的时间进程

注：WZ 代表威胁词＋中性色，ZW 代表中性色＋威胁词，ZZ 代表中性词＋中性色，AZ 代表安全词＋中性色，ZA 代表中性词＋安全色。* $p<0.05$；** $p<0.01$；*** $p<0.001$。

图 11-5　恐惧泛化测试中的平均 SCR 值

表 11-4　泛化测试中对测试刺激 SCR 的方差分析表

分组	统计量					
	SS	df	MS	F	p	$\eta^2 p$
类型	12.70	6	2.12	25.95	0.000	0.46
阶段	0.24	2	0.12	1.42	0.25	0.05
类型 × 阶段	1.41	12	0.12	3.17	0.000	0.10

11.3.3 消退测试分析

1. US 主观预期值

对刺激类型与 block 进行重复测量方差分析,结果发现,类型主效应显著 [$F(1, 30) = 170.90$, $p < 0.001$, $\eta^2 p = 0.85$],block 主效应显著 [$F(2, 60) = 31.25$, $p < 0.001$, $\eta^2 p = 0.51$],交互作用显著 [$F(2, 60) = 10.57$, $p < 0.001$, $\eta^2 p = 0.26$](表 11-5)。配对样本 t 检验表明,CS+ 在第 3 个 block 显著小于第 1 个 block,{$t(30) = -8.61$, $p < 0.001$, 95%CI[−2.99, −1.45]};CS− 在第 3 个 block 与第 1 个 block 无显著差异,{$t(30) = -1.91$, $p = 0.18$, 95%CI[−1.26, 0.28]},表明 CS+ 在消退过程中出现了明显的消退效应。然而,与 CS− 相比,CS+ > CS−,[$t(30) = 13.07$, $p < 0.001$, $d = 2.35$],结果表明 CS+ 并未完全消退(图 11-6)。

表 11-5 消退过程中对条件刺激 US 预期的方差分析表

分组	统计量				
	SS	df	MS	F	p	$\eta^2 p$
类型	896.07	1	896.07	170.90	0.000	0.85
阶段	59.83	2	29.92	31.25	0.000	0.51
类型 × 阶段	23.28	2	11.64	10.57	0.000	0.26

知觉线索与概念信息在条件性恐惧泛化中的作用

注：** $p < 0.01$；*** $p < 0.001$。

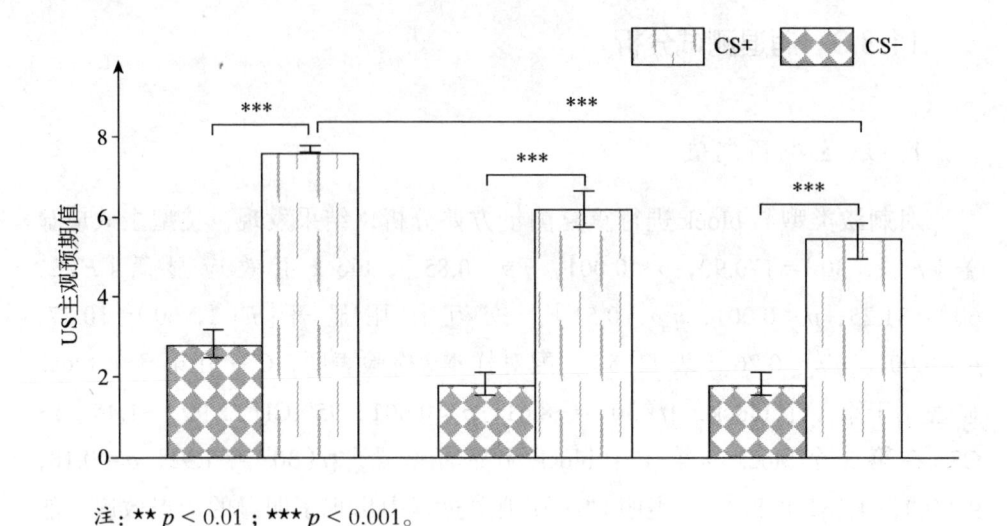

图 11-6 条件性恐惧消退过程中 CS+ 和 CS- 在 US 主观预期值上的时间变化

2. SCR

对刺激类型与 block 进行重复测量方差分析，结果发现，类型主效应显著 [$F(1, 30) = 45.87$, $p < 0.001$, $\eta^2 p = 0.61$]，block 主效应显著 [$F(2, 60) = 3.48$, $p = 0.04$, $\eta^2 p = 0.10$]，交互作用显著 [$F(2, 60) = 8.41$, $p < 0.001$, $\eta^2 p = 0.22$]（表 11-6）。配对样本 t 检验表明，CS+ 在第 3 个 block 显著小于第 1 个 block，{$t(30) = -6.61$, $p < 0.001$, 95%CI[-0.51, -0.19]}；CS- 在第 3 个 block 与第 1 个 block 无显著差异，{$t(30) = 0.62$, $p = 1$, 95%CI[-0.10, 0.15]}，表明 CS+ 在消退过程中出现了明显的消退效应。然而，与 CS- 相比，CS+ > CS-，[$t(30) = 6.77$, $p < 0.001$, $d = 1.22$]，结果表明 CS+ 并未完全消退（图 11-7）。

表 11-6 消退过程中对条件刺激 SCR 的方差分析表

分组	统计量					
	SS	df	MS	F	p	$\eta^2 p$
类型	3.19	1	3.19	45.87	0.000	0.61
阶段	0.23	2	0.12	3.48	0.04	0.10

续 表

分组	统计量					
	SS	df	MS	F	p	$\eta^2 p$
类型 × 阶段	0.30	2	0.15	8.41	0.000	0.22

注：** $p < 0.01$；*** $p < 0.001$。

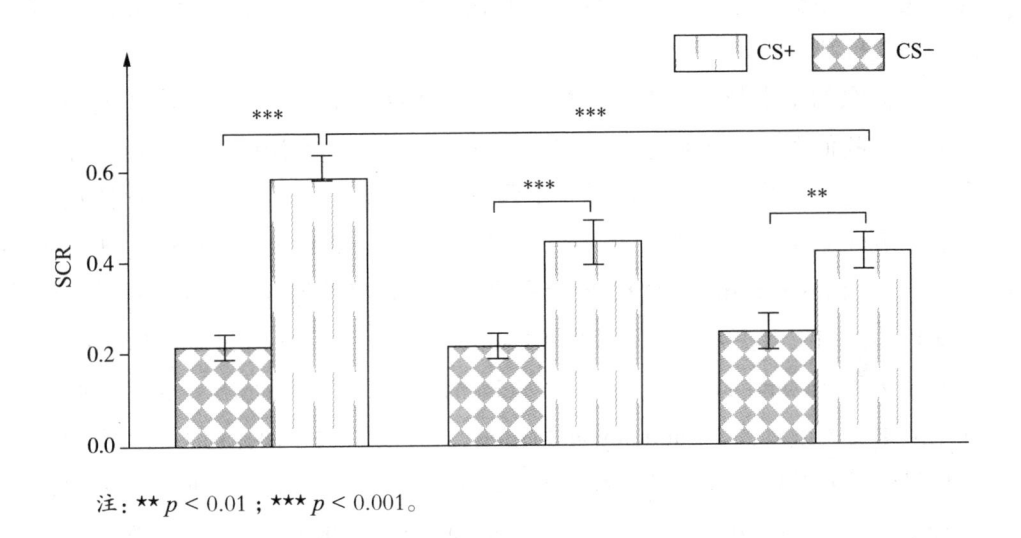

图 11-7　条件性恐惧消退过程中 CS+ 和 CS- 在 SCR 上的时间变化

11.4　讨论

本研究的目的是评估知觉线索和概念信息在恐惧泛化中的作用。在实际生活中，这两个因素一般是在恐惧泛化中共同起作用。在遇到威胁时，人们不仅暴露于其知觉特征，还对与威胁有关的概念信息进行了加工。因此，我们很难检验在遇到威胁时每个因素的单独贡献。为了分离这两个因素，我们设计了色词判断任务，通过威胁颜色和威胁词语分别与中性词语和中性颜色结合来分离知觉线索和概念信息，这虽然不能直接比较两个因素，但可以通过将中性的颜色和词语作为基线进行比较。行为数据结果发现，在成功习得辨别性条件性恐惧后,概念信息比知觉线索诱发了更强的恐惧反应,这一结果再次验证了以往研究中概念信息比知觉信息更有利于对物体的再认(Schwartz and Yovel,2016),在正常的成人个体中,概念泛化比知觉泛化更为重要。而在SCR指标上,知觉泛化和概念泛化之间并不存在显著差异,这与主观预期指标的结果并不一致,说明在恐惧泛化的过程中可能存在两种不同的加工机制。

本研究的结果与实验5.1中人工概念的研究结果并不一致,本研究的结果验证了我们关于人工概念中的弱概念在恐惧泛化中作用的推测。由于强概念的概括能力更强,所以它能诱发更强的恐惧反应,这与概念信息比知觉信息更有利于物体再认的观点是一致的(Schwartz and Yovel,2016)。加工水平(level of processing,LOP)效应表明,关于词义的深度加工比对词的字体和颜色的浅加工有更好的再认效果(Baddeley,1978;Im Craik and Lockhart,1972;Im Craik and Tulving,1975;Nelson,1977),该效应与记忆中和刺激联结的语义类型有关(Baddeley and Hitch,2017)。关于面孔加工的知觉和概念信息的研究发现,将认知客体与其从属标签联系起来,提高了他们后来的识别能力(Gordon and Tanaka,2011;Tanaka et al.,2005)。知觉分类,而不是知觉暴露,诱导视觉专业知识和熟悉性。在实际生活中,恐惧的概念泛化解释了为什么对狗有强烈恐惧的人也会对其他类型的动物或与狗有关的物品(狗项圈或兽医)感到害怕,或者可能会避开与狗有关的地方(公园或徒步旅行路线)。即使一个特定的公园从来没有人进入过,知道狗可能会在公园里乱跑,人们可能会害怕和回避这个公园。而在面对狗本身时,人们虽然也会产生恐惧反应,但这种恐惧强度却弱于抽象的关于狗的恐惧。对威胁刺激本身的抽象属性的恐惧比威胁刺激的具体特征能诱发更强的恐惧反应。

本研究的结果与以往关于临床个体的研究结果也不一致,和与恐惧相关的概念信息相比,与恐惧相关的知觉线索诱发了更强的恐惧反应(Peperkorn et al.,2014;Shiban et al.,2016)。我们认为主要有两个可能原因:一是前人的研究只在焦虑障碍患者个体中发现了知觉线索强的恐惧反应,这可能与临床个体对负性情绪的加工偏好有关;二是前人的研究在刺激呈现方式上有所不同。以往研究是先通过概念信息告知被试接下来呈现的知觉线索,这导致被试先对概念信息进行加工然后再加工知觉线索,这导致了在概念信息条件

第 11 章 自然概念中知觉线索与概念信息的作用比较

下，被试先习得了恐惧信息，然后再被呈现了与概念信息不一致的知觉线索，加工过程中的预期错误产生了恐惧的消退效果，因此，概念信息的恐惧反应较弱。而本研究对原始威胁刺激的知觉线索和概念信息进行了分离，同时仍然保持了正常的刺激加工顺序，先加工知觉线索进而进行概念信息等高级认知过程的加工。同样地，威胁的知觉线索加工后出现对中性概念信息的加工，这种不一致产生的预期错误促进了消退学习，相反加工中性的知觉线索后再对威胁概念信息进行加工，这种不一致的预期错误产生了威胁学习，结果概念信息比知觉线索诱发了更强的恐惧反应。

恐惧泛化的结果在 US 主观预期值和 SCR 指标上出现了分离。双加工理论认为条件反射形成的学习过程有两种不同的学习系统：外显学习和内隐学习。US 主观预期评分代表了 CS-US 关联的外显学习过程，而 SCR 代表了 CS-US 关联的内隐学习过程（Balderston and Helmstetter, 2010；Schultz and Helmstetter, 2010）。在外显加工的过程中，概念信息与知觉线索均诱发了恐惧反应，且前者强于后者，概念的辨别性信息比知觉线索更好地预测了已习得的条件性恐惧反应（Konkle et al., 2010a, 2010b）。在外显学习中，概念泛化显著大于知觉泛化，这表明概念信息在再认中存在加工优势。这与前人的研究结果是一致的，而在内隐加工中，却并未表现出这种强度差异，这提示这两种关于情绪的学习过程存在着不同的加工机制。情绪加工的双通路模型认为，除了视觉刺激的快速加工外，还存在一条与高级认知加工相关的慢速加工通路。指导语操作影响参与者形成的规则，进而影响他们随后的恐惧反应（Ahmed and Lovibond, 2015；Butler et al., 2007；Moors et al., 2017；Phelps et al., 2001；Vervliet et al., 2010）。内隐学习主要体现为知觉线索的加工，这与情绪加工通路中的快速通路相匹配。研究表明，恐惧相关的知觉线索的加工具有高度的特异性（Gerdes et al., 2009）和非常高的自主性（Globisch et al., 1999），这种加工特点促使对知觉线索进行快速加工并诱发相应的恐惧反应，而关于概念信息的加工主要通过慢速通路进行，丘脑接受输入的外部信息后投射到大脑皮层进行高级认知活动的加工，经调控后再投射到杏仁核产生恐惧反应。

值得注意的是，在恐惧泛化测试过程中，概念信息的泛化刺激表现出了显著的时间效应，而知觉线索的泛化刺激诱发了恐惧反应但并未表现出时间效应。这表明概念信息比知觉线索能产生更好的消退效应。这与 Rescorla-Wagner 理论关于消退的论述是一致的，期望违背程度强烈影响消退学习的效果（Craske et al.，2018；Niles et al.，2014）。在泛化测试的过程中，概念信息比知觉线索诱发了更强的恐惧反应，在此过程中，US 的缺失使概念信息产生了更大的预期违反，出现了明显的消退学习，表现为泛化过程的时间效应（Craske et al.，2014；Rescorla and Wagner，1972）。概念信息诱发了更强的恐惧反应并在无强化的重复暴露过程中表现出消退效应，这一研究发现对焦虑障碍的治疗具有重要的启发意义。

以往研究对恐惧泛化的内在加工机制存在争议。例如，元素的联结学习理论认为恐惧泛化是由 CS 与 US 产生联结的元素决定的，当其他刺激具备与 US 产生联结的元素时就能诱发恐惧反应（McLaren and Mackintosh，2002）。而命题学习理论认为恐惧泛化是由命题推理过程中的高级认知活动产生的（Mitchell Houwer and Lovibond，2009）。关于知觉泛化的研究在一定程度上验证了元素联结学习理论关于恐惧泛化的论述（Lissek et al.，2008；Lee et al.，2018），而关于概念泛化的研究则从另一个角度解释了关于命题学习理论的恐惧泛化（Dunsmoor et al.，2015）。我们关于知觉线索和概念信息对恐惧泛化作用的研究发现，在恐惧泛化的过程中，既存在知觉元素的联结，也存在概念推理等高级认知加工，并且概念信息在恐惧泛化中存在着加工优势。值得注意的是，在临床个体的研究中却发现知觉线索比概念信息诱发了更强的恐惧反应，这提示临床个体在恐惧泛化中存在着异常的信息加工机制，这需要进一步研究。

本研究考察了知觉线索和概念信息在恐惧泛化中的作用，揭示了正常个体的恐惧加工特点，有助于从情绪学习的角度深入理解恐惧泛化的加工机制。此研究的结果可应用于恐惧消退并为焦虑障碍的治疗提供理论依据。实际生活中，恐惧泛化的知觉线索和概念信息难以分离，是以往关于知觉和概念交互作用研究较少的原因之一。本研究在前人研究的基础上，通过加减法设计了易于操纵和控制的实验材料，不仅测试了威胁的知觉线索和概念信息在恐惧泛化中的作用，而且也探究了安全的知觉线索和概念信息在恐惧学习中的表现。本研究不仅为恐惧泛化的潜在机制研究提供了新的视角，也为以后临床个体的病理研究和治疗提供了理论依据。

第11章 自然概念中知觉线索与概念信息的作用比较

本研究也具有一定的局限性。第一，本研究考察知觉线索和概念信息在恐惧泛化中的作用机制，由于很难对这两个因素进行纯粹的分离，因此，我们引入了其他中性的信息作为基线进行对比分析。中性信息对知觉线索和概念信息的影响强度是否一致需要进一步的研究。第二，本研究并未发现安全的知觉线索和概念信息之间的差异，根据以往的研究，在条件性恐惧习得的过程中，安全信息也可能产生了一定程度的恐惧泛化，这种安全信息的加工机制是另一个值得探究的问题。第三，本研究的泛化测试采用了组块设计，主要是考虑不同泛化刺激的时间变化过程，由于SCR指标的高敏感性特点，我们只设计了三个区块，根据实验结果，三个区块并不能完全呈现所有的时间变化过程，未来研究可考虑通过其他研究指标来探究不同泛化刺激的时间进程。

第 12 章 自然概念中知觉线索与概念信息对比的 ERP 研究

12.1 研究背景

第 11 章的研究结果表明，在恐惧泛化测试中，概念信息比知觉线索诱发了更强的恐惧反应。这与 Wang 等人（2021）的研究结果相一致。研究者采用事件相关电位（ERP）技术，通过概念信息（动物和工具）与知觉线索（蓝色和紫色）的交叉配对来探索刺激的知觉线索与概念信息不一致时，个体对威胁信息的加工及其时间进程。结果发现，在习得阶段，知觉线索的条件性刺激诱发了更强的恐惧反应；而在泛化测试阶段，概念信息的条件性刺激诱发了更强的恐惧反应（Wang et al., 2021）。对临床个体的研究发现，恐惧泛化过程中的知觉线索比概念信息诱发了更强的恐惧反应（Peperkorn et al., 2014；Shiban et al., 2016）。这种群体间的差异提示临床个体关于恐惧泛化的潜在病因可能与知觉线索和概念信息在恐惧泛化中的作用机制有关。

关于恐惧的双系统模型认为，恐惧是皮层回路的产物，以认知功能为基础，同时皮层下回路控制防御行为和生理反应（Ledoux et al.，2016）。皮层回路可以被看作从皮层到杏仁核的高级输入通路，而皮层下回路是从丘脑到杏仁核的低级输入通路（Pourtois et al.，2013）。根据该模型，我们推测，个体在习得条件性恐惧后，在知觉线索和概念信息上会表现不同的加工特点，威胁信息的探测是否会在注意早期出现偏差以及威胁信息加工的时间进程都是探究恐惧泛化机制的重要切入点。

因此，本研究使用 ERP 技术，采用经典的条件性恐惧泛化范式来探究知觉线索和概念信息在恐惧泛化中发挥作用的时间机制。在该范式中，我们使用两种不同类别的词语与两种不同的颜色结合，在条件化的过程中习得对某一颜色的类别词的恐惧联结。为了更清晰地探究知觉线索和概念信息在恐惧泛化中的作用机制，我们引入了一类中性类别词语和中性颜色共形成 9 种刺激类型，其中条件刺激有 2 种（威胁词 + 威胁色、安全词 + 安全色），目标泛化刺激有 3 种（威胁词 + 中性色、中性词 + 威胁色、中性词 + 中性色），其他为填充泛化刺激。在实验过程中，被试需要判断每类刺激后面出现电击的可能性。预期结果为，知觉线索和概念信息均诱发了恐惧反应，条件性恐惧反应发生于知觉加工的晚期，由于知觉线索同时在低级通路和高级通路进行加工，因此，与概念信息相比，知觉线索可能会在生理指标上诱发更强的恐惧反应。

12.2　研究方法

12.2.1　被试

实验前，我们采用 G*Power 3.1 软件（Faul et al.，2007，2009）对本研究的样本量进行了估算。根据本研究的实验设计，在中等效应量（d = 0.25）下，I 类错误的概率 α 水平为 0.05，检验效力为 0.80 时，所需的样本量最少为 21 人。综合考虑实验过程中可能出现的问题（如被试中途退出、实验仪器故障等），通过校内张贴和网络自愿报名的方式招募在校大学生 30 名（其中

女性16人，男性14人），年龄在18～27周岁（M = 20，SD = 0）。所有被试均为右利手，视力正常或者矫正后正常，无色盲色弱，无听力障碍，无躯体疾病及精神障碍，且近三个月内没有参加类似实验。整个实验过程与被试招募标准均通过华南师范大学心理学院人类研究伦理委员会审核（批准号：SCNU-PSY-2022-135）。所有被试均在实验前签署了知情同意书，实验完成后可获得一定报酬。所有被试均符合实验的控制条件。在实验过程中，1名被试因程序故障退出实验，2名被试因个人原因中断实验导致数据无法读取，因此，参与分析的行为数据为27组，另外，有1组EEG数据因未知原因无法读取，最后有26组数据参与ERP结果分析。

12.2.2 刺激材料

从实验6评定的词语材料中选取鸟类词语和鱼类词语各17个，水果类语词27个（与实验6相同，材料评定情况见实验6）。其中条件刺激为蓝色或紫色的鸟类或鱼类词语，测试刺激为蓝色、紫色或黑色的鸟类、鱼类或和水果类词语共9种类型。本研究是为了探究知觉线索和概念信息在恐惧泛化中的作用机制。根据实验6的实验结果，选用其中2种类型作为条件刺激材料（CS+/CS-）、3种类型作为本实验的泛化刺激材料（GS，目标刺激），剩余4种类型为填充刺激材料，例如：蓝色的鸟类词作为CS+（威胁概念＋威胁颜色，WW），紫色的鱼类词作为CS-（安全概念＋安全颜色，AA），黑色的鸟类词作为GSc（威胁概念＋中性颜色，WZ），蓝色的水果词作为GSp（中性概念＋威胁颜色，ZW），黑色的水果词作为GSn（中性概念＋中性颜色，ZZ），紫色的鸟类词作为FS1（威胁概念＋安全颜色，WA），蓝色的鱼类词作为FS2（安全概念＋威胁颜色，AW），黑色的鱼类词作为FS3（安全概念＋中性颜色，AZ），紫色的水果词作为FS4（中性概念＋安全色，ZA）。用作CS+、CS-的颜色和类别词在被试间进行项目平衡。

1. 条件刺激

蓝色的鸟类词作为CS+，紫色的鱼类词作为CS-，CS+与CS-在被试间进行项目平衡。

2. 无条件刺激

与上一实验相同。

3. 泛化测试刺激

黑色的鸟类词作为 GSc，蓝色的水果词作为 GSp，黑色的水果词作为 GSn。GSs 根据 CSs 的选取在被试间进行项目平衡。

12.2.3 测量指标

1. US 主观预期值

本研究的认知测量指标为主观预期值。在实验的各个阶段，每个 CS 或 GS 出现时，在其下方都会出现黑色字体的探测文本"后面出现电击的可能性？"，下方同时对应出现 1～5 的 5 个黑色数字，并要求被试根据自己实际的判断用右手按数字小键盘进行反应：1 代表完全不可能，3 代表中等可能，5 代表完全可能，数字越大代表被试认为词语后面出现电击的可能性越大。

2. 脑电反应数据

本研究的生理测量指标为脑电反应（EEG）。使用 NeuroScan（SynAmps 2）系统和国际 10-20 系统 Quick-Cap 64 导联电极帽采集脑电数据。在线数据记录以头顶电极为参考，水平眼电的电极置于双眼外侧眼角，垂直眼电的电极置于左眼上下眼眶，采样率为 1 000 Hz，DC 采样，所有电极电阻小于 10 kΩ。离线分析采样频率为 500 Hz。用 Matlab（2021）和 EEGLAB 工具箱（Version 9.0）对数据进行离线分析。离线分析时转换成双侧乳突的平均值进行重参考，分段之后，采用高通 0.1 Hz 和低通 30 Hz，陡阶为 24 DB 的无相位移滤波。采用独立成分分析（ICA）剔除眼电、肌电和头动等伪迹。将波幅超过正负 75 微伏的脑电事件视作伪迹剔除，然后分条件进行叠加平均。由于本研究聚焦于条件性恐惧泛化的时间加工机制，根据泛化刺激的类型将其分为概念泛化测试刺激 GSc、知觉泛化测试刺激 GSp、中性泛化刺激 GSn 诱发的 ERP 成分分别进行叠加平均，每种条件每个被试至少进行 60 个试次。分析时

段从刺激呈现前 200 毫秒（基线）至刺激呈现后 800 毫秒，共 1 000 毫秒。本研究主要分析了以下几个 ERPs 成分：

N1，峰值潜伏期在 100 毫秒左右，研究发现两侧枕区皮层及顶区皮层的 N1 均受注意的显著影响，反映某种辨别过程（Hopf et al., 2002；Luck and Ford, 1998；Vogel and Luck, 2000）。选取 50～150 毫秒的时间窗进行分析 P2，峰值潜伏期在 200 毫秒左右，该成分位于头前部与中央皮层区域，与靶刺激的早期识别有关（Potts et al., 1996）。该成分在刺激包含靶特征时更大，当靶刺激相对罕见时，它的反应也增强（Luck and Hillyard, 1994）。选取 150～250 毫秒的时间窗进行分析 N4，峰值潜伏期一般在 400 毫秒左右，通常在中央区与顶区振幅最大，典型的 N400 见于违反语义期待的反应。一般认为 N400 的影响因素包括词的一致性、语义联系、词频、词的具体性、正字法、词的邻近性等的不一致（Duncan et al., 2009）。

LPP，通常出现在刺激呈现 500～800 毫秒内，主要分布在头皮的顶叶——中央区，一般认为其反映了对情绪信息晚期的持续精细加工过程（Citron, 2012；Langeslag and Strien, 2018；王霞等，2019）。LPP 受词汇、情境、任务等诸多因素的影响，表现形式复杂，可能反映了对情绪信息外显加工的过程。

12.2.4 实验设计及流程

1. 实验设计

正式实验分为四阶段——前习得阶段、习得阶段、泛化测试阶段和消退阶段，整体上为被试内实验设计。其中前习得阶段，刺激类型（CS+/CS−）和试次（各 4 个试次）为被试内因素，建立 CS 习得前的基线水平并熟悉实验操作流程；习得阶段，刺激类型（CS+/CS−）和试次（各 12 个试次）为被试内因素，建立条件刺激 CS+ 与非条件刺激 US 的联结，即习得对 CS+ 的恐惧反应；泛化测试阶段，刺激类型（CS+/CS−、5 种泛化刺激）和 block（3 个 blocks）为被试内因素，测试不同刺激类型习得的恐惧反应以及其发生变化的时间进程；消退阶段，刺激类型（CS+/CS−）和试次（各 12 个试次）为被试内因素，

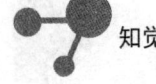

测试在不与 US 联结的学习过程中，CS+ 与 CS- 的变化过程。

2. **实验流程**

基本与第 11 章相同，我们根据 ERP 技术的相关特点做了适当的调整，实验流程包括四个阶段。

（1）前习得阶段。被试坐在与电击仪相连接的电脑屏幕前，距离约 60 cm，电击仪连接到被试的左手腕，选用合适的 64 导电极帽按标准戴于被试头上，并通过导电膏将电阻降到 10 kΩ 以下。由于每个被试对电击的感受性和耐受性不同，正试实验前先进行个体电击强度的主观评定（0～9 分，0 代表没有任何感觉，1 代表有一点点不舒服，数字越大代表不舒服程度越大，8 代表极端不舒服但可以忍受，9 代表极端不舒服且不能忍受），选择一个让被试评价为"极端不舒服，但可以忍受"即 8 分的电击程度。前习得阶段包含 4 个 CS+ 试次和 4 个 CS- 试次，后面均不跟随电击。在收集行为数据的同时，使用 NeuroScan 系统采集 EEG 数据（下同）。

（2）习得阶段。习得阶段包含 24 个试次，其中 12 个 CS+ 试次，75% 伴有电击，即 9 个 CS+ 后面有电击出现，3 个 CS+ 无电击，12 个 CS- 无电击。标准为第一个 CS+ 和 CS- 完全随机呈现，其他各试次按照伪随机顺序呈现，不超过 2 个 CS 试次是相同刺激类型，且不超过 2 个连续试次伴随电击。训练被试对两个类别的刺激的辨别反应：一类是紫色的鱼类词语，另一类是蓝色的鸟类词语。每类刺激类型用作 CS+ 的词语在被试间进行平衡，以形成被试对 CS+ 类别的条件性恐惧。

条件性恐惧习得之后，被试休息 5 分钟，为了保证在休息期间被试进行同样的与任务无关的活动，给被试播放一段 5 分钟的中性视频片段，描述的是一列火车从英国开往哥伦比亚（Dunsmoor and LaBar, 2013；McClay et al., 2020）。

（3）泛化测试阶段。泛化测试阶段共有 7 种刺激，共呈现 360 个试次，其中 CS+、CS- 和三种目标刺激（WZ、ZW 和 ZZ）各呈现 60 次，4 种填充刺激（WA、AW、AZ 和 ZA）共呈现 60 次。刺激分为 5 个 blocks，每个 block 均按照伪随机顺序呈现，标准与习得阶段一致。为了减少在测试过程中的消退，60 个 CS+ 试次，50% 伴有电击，即 30 个 CS+ 后面有电击出现，30

个 CS+ 无电击，其余刺激后面均不跟随电击。

（4）消退阶段。消退阶段包括 CS+/CS- 两类刺激，每个刺激呈现 12 次，共 24 个试次。刺激分为 3 个 blocks，每个 block 均按照伪随机顺序呈现，标准与习得阶段一致。

即便是温和的电刺激，理论上并不会对被试造成负面的影响，但出于伦理的考虑，我们还是在实验结束后对被试进行了简单的心理疏导，并告知被试如果出现实验造成的不适情况，及时与实验人员联系（实验结束以来并未有被试产生与实验相关的不适）。

前习得阶段、习得阶段、泛化测试阶段和消退阶段实验流程基本相同。首先，在屏幕中间呈现变化的注视点"+"500～800 毫秒，空屏 500 毫秒，接着呈现 CS 或 GS 时间为 1 000 毫秒，之后呈现探测界面，要求被试判断后面出现 US 的可能性，按 1～5 的数字键进行反应。探测界面随着按键消失，若伴随有 US，US 在刺激消失前 500 毫秒出现并与刺激一起消失。有电击出现的试次间的间隔为 4 秒、5 秒、6 秒，平均间隔为 5 秒；无电击出现的 ITIs 为 1 200～1 500 毫秒，平均间隔为 1 350 毫秒（Lei et al.，2019；Pavlov and Kotchoubey，2019；Wang et al.，2021）。

所有刺激材料均在电脑屏幕中间呈现，程序采用 E-prime 3.0 编程。

12.2.5　统计分析

和以往数据分析一样，本研究分别对习得阶段、泛化测试阶段、消退阶段进行刺激类型和时间分段的重复测量方差分析。根据以往研究（Cutmore et al.，2015；Lei et al.，2019；Wang et al.，2021），结合本实验得到的波形图和地形图，分别对泛化测试阶段 50～100 毫秒、150～250 毫秒、400～450 毫秒和 450～650 毫秒的时间窗的 N1、P2、N400 和 LPP 成分的平均波幅，采用类别条件（GSc、GSp 和 GSn）× 脑区条件（前部 F3、Fz、F4；前中部 FC3、FCz、FC4；中部 C3、Cz、C4；中后部 CP3、CPz、CP4；后部 P3、Pz、P4）进行重复测量的方差分析。统计结果采用 Greenhouse-Geisser 校正，事后比较采用 Bonferroni-Holm 校正。

12.3 结果与分析

12.3.1 US 主观预期值

1. 前习得阶段

对习得前期的 CS+、CS− 进行配对样本 t 检验，结果显示，[$t(26) = 0.06$, $p = 0.95$, $d = 0.01$]，这表明 CS+ 与 CS− 在条件化之前并不存在显著性差异。

2. 习得阶段

对刺激类型与 block 进行重复测量方差分析，类型主效应显著 [$F(1, 26) = 24.23$, $p < 0.001$, $\eta^2p = 0.48$]，block 主效应不显著 [$F(2, 52) = 2.87$, $p = 0.07$, $\eta^2p = 0.10$]，交互作用显著 [$F(2, 52) = 17.24$, $p < 0.001$, $\eta^2p = 0.40$]（图 12-1）。配对样本 t 检验表明 CS+ > CS−，[$t(26) = 4.92$, $p < 0.001$, $d = 0.95$]（图 12-2），被试成功习得了对 CS+ 与 CS− 的辨别性条件恐惧。

注：*** $p < 0.001$。

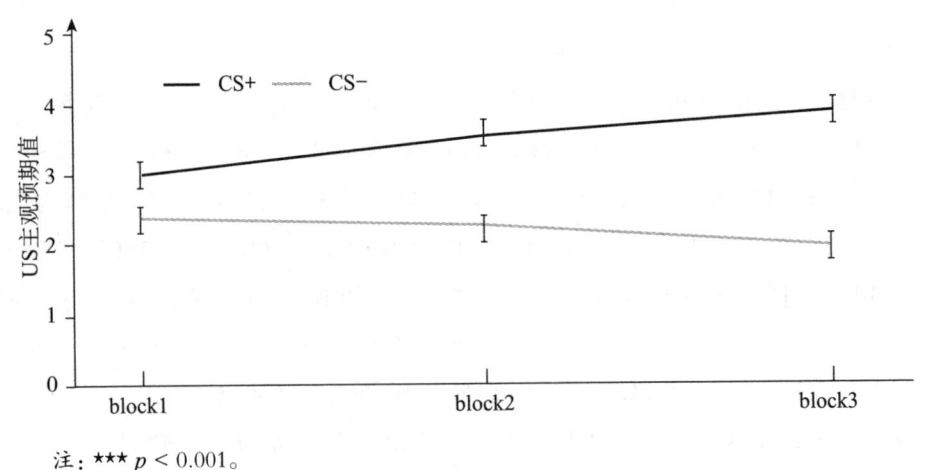

图 12-1 条件性恐惧习得过程中 CS+、CS− 的平均 US 主观预期值

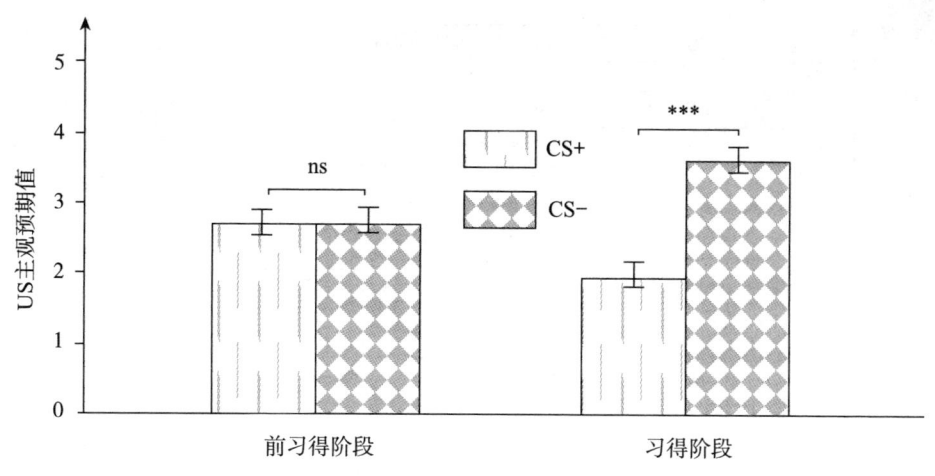

第 12 章　自然概念中知觉线索与概念信息对比的 ERP 研究

注：*** $p < 0.001$。

图 12-2　条件性恐惧前习得阶段和习得阶段 CS+、CS- 的平均 US 主观预期值

3. 泛化测试阶段

对三个泛化测试刺激和 CS+、CS- 共五个刺激与 block 进行重复测量方差分析，结果发现，类型主效应显著 [$F(4, 104) = 85.06$，$p < 0.001$，$\eta^2 p = 0.77$]，block 主效应显著 [$F(4, 104) = 28.18$，$p < 0.001$，$\eta^2 p = 0.52$]；交互作用显著 [$F(16, 416) = 6.07$，$p < 0.001$，$\eta^2 p = 0.19$]。事后分析发现，GSc vs. GSp，[$t(26) = 2.78$，$p = 0.03$，$d = 0.54$]；GSc vs. GSn，[$t(26) = 4.28$，$p < 0.001$，$d = 0.82$]；GSp vs. GSn，[$t(26) = 1.49$，$p = 0.42$，$d = 0.29$]（图 12-3）。这说明概念泛化刺激比知觉泛化刺激诱发了更强的恐惧反应。

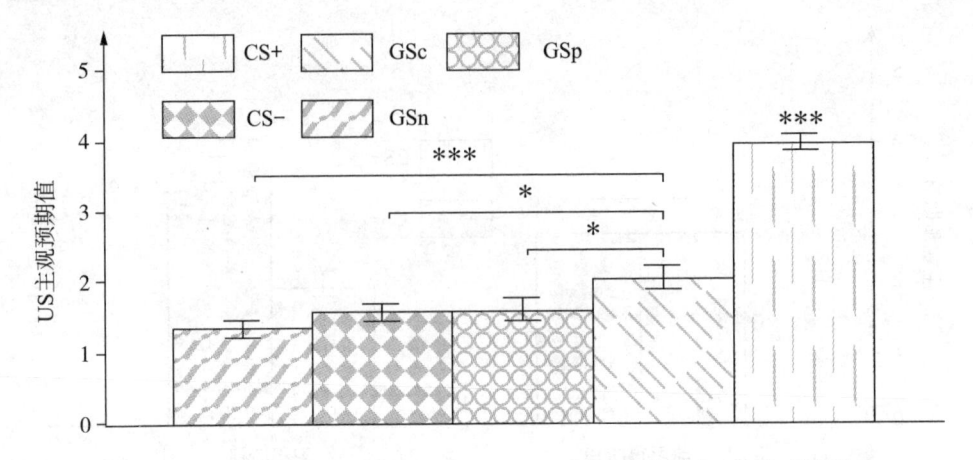

(a) 恐惧泛化测试中 CS+、CS-、GSc、GSp 和 GSn 的平均 US 主观预期值

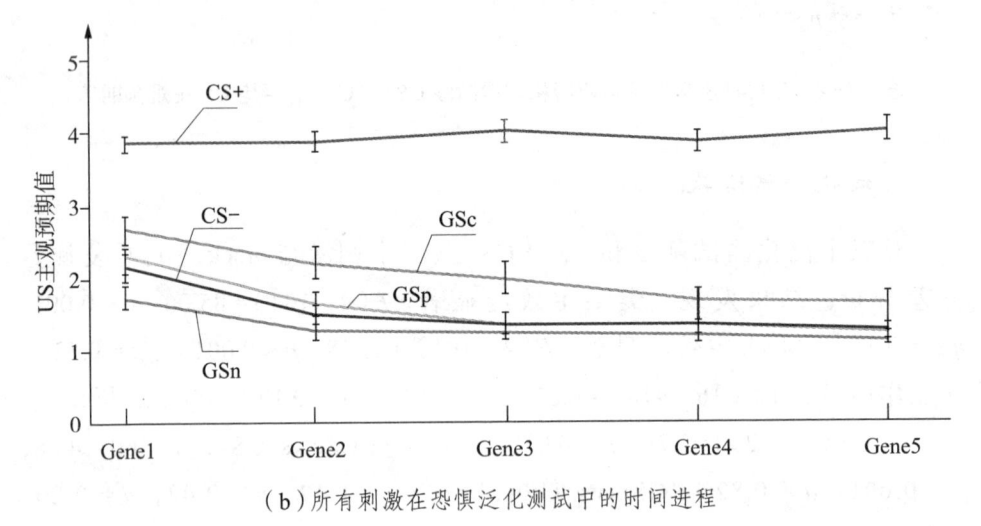

(b) 所有刺激在恐惧泛化测试中的时间进程

注：* $p < 0.05$；*** $p < 0.001$。

图 12-3　泛化刺激在 US 主观预期值上的变化

4. 消退阶段

对刺激类型与 block 进行重复测量方差分析，结果发现，类型主效应显著 [$F(1, 26) = 108.35, p < 0.001, \eta^2 p = 0.81$]，block 主效应显著 [$F(2, 52) = 10.98, p < 0.001, \eta^2 p = 0.30$]，交互作用显著 [$F(2, 52) = 19.62, p < 0.001, \eta^2 p = 0.43$]。配对样本 t 检验表明，CS+ 在第 3 个 block 显著小于

第 1 个 block，{$t(26) = -7.44$, $p < 0.001$, 95%CI [-1.60, -0.68]}，CS- 在第 3 个 block 与第 1 个 block 无显著差异，{$t(26) = 0.61$, $p = 1$, 95%CI [-0.37, 0.55]}，表明 CS+ 在消退过程中出现了明显的消退效应。然而，与 CS- 相比，CS+ 仍显著大于 CS-，[$t(26) = 10.41$, $p < 0.001$, $d = 2.00$]，表明 CS+ 并未完全消退（图 12-4）。

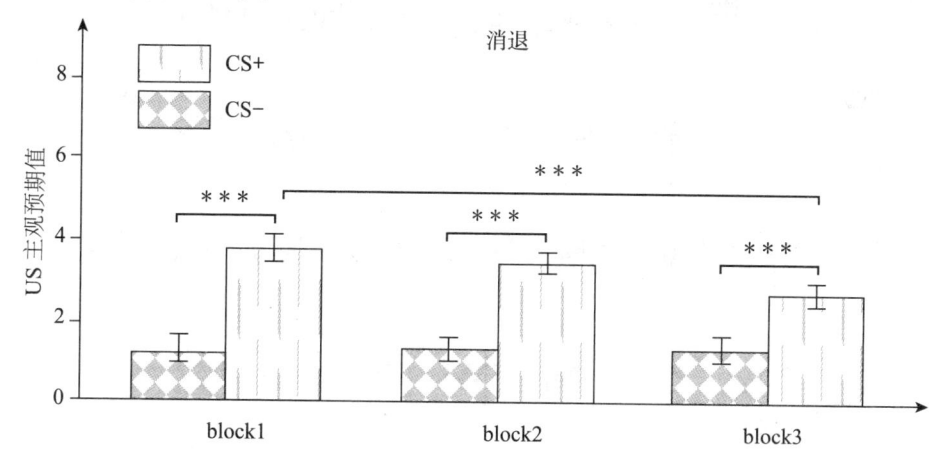

图 12-4 条件性恐惧消退阶段 CS+、CS- 的平均 US 主观预期值

12.3.2 ERP 结果

根据条件性恐惧研究的特点，本研究在前习得阶段、习得阶段和消退阶段，刺激呈现的试次量较小，因此，只对泛化测试阶段的 ERP 数据进行统计分析（图 12-5）。

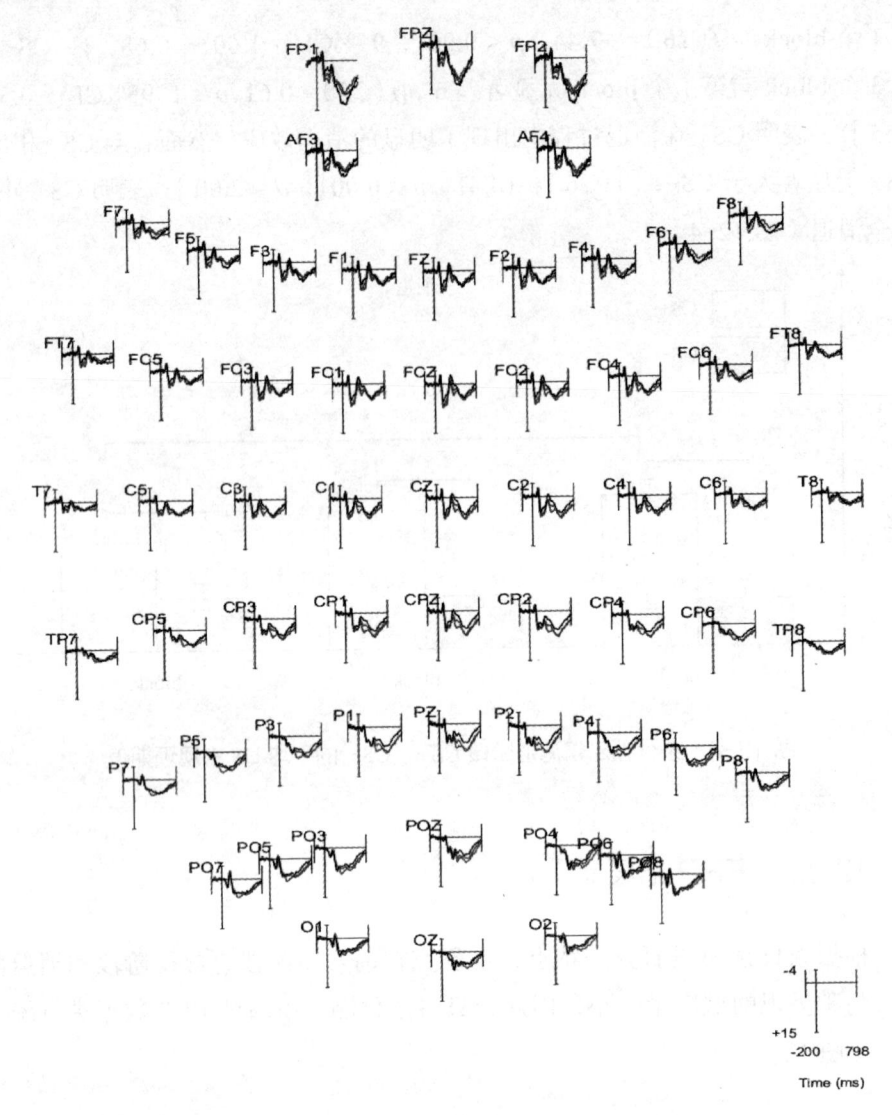

图 12-5 三类泛化测试刺激在所有电极点的拓扑图

1. N1

对 N1（50～100 毫秒）的平均波幅进行刺激类型（GSc、GSp、GSn）× 脑区位置（前部 F3、Fz、F4；前中部 FC3、FCz、FC4；中部 C3、Cz、C4；中后部 CP3、CPz、CP4；后部 P3、Pz、P4）两因素重复测量的方差分析，

结果显示刺激类型主效应不显著［$F(2, 50) = 0.11$，$p = 0.90$，$\eta^2 p = 0.00$］，脑区主效应显著［$F(4, 100) = 9.44$，$p < 0.001$，$\eta^2 p = 0.27$］，交互作用不显著［$F(8, 200) = 1.42$，$p = 0.19$，$\eta^2 p = 0.05$］。事后分析发现，GSc脑区主效应显著，后部大于所有其他脑区，［$F(4, 100) = 6.58$，$p < 0.001$，$\eta^2 p = 0.21$］；GSp脑区主效应显著，后部大于除中后部外所有其他脑区，［$F(4, 100) = 4.02$，$p = 0.005$，$\eta^2 p = 0.14$］；GSn脑区主效应显著，后部大于所有其他脑区，［$F(4, 100) = 11.20$，$p < 0.001$，$\eta^2 p = 0.31$］。这表明注意前期三类刺激之间并不存在显著差异。

2. P2

对P2（150～250毫秒）的平均波幅进行刺激类型（GSc、GSp、GSn）×脑区条件（前部F3、Fz、F4；前中部FC3、FCz、FC4；中部C3、Cz、C4；中后部CP3、CPz、CP4；后部P3、Pz、P4）重复测量的方差分析，结果显示刺激类型主效应显著［$F(2, 50) = 13.91$，$p < 0.001$，$\eta^2 p = 0.36$］，脑区主效应显著［$F(4, 100) = 0.52$，$p = 0.72$，$\eta^2 p = 0.02$］，交互作用显著［$F(8, 200) = 13.41$，$p < 0.001$，$\eta^2 p = 0.35$］。进一步的分析表明，在前部、前中部、中部和中后部，GSp和GSc都比GSn诱发了更大的P2［前部：$F(2, 50) = 17.36$，$p < 0.001$，$\eta^2 p = 0.41$。前中部：$F(2, 50) = 18.33$，$p < 0.001$，$\eta^2 p = 0.42$。中部：$F(2, 50) = 14.00$，$p < 0.001$，$\eta^2 p = 0.36$。中后部：$F(2, 50) = 9.69$，$p < 0.001$，$\eta^2 p = 0.28$］，这表明包含威胁成分的GSc和GSp与中性刺激GSn出现了显著差异，被试对威胁与中性刺激进行了区别性加工。P2在不同脑区平均波幅的变化趋势见图12-6。差异波分析发现知觉泛化与概念泛化中在脑区前部存在显著差异［$F(1, 25) = 5.86$，$p = 0.02$，$\eta^2 p = 0.19$］。

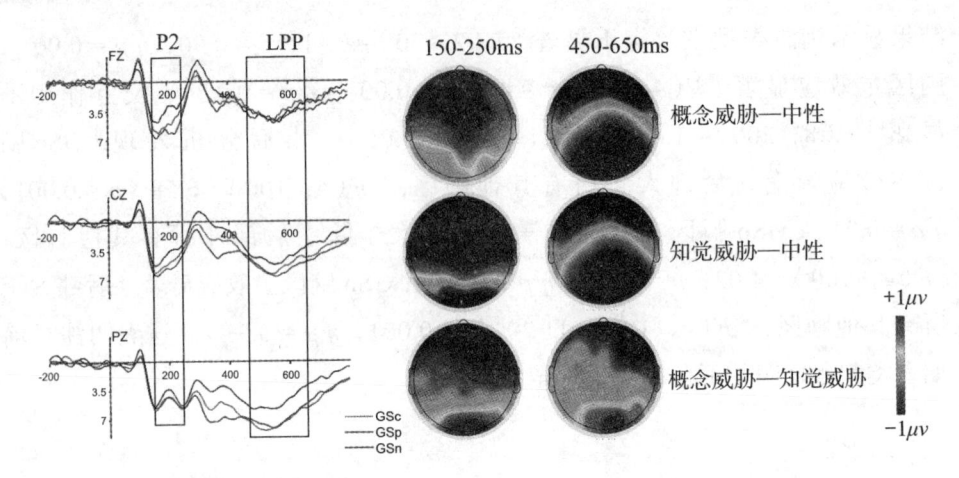

图 12-6　泛化测试阶段 GSc、GSp 和 GSn 诱发的波形图和地形图

3. N400

对 N400（400～450 毫秒）的平均波幅进行刺激类型（GSc、GSp、GSn）× 脑区条件（前部 F3、Fz、F4；前中部 FC3、FCz、FC4；中部 C3、Cz、C4；中后部 CP3、CPz、CP4；后部 P3、Pz、P4）重复测量的方差分析，结果显示刺激类型主效应显著 [$F(2, 50) = 3.65$, $p = 0.03$, $\eta^2 p = 0.13$]，脑区主效应显著 [$F(4, 100) = 8.23$, $p < 0.001$, $\eta^2 p = 0.25$]；交互作用显著 [$F(8, 200) = 4.09$, $p < 0.001$, $\eta^2 p = 0.14$]。进一步的分析表明，在中部、中后部和后部，只有 GSp 比 GSn 诱发了更大的 N400 [前部：$F(2, 50) = 0.98$, $p = 0.38$, $\eta^2 p = 0.04$。前中部：$F(2, 50) = 1.93$, $p = 0.16$, $\eta^2 p = 0.07$。中部：$F(2, 50) = 3.94$, $p = 0.03$, $\eta^2 p = 0.14$。中后部：$F(2, 50) = 6.78$, $p = 0.002$, $\eta^2 p = 0.21$。后部：$F(2, 50) = 6.71$, $p = 0.003$, $\eta^2 p = 0.21$]，这表明只有包含了威胁知觉成分的 GSp 与中性刺激 GSn 出现了显著差异。差异波分析发现知觉泛化与概念泛化中在脑区前部并不存在显著差异 [$F(1, 25) = 2.75$, $p = 0.11$, $\eta^2 p = 0.10$]。

4. LPP

对 LPP（450～650 毫秒）的平均波幅进行刺激类型（GSc、GSp、GSn）× 脑区条件（前部 F3、Fz、F4；前中部 FC3、FCz、FC4；中部 C3、

Cz、C4；中后部 CP3、CPz、CP4；后部 P3、Pz、P4）重复测量的方差分析，结果显示刺激类型主效应不显著 [$F(2, 50) = 1.49$, $p = 0.24$, $\eta^2 p = 0.06$]，脑区主效应显著 [$F(4, 100) = 3.78$, $p = 0.007$, $\eta^2 p = 0.13$]，交互作用显著 [$F(8, 200) = 6.29$, $p < 0.001$, $\eta^2 p = 0.20$]。进一步的分析表明，在中后部和后部，GSp 和 GSc 比 GSn 诱发了更大的 LPP [前部：$F(2, 50) = 0.79$, $p = 0.46$, $\eta^2 p = 0.03$。前中部：$F(2, 50) = 0.54$, $p = 0.59$, $\eta^2 p = 0.02$。中部：$F(2, 50) = 1.84$, $p = 0.17$, $\eta^2 p = 0.07$。中后部：$F(2, 50) = 5.76$, $p = 0.005$, $\eta^2 p = 0.19$。后部：$F(2, 50) = 8.18$, $p < 0.001$, $\eta^2 p = 0.25$]。LPP 在不同脑区平均波幅的变化趋势见图 12-6。差异波分析发现知觉泛化与概念泛化中在脑区前部并不存在显著差异 [$F(1, 25) = 0.36$, $p = 0.56$, $\eta^2 p = 0.01$]。

12.4　讨论

本研究采用经典的条件性恐惧泛化范式，在泛化测试过程中分别呈现威胁知觉线索的泛化刺激、威胁概念信息的泛化刺激、中性知觉线索和概念信息的泛化刺激，揭示了威胁性知觉线索和概念信息在泛化过程中的 ERP 特征。主要的研究结果包括两点：一是在泛化测试过程中，三类刺激 N1 并未表现出显著差异；二是知觉威胁刺激和概念威胁刺激均比中性刺激诱发了更大的 P2 和 LPP。

12.4.1　行为结果分析

与以往研究一样，本研究对选择的条件刺激进行了被试间平衡，同时通过习得前阶段的对比，验证了这种恐惧反应是由条件化的过程产生的，被试在习得阶段成功对 CS+ 产生了辨别性的恐惧反应。泛化测试阶段的统计结果表明，概念泛化刺激诱发了比知觉泛化刺激更强的恐惧反应，这一结果与第 11 章的结果一致，同时也与前人研究结果一致（Wang et al., 2021），表明在条件性恐惧学习过程中，概念信息比知觉线索更有利于恐惧的诱发。同时，泛化

时程的结果表明在恐惧泛化的过程中存在显著的消退效应，在习得条件性恐惧后，诱发恐惧反应的泛化刺激在无强化的暴露过程中产生的恐惧反应不断减少甚至完全消失（Struyf et al.，2018；Wong and Lovibond，2020）。

12.4.2　ERP 结果分析

本研究选用不同颜色的词语作为实验材料，为了减少习惯化对习得条件性恐惧的影响，我们对 12 次 CS+ 进行了 9 次强化，基于 ERP 数据分析的基本要求，并未对习得阶段进行 EEG 的数据分析，但通过行为结果可知，被试成功习得了对刺激材料的辨别性恐惧反应。一般认为，N1 成分主要反映了在注意早期的某种辨别过程（Hopf et al.，2002；Vogel and Luck，2000）。泛化测试的 ERP 分析结果发现，所有刺激材料并未表现出 N1 的平均波幅差异，这与以往的研究发现并不一致。有研究表明，在早期知觉加工阶段，负性危险刺激会引发快速的加工，表现出更大的 EEG 波幅（Hefner et al.，2016）。本研究中泛化刺激呈现的早期阶段，并未出现 N1 波幅的差异。这可能与威胁来源有关。以往研究主要采用直接与恐惧相关威胁材料，而本研究中主要采用形成条件性恐惧的泛化刺激材料，并不具备直接的威胁属性，因此并非直接通过激活杏仁核产生恐惧反应。脑区的后部产生了比其他部位更大的反应也验证了这一点，即在早期的视觉刺激输入时，先激活了加工视觉刺激的脑区，并进行了无差别的信息加工，然后再投射到相关脑区进行辨别性加工。这与 Lissek 等人（2014）提出的恐惧泛化的临时神经模型相一致，泛化刺激须由丘脑分别投射到低通路和高通路进行相应的情绪反应和高级认知的调节，最终形成对泛化刺激的反应。

我们发现包含威胁信息的泛化刺激与中性泛化测试刺激在 P2 表现出了差异。该成分一般在刺激包含靶特征时反应会增强（Luck and Hillyard，1994）。我们推测，此时已出现了条件性恐惧网络的激活，无论知觉泛化刺激还是概念泛化刺激均诱发了恐惧反应，且在脑区前部反应更强。值得注意的是，知觉泛化刺激比概念泛化刺激引发了更强的反应。结合 Webler 等人（2021）提出的条件性恐惧泛化的神经工作模型，我们推测，输入的泛化刺激信息一部分经丘脑直接投射到杏仁核，另一部分经丘脑投射到视觉皮层进行高级认知活动的加工。在本研究主要表现为一部分知觉线索通过神经扩散直接投射到杏仁核，另一部分经由视皮层到海马体进行模式匹配加工。而概念信息主要是通过高级认知加工后调节杏仁核再产生恐惧反应。因此，知觉线索比概念信息引起了更大的反应。而两者在 LPP 上却并未表现出差异。前人研究认为，LPP 主要反映了对情绪信息晚期的持续精细加工过程（Citron，2012；Langeslag and Strien，2018；王霞等，2019）。这是否说明知觉线索与概念信息在情绪后期的精细加工过程是一致的，值得进一步深入研究。

与以往研究不同的是，概念信息并未在 N400 表现出差异化的反应。Wang 等人（2021）发现包含威胁的概念信息刺激导致 N400 波幅增大，同时无论是包含威胁的知觉信息还是概念信息均引发了比安全刺激更大的波幅。而在本研究中，只发现了威胁的知觉线索诱发了比中性刺激更大的波幅。一般来讲，N400 主要反映大脑高级认知过程（Chwilla et al.，1995），目前在恐惧领域中研究较少（Rouke and Guillaume，2011）。我们分析，产生该结果可能有两方面的原因。一是泛化测试过程中消退的影响。为了满足 ERP 的分析条件，我们在测试过程中除了 3 类目标泛化刺激之外，还设置了 6 类填充刺激，所有刺激共呈现 360 次，虽然设置了减少消退的强化刺激，但泛化仍受到一定程度的影响。二是知觉线索和概念信息在条件性恐惧中存在不同的加工机制。学习的双加工理论认为，存在联结学习和命题学习两种学习机制。条件性恐惧主要是通过联结学习习得的，在习得的过程中通过高级认知加工活动形成了关于概念的恐惧泛化。而知觉线索刺激包含了威胁的知觉线索和中性的概念信息，这种知觉与概念的反差诱发了更大的 N400。本研究中主要是通过经典性条件反射使类别概念与威胁刺激产生联结而诱发条件性的恐惧反应，这种非直接性的恐惧反应与高级认知活动的关系值得进一步研究。

主观预期值指标与 ERP 出现了分离。在主观预期值分析中，概念泛化刺激比知觉泛化刺激诱发了更强的恐惧反应；而在 ERP 中，知觉泛化刺激比概念泛化刺激引发了更大的 P2 波幅。在恐惧情绪泛化过程中，是否存在两个不同的加工系统，这是值得深入研究的一个重要问题。LeDoux 等（2016）提出了关于恐惧情绪的双系统模型，该模型认为恐惧是皮层回路的产物，一条回路用于产生意识感觉，另一条回路用于控制对威胁的行为和生理反应。第一种回路系统产生有意识的感觉，而第二种回路系统在很大程度上无意识地运作。简单来讲，在恐惧情绪产生的过程中，主观认知可能会与生理反应产生不同的结果。徐亮等（2016）通过对比状态焦虑和控制组的恐惧泛化梯度发现，主观预期值和生理反应指标 SCR 在控制组中发生了分离，被试在主观层面报告了较高的恐惧预期而在生理层面却并没有发现相应的恐惧反应。这些研究表明在主观意识层面和客观生理层面存在着不同的恐惧情绪的加工系统。

本研究中，概念泛化在主观预期上表现出比知觉泛化更强的恐惧反应，这种差异反应在脑回路中的加工机制尚不清楚，尤其是在 ERP 的波形变化中表现出了与主观预期相反的结果，这种主观预期与生理指标的分离为探究恐惧泛化的潜在机制提供了重要启示。由于实验材料和研究技术的局限性，本研究并未能探究知觉线索和概念信息在恐惧泛化中作用的直接差异，未来可以考虑通过高空间分辨率的技术如 fMRI 等分析初级知觉信息和高级认知加工在恐惧泛化中的功能定位。另外，本研究的发现与关于临床个体研究的结果并不一致。这种不一致主要体现为主观预期上的差异，而在 ERP 等生理指标上被试却表现出与临床个体一致的强知觉泛化反应。这提示知觉泛化与概念泛化的失衡可能与恐惧泛化的潜在病理机制有关。未来可以通过正常个体与临床患者的对比研究来深入研究知觉线索和概念信息在恐惧泛化中的作用机制。

本研究采用事件相关电位技术，试图通过分离条件性恐惧刺激中的知觉线索和概念信息探索恐惧泛化中包含威胁性的初级知觉信息和高级认知信息加工的时间进程。研究结果发现，在注意早期，威胁信息并未诱发更大的 N1，表明恐惧泛化与直接威胁刺激不同，并未引起对威胁信息的注意偏差。在情绪识别的过程中，与中性刺激相比，包含威胁信息的知觉刺激和概念刺激均诱发了更大的 P2，且大脑前部观察到比后部更大的波幅；随后，在 400～450 毫秒时间窗口仅在大脑中部之后发现了知觉刺激更大的反应。这一结果表明，条件性恐惧泛化过程中，高级认知信息如概念等诱发的恐惧反应与概念本身的加工可能存在不同的加工回路。最后，在稍晚的情绪精细化加工中，知觉线索信息和概念信息并未表现出差异。研究结果检验了知觉线索和概念信息在恐惧泛化中作用的时间过程。

第 13 章 强度刺激在条件性恐惧消退中的泛化作用

13.1 研究背景

前面研究探讨了知觉线索和概念信息在恐惧泛化中的作用，初步确定了新刺激的哪些特征有利于泛化，进一步探究该特征在多大程度上可以产生泛化的消退效果对焦虑障碍的治疗具有重要的启发意义。

在条件反射学习的背景下，恐惧泛化通常是由与厌恶事件无关的刺激引起的，但这些刺激与之前的条件刺激（CS+）在某个知觉的维度上相似（Honig and Urcuioli，1981）。人们经常通过测试一系列刺激物来探索泛化的方法，这些刺激物沿着感知或物理维度变化，如光的波长、声音的强度或物理特征的位置（Guttman and Kalish，1956，1958；Shepard，1987），通常会形成有序的反应梯度，在 CS+ 处或附近达到峰值，并随着与 CS+ 在刺激维度上的物理相似性降低而下降（Honig and Urcuioli，1981）。这种梯度通常被描述为峰梯度（Ghirlanda and Enquist，2003；Shepard，1987）。值得注意的是，当 CS+ 和 CS− 之间出现辨别性学习时，出现了峰移梯度，表现为行为反应的峰值沿着远离 CS− 的维度向一个新的值转移。

利用某一物理维度内的泛化梯度证明了刺激相似性在泛化中的重要作用。Spence（1937）认为刺激泛化是分别围绕 CS+ 和 CS− 形成的兴奋和抑制的相互作用梯度的结果，它们加在一起使反应向远离抑制性 CS− 梯度的值转移。此外，基于 Rescorla-Wagner 经典条件作用模型的泛化理论假设，与 CS+ 有共同感知元素的新刺激将支持联结学习的激活（Blough，1975；Rescorla，1972）。在感知刺激维度上，靠近 CS+ 的刺激与 CS+ 共享的感知元素更多，而距离 CS+ 较远的刺激与 CS+ 共享的感知元素更少。CRs 的表现将大多数刺激概括为接近 CS+ 的刺激，而逐渐减少对远离 CS+ 的刺激的泛化。泛化是由与相似条件刺激共享的元素的关联强度决定的（McLaren and Mackintosh，2002）。一般来说，辨别性强化学习既能锐化刺激泛化梯度，又能将响应峰值移至非强化值，出现峰移。

尽管大量的文献揭示了基于相似性的泛化原则，但对强度刺激维度的恐惧泛化研究却很少（Ghirlanda，2002；Honig and Urcuioli，1981）。人类研究已经测试了 CS 沿着物理刺激维度的变化，如音调频率（Hovland，1937）、几何形状（Vervliet et al.，2006）、物理大小（Lissek et al.，2008）和情绪面部（Dunsmoor et al.，2009；McClay et al.，2020）。这些研究表明泛化梯度可能与条件值无关。恐惧泛化仅仅是沿着强化的物理维度的相似性的一个函数。然而，基于刺激之间相似性的泛化很难与强度泛化的数据相一致（Ghirlanda，2002）。因此，利用强度刺激研究恐惧泛化对于探索恐惧泛化的潜在机制具有重要意义。

在动物研究中，区分两种强度后的泛化梯度通常是单调的（Ghirlanda and Enquist，2003；Mackintosh，1974）。具体来说，当强刺激被奖励而弱刺激没有被奖励时，强度梯度是单调的；当弱刺激被奖励而强刺激没有被奖励时，梯度仍然是单调的，但梯度方向相反（Zielinski and Jakubowska，1977）。然而，人类条件反射恐惧的强度梯度是不同的（Ahmed and Lovibond，2019）。当大圆作为条件刺激（CS+）和小圆作为非条件刺激（CS−）时，观察到一个类似线性的梯度。当 CS+ 为较小的圆，CS− 为较大的圆时，表现为一个峰值梯度。这表明人类条件性恐惧可能存在不同的强度泛化机制。同样值得

第 13 章　强度刺激在条件性恐惧消退中的泛化作用

注意的是，辨别性恐惧条件反射影响了泛化梯度的形状（Dunsmoor and LaBar, 2013）。该研究发现，当蓝绿圆形与厌恶的 US 配对，绿色圆形不与厌恶的 US 配对时，恐惧泛化比在相反条件下更明显。这表明在辨别性恐惧学习中可能存在泛化的不对称性。有趣的是，Dunsmoor 等人（2009）提出，恐惧泛化可以被广泛调节，并对非条件刺激中面部表情的强度敏感（Dunsmoor et al., 2009b）。他们发现，55% 恐惧强度的面部刺激作为 CS+ 与相对中性的面部刺激作为 CS- 之间的辨别性恐惧条件反射出现了一个线性梯度，而在 55% 恐惧强度的面部刺激作为 CS+ 与最恐惧强度的刺激作为 CS- 之间的辨别性恐惧条件反射出现了一个峰值梯度。这表明，泛化梯度可能受到辨别性恐惧条件作用的影响。

以往的研究发现，当 GS 诱发比 CS+ 更强烈的恐惧反应时，消退的泛化有增强作用（Ghirlanda and Enquist, 2003；Struyf et al., 2014；Struyf et al., 2018）。Struyf 等人（2018）使用不同强度恐惧情绪的面孔刺激作为实验材料，在辨别性条件恐惧习得过程中，中性表情作为 CS-，从未与 US 配对，中度恐惧表情作为 CS+，强化率为 75%。他们发现比 CS+ 诱发更多恐惧的 GS 表现出了更好的消退效果，证实了 GS 消退的强泛化效果。使用峰值 GS 消退导致对 CS+ 的条件性恐惧减少（Craske et al., 2018；Struyf et al., 2018；Wong and Lovibond, 2020）。本研究拟通过强度泛化的规律探究其在恐惧消退的泛化中的作用。

13.2　研究方法

13.2.1　被试

选择华南师范大学健康大学生 100 名（平均年龄 20.46 ± 2.32 岁，女性 72 名）作为研究对象（表 13-1）。被试被随机分为 2 组，如果被试超过 3 次未能对 US 预期进行评级，他们就被认为是注意力不集中的，他们的数据将被排除不纳入分析。因此，1 组中 1 名被试、2 组中 3 名被试被排除在外。总体来说，

知觉线索与概念信息在条件性恐惧泛化中的作用

第一组由49名被试组成，他们接受了在中等大小的圆形（CS+）和最小的圆形（CS-）之间的辨别性恐惧条件反射（沿强度方向习得恐惧）。第二组由47名被试组成，他们接受了辨别性恐惧条件反射，中等大小的圆形（CS+）和最大的圆形（CS-）（与强度方向相反）作为条件刺激。

表13-1 组1、组2的被试信息

被试信息	组别					
	组1（强度组）			组2（反强度组）		
	CS消退	GS消退	t	CS消退	GS消退	t
	（Al–CS）	（Al–GS）		（Ag–CS）	（Ag–GS）	
N（男）	16（9）	18（7）		19（6）	20（5）	
年龄	19.92（1.90）	20.29（2.41）		20.29（2.07）	21.38（2.60）	
TAI	43.12（8.62）	41.68（7.67）	0.64	41.36（6.92）	42.00（7.37）	-0.33

本研究得到了华南师范大学心理学院人类研究伦理委员会的批准。被试通过广告（校园海报和互联网）招募。所有被试均为右利手，视力正常或矫正后正常，无色盲色弱，无听力障碍，无躯体疾病及精神障碍，在过去三个月没有参加任何类似的研究。所有被试均在实验前签署了知情同意书，并被告知他们可以在任何时候退出研究。

13.2.2 刺激材料

7个不同大小的圆被呈现给被试。最小圆的直径为5.08厘米，后续圆的直径依次增加15%，因此，最大的圆直径为9.65厘米（图13-1）。刺激物呈现在电脑屏幕中心的黑色背景上。

CS+始终是中等大小的圆（S4），而CS-要么是最小的圆（S1），要么是最大的圆（S7）。这些圆圈显示在17英寸电脑显示器的屏幕中间。一个圆（CS+）与部分强化率的电击配对（75%），另一个圆（CS-）从未与电击配对。CS 以伪随机的方式呈现 8 秒，最后 500 毫秒伴有 US。US 是通过一个由两个 8 毫米不锈钢电极组成的电极间距为 30 毫米的刺激棒电极（Digitimer，Hertfordshire，the United Kingdom），将 500 毫秒的轻微电击传递到右手腕腕部。电击由恒压刺激器（Digitimer DS2A-Mk. II Constant Voltage Stimulator，Hertfordshire，the United Kingdom）发出，由 E-prime 2.0 软件控制。因此，US 是一个轻微的电刺激，每个被试都根据自身的耐受性选择一个"非常不舒服但可以忍受"的电刺激强度作为 US。在整个实验中，对每个人使用相同的电刺激强度。

组别	条件刺激和泛化刺激						
	S1（CS-）	S2	S3	S4（CS+）	S5	S6	S7
组 1	○	○	○	○	○	○	○
组 2	○	○	○	○	○	○	○

注：最小的圆直径为 5.08 cm，后面圆的直径依次增加 15%，分别为 5.84 cm、6.60 cm、7.37 cm、8.13 cm、8.89 cm、9.65 cm。各试验组 S4 均为 CS+，组 1 中最小的圆、组 2 中最大的圆为 CS-。

图 13-1　刺激材料图示

13.2.3　测量指标

与第 11 章相同。

13.2.4　实验设计及流程

实验是在一个隔音的专门的实验室里进行的，温度设定为 26 ℃（Christopoulos et al.，2019）。在实验过程中，被试坐在距离电脑显示器 60cm

的地方。

实验分为恐惧习得、恐惧泛化测试、消退和消退后泛化测试四个阶段。基于消退的实验操作,将每个组分为两个亚组。两组均采用S4作为CS+。第一组以最小的圆为CS-,分别以Al-CS亚组的S4(CS+)和Al-GS亚组的S7(Peak GS)为消退刺激;第二组以最大圆为CS-,分别以Ag-CS亚组的S4(CS+)和Ag-GS亚组的S5(Peak GS)为消退刺激。实验阶段如表13-2所示。

表 13-2 实验设计

恐惧习得	恐惧泛化测试	消退	消退后泛化测试
S4+(6) S4-(2) CS-(8)	[S1-S7]-(1)	S4-(9)/Peak GS-(9)	S1-(1) S3-(1) S4-(1) S5-(1) S7-(1)

注:S1~S7表示不同刺激,刺激强度在大小维度上等距离变化;"+"表示刺激后面伴随US出现,"-"表示刺激后面不跟随US;括号内的数字表示该刺激在每个阶段的试次数量。在恐惧泛化测试阶段中,电击仪被断开并告知被试该阶段不会再现电刺激。

(1)恐惧习得(连接电击电极)。在签署知情同意书后,被试与电击仪相连接,并选择一个他们会描述为"非常不舒服但可以忍受"的电击水平。然后,告知被试屏幕上会出现一些图片,这些图片后面有的会出现电击,有的不会。被试要学习这些图片与电击发生之间的关系。CS+和CS-以伪随机顺序分别呈现8次,保证相同刺激连续出现不超过2次。8次CS+中有6次后面跟随电击;CS-后面不跟随电击。每次电击在CS+消失前500毫秒出现。CS+并没有被完全强化,以允许对CS+之外的刺激产生更强的恐惧反应。被试须按数字键1~9对电击出现的可能性进行预期评估(Lissek et al.,2010;Vervliet and Geens,2014)。所有刺激均呈现8秒,而试次间隔在13~17秒,平均15秒,并适用于以下所有阶段。

(2)恐惧泛化测试(电击仪断开)。为了防止在测试阶段发生消退学习,实验者进入实验房间并暂停电击程序(Ahmed and Lovibond,2019;Wong and Lovibond,2020),并告知被试,基于伦理考虑,电击仪电极将被移除，该阶段不会出现电刺激。但他们需要根据第一阶段的学习假设仍然可能出现电刺激，对刺激后面出现电击的可能性做出判断。大小维度（S1 至 S7）的所有 7 种刺激按随机顺序各出现 1 次。在第一阶段，参与者被要求对他们的 US 预期进行评分。如果没有受到电击的可能性，SCR 测量就无法评估预期的恐惧反应（Ahmed and Lovibond，2019；Wong and Lovibond，2018，2020）。因此，在此阶段只记录主观预期评分而不记录 SCR。

（3）消退（电击电极重新连接）。实验再次暂停，电击电极重新连接。实验者告知被试在这个阶段电击会继续出现。CS+（S4）或 Peak GS 呈现 9 次，呈现时间为 8 秒。

（4）消退后泛化测试（连接电击电极）。这一阶段紧随消退阶段开始，中间无中断。测试刺激为 S1、S3、S4、S5 和 S7，每个刺激随机呈现一次，以尽量减少该阶段持续消退的影响。此阶段不会出现电击。

13.2.5　统计分析

采用 JASP 0.14.1.0 对 US 主观预期值和 SCR 数据进行分析。在习得阶段，组别为被试间变量，刺激类型和阶段为被试内变量。在泛化测试阶段，对呈现的 7 个测试刺激进行重复测量的方差分析（ANOVA）。为了测试峰移或线性梯度，采用了多项式对比（Dunsmoor et al.，2009）。此外，在 CS+、CS+ 旁边远离 CS- 方向的刺激和端点刺激之间进行配对 t 检验（经 Bonferroni 校正）。如果出现显著上升（即从 CS+ 到 S5）和下降（即从 S5 到 S7），则表明出现了峰值转移（Lee et al.，2018）。线性梯度可以用线性趋势来表示。具体来说，规则将由两次显著上升（即 CS+ 到 S5 和 CS+ 到 S7）形成。在消退阶段，消退试次的主效应表现为消退效应。消退后泛化测试采用配对样本 t 检验来评估消退的泛化程度。

13.3 结果与分析

13.3.1 习得阶段分析

我们采用混合设计的方差分析，其中包括组别因素（组 1 vs. 组 2）、阶段内的时间因素（早期 vs. 晚期）和刺激类型（CS+ vs. CS-），以评估条件性恐惧的习得。

1. US 主观预期值

在习得阶段，刺激类型主效应显著 [$F(1, 94) = 115.27$, $p < 0.001$, $\eta^2 p = 0.55$]，阶段主效应显著 [$F(1, 94) = 4.35$, $p = 0.04$, $\eta^2 p = 0.04$]，组别效应不显著 [$F(1, 94) = 0.57$, $p = 0.45$, $\eta^2 p = 0.01$]，刺激类型和阶段交互作用显著 [$F(1, 94) = 32.75$, $p < 0.001$, $\eta^2 p = 0.26$]，刺激类型和组别交互作用显著 [$F(1, 94) = 4.33$, $p = 0.04$, $\eta^2 p = 0.04$]，阶段和组别交互作用不显著，[$F(1, 94) = 0.003$, $p = 0.96$, $\eta^2 p = 0.00$]，三重交互作用显著 [$F(1, 94) = 4.62$, $p = 0.03$, $\eta^2 p = 0.05$]（表 13-3）。配对样本 t 检验表明 CS+ 显著大于 CS- [$t(94) = 10.74$, $p < 0.001$, $d = 1.10$]，这表明对 CS+ 产生了条件性恐惧反应而对 CS- 没有产生条件性恐惧反应（图 13-2）。

表 13-3 习得过程中对条件刺激 US 预期的方差分析表

分组	统计量					
	SS	df	MS	F	p	$\eta^2 p$
类型	539.87	1	539.87	115.27	0.000	0.55
类型 × 组别	20.28	1	20.28	4.33	0.04	0.04
阶段	5.93	1	5.93	4.35	0.04	0.04

续 表

分组	统计量					
	SS	df	MS	F	p	η^2p
组别	1.62	1	1.62	0.57	0.45	0.01
阶段 × 组别	0.004	1	0.004	0.003	0.96	0.00
类型 × 阶段	36.04	1	36.04	32.75	0.000	0.26
类型 × 阶段 × 组别	5.09	1	5.09	4.62	0.03	0.05

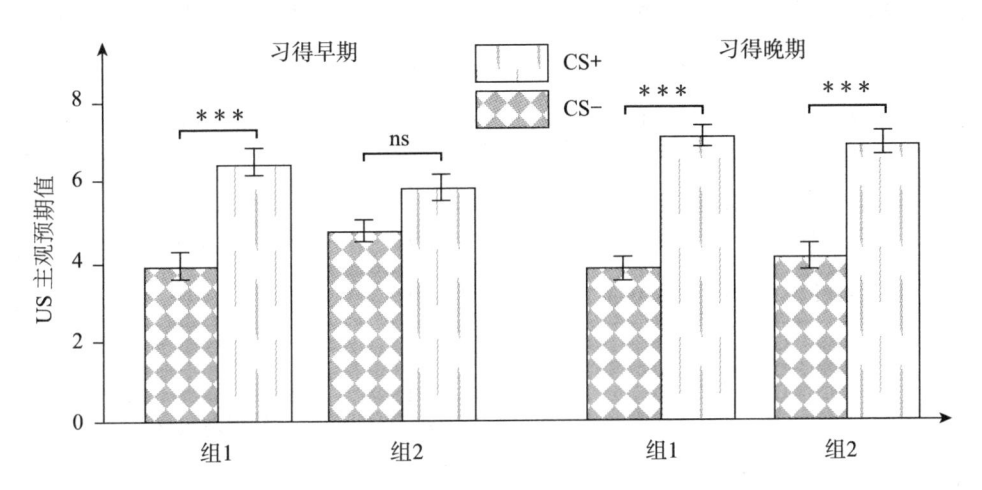

注：ns 代表无显著；* $p < 0.05$；*** $p < 0.001$。误差条表示平均标准误差（SEM）。

图 13-2　习得的早期和晚期 US 主观预期值上的结果

2. SCR

在习得阶段，在 SCR 指标上，刺激类型主效应显著 [$F(1, 94) = 6.27$，$p = 0.01$，$\eta^2p = 0.06$]，阶段主效应不显著 [$F(1, 94) = 3.22$，$p = 0.08$，$\eta^2p = 0.03$]，组别效应不显著 [$F(1, 94) = 0.37$，$p = 0.54$，$\eta^2p = 0.00$]，刺激类型与阶段交互作用不显著 [$F(1, 94) = 0.88$，$p = 0.35$，$\eta^2p = 0.01$]，刺激类型与组别效应不显著 [$F(1, 94) = 0.00$，$p = 0.96$，$\eta^2p = 0.00$]，阶段与组别效应不显著 [$F(1, 94) = 0.70$，$p = 0.40$，$\eta^2p = 0.01$]，三重交互作用不显著 [$F(1, 94) = 0.23$，$p = 0.63$，$\eta^2p = 0.00$]（表 13-4）。配对样本 t 检验表

明 CS+ 显著大于 CS-[$t(94) = 2.50$, $p = 0.01$, $d = 0.26$], 这表明对 CS+ 产生了条件性恐惧反应而对 CS- 没有产生条件性恐惧反应（图 13-3）。

表 13-4 习得过程中对条件刺激 SCR 的方差分析表

分组	统计量					
	SS	df	MS	F	p	$\eta^2 p$
类型	0.36	1	0.36	6.27	0.01	0.06
类型 × 组别	0.00	1	0.00	0.00	0.96	0.00
阶段	0.16	1	0.16	3.22	0.08	0.03
组别	0.11	1	0.11	0.37	0.54	0.00
阶段 × 组别	0.03	1	0.03	0.70	0.40	0.01
类型 × 阶段	0.03	1	0.03	0.88	0.35	0.01
类型 × 阶段 × 组别	0.01	1	0.01	0.23	0.63	0.00

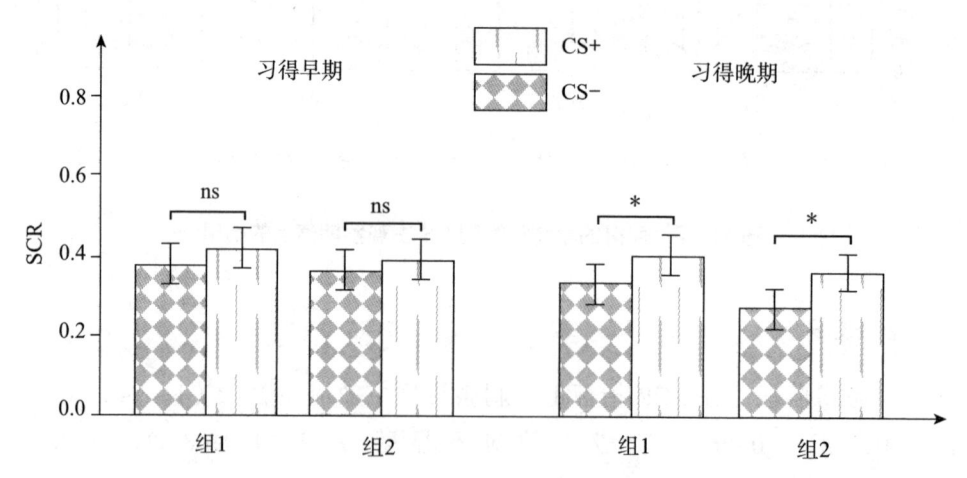

注: ns 代表无显著; ★ $p < 0.05$; ★★★ $p < 0.001$。误差条表示平均标准误差（SEM）。

图 13-3 习得的早期和晚期 SCR 值上的结果

13.3.2 泛化测试分析

1. US 主观预期值

组别和刺激类型(CS-、S2、S3、CS+、S5、S6、S7)的重复测量方差分析发现刺激类型主效应显著[$F(6, 564) = 42.47$, $p < 0.001$, $\eta^2 p = 0.31$],组别主效应不显著[$F(1, 94) = 0.83$, $p = 0.37$, $\eta^2 p = 0.01$],组别与刺激类型交互作用不显著[$F(6, 564) = 1.91$, $p = 0.08$, $\eta^2 p = 0.02$](表13-5)。

表13-5 泛化测试中对测试刺激 US 预期的方差分析表

分组	统计量					
	SS	df	MS	F	p	$\eta^2 p$
类型	1464.28	6	244.05	42.47	0.000	0.31
组别	6.67	1	6.67	0.83	0.37	0.01
类型 × 组别	65.68	6	10.95	1.91	0.08	0.02

恐惧泛化在组 1 中表现出了线性趋势[$F(1, 48) = 79.92$, $p < 0.001$, $\eta^2 p = 0.63$]和二次趋势[$F(1, 48) = 30.95$, $p < 0.001$, $\eta^2 p = 0.39$][图13-4(a)]。重要的是,每个刺激的泛化量与大小强度的变化相一致。为了验证我们的假设,我们对泛化刺激的泛化分数进行了配对样本 t 检验,结果发现,CS- < CS+[$t(48) = -8.09$, $p < 0.001$, $d = -1.16$],S5 > CS+[$t(48) = 2.87$, $p = 0.006$, $d = 0.41$],S7 > CS+[$t(48) = 2.16$, $p = 0.04$, $d = 0.31$],S5 与 S7 差异不显著[$t(48) = -0.80$, $p = 0.43$, $d = -0.11$]。在组 2 中,我们发现 CS- < CS+[$t(46) = -3.66$, $p < 0.001$, $d = -0.53$],S5 < CS+[$t(46) = 2.59$, $p = 0.01$, $d = 0.38$],S5 < S7[$t(46) = 2.69$, $p = 0.01$, $d = 0.39$],S7 与 CS+ 差异不显著[$t(46) = 0.33$, $p = 0.74$, $d = 0.05$]。总体来讲,组 1 出现了线性梯度而组 2 表现为峰移梯度[图13-4(b)]。

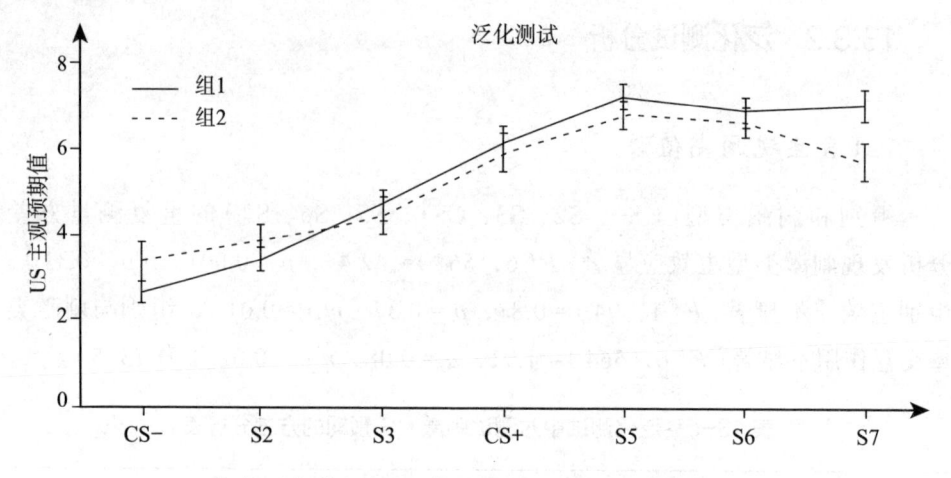

(a) 泛化测试阶段平均 US 主观预期值的评级梯度

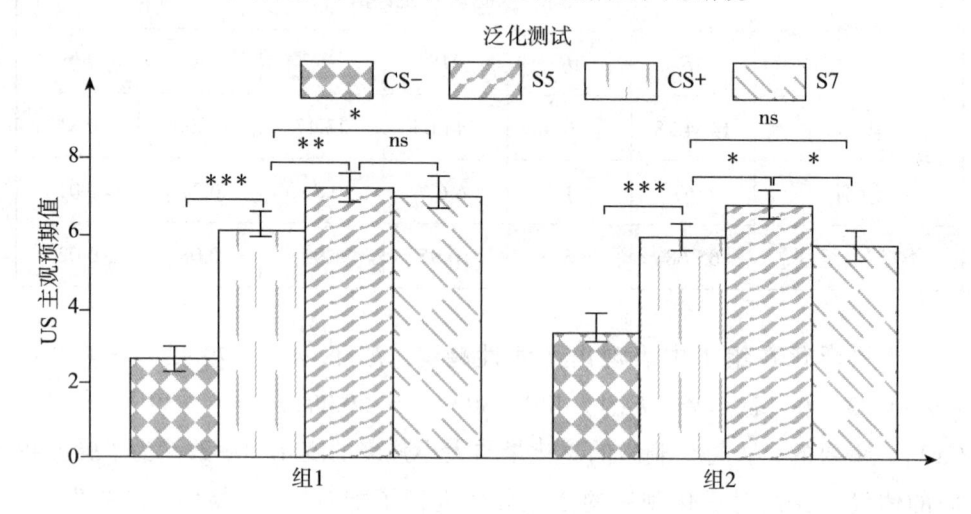

(b) 泛化测试阶段同刺激之间平均 US 主观预期值的差异

注：ns 表示无显著；* $p < 0.05$；** $p < 0.01$；*** $p < 0.001$。误差条表示平均标准误差（SEM）。

图 13-4　泛化测试阶段的 US 主观预期评分

2. SCR

该阶段告知被试已断开电击仪并且不会出现电刺激，因此，根据实验设计不对此阶段进行 SCR 分析。

13.3.3 消退测试分析

我们对消退刺激类型（被试间）和试次（被试内）进行重复测量方差分析。

1. US 主观预期值

试次主效应显著 $[F(8, 736) = 27.24, p < 0.001, \eta^2 p = 0.23]$，刺激类型主效应显著 $[F(3, 92) = 2.89, p = 0.04, \eta^2 p = 0.09]$，刺激类型与试次交互作用不显著 $[F(24, 736) = 1.47, p = 0.07, \eta^2 p = 0.05]$（表 13-6）。消退过程表现出了显著的线性趋势 $[F(1, 92) = 73.19, p < 0.001, \eta^2 p = 0.44]$，二次趋势不显著 $[F(1, 92) = 1.56, p = 0.21, \eta^2 p = 0.02]$，这表明出现了消退的时间效应（图 13-5）。

表 13-6 消退过程中对条件刺激 US 预期的方差分析表

分组	统计量					
	SS	df	MS	F	p	$\eta^2 p$
类型	186.31	3	62.10	2.89	0.04	0.09
试次	628.64	8	78.58	27.24	0.000	0.23
类型 × 试次	102.02	24	4.25	1.47	0.07	0.05

注：误差条表示平均标准误差（SEM）。

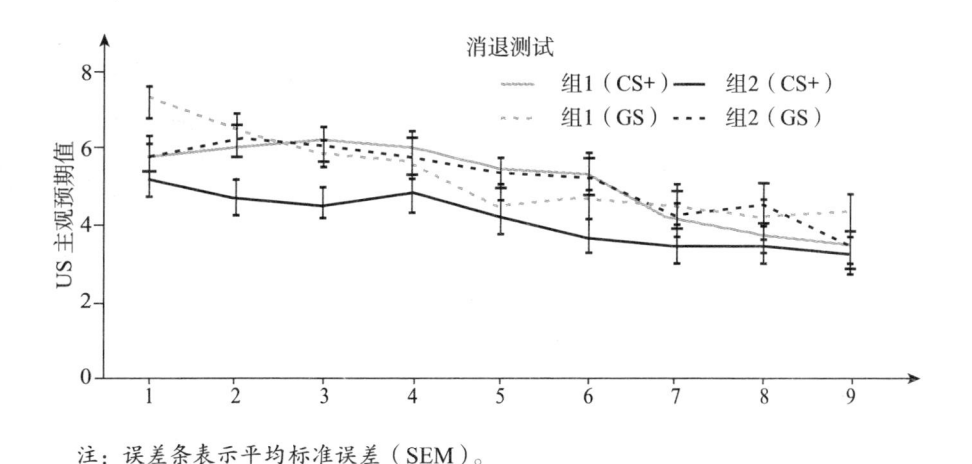

图 13-5 消退过程中平均 US 主观预期值评分

2. SCR

试次主效应显著 $[F(8, 736) = 3.91, p < 0.001, \eta^2 p = 0.04]$，刺激类型主效应不显著 $[F(3, 92) = 0.43, p = 0.74, \eta^2 p = 0.01]$，二者交互作用显著 $[F(24, 736) = 3.10, p < 0.001, \eta^2 p = 0.09]$（表13-7）。在SCR指标上出现了显著的线性趋势 $[F(1, 92) = 9.05, p = 0.003, \eta^2 p = 0.09]$ 和二次趋势 $[F(1, 92) = 6.52, p = 0.01, \eta^2 p = 0.07]$，这表明在SCR指标上消退表现出了显著的时间效应（图13-6）。

表13-7 消退过程中对条件刺激SCR的方差分析表

分组	统计量					
	SS	df	MS	F	p	$\eta^2 p$
类型	0.61	3	0.20	0.43	0.74	0.01
试次	2.01	8	0.25	3.91	0.000	0.04
类型 × 试次	4.78	24	0.20	3.10	0.000	0.09

注：误差条表示平均标准误差（SEM）。

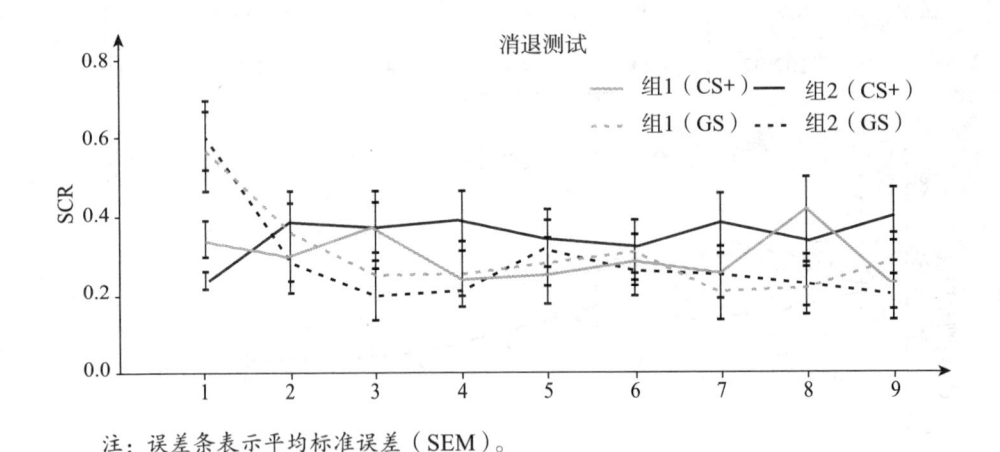

图13-6 消退过程中皮肤电导反应

13.3.4 消退后的泛化测试分析

为了比较 CS+ 与 GS 产生的消退效应，我们分别对 4 个亚组的 CS+ 和其他刺激进行了配对样本 t 检验。

1. US 主观预期值

在组 1 中，CS+ 消退后的测试结果发现，CS+ vs. CS-［$t(24)=-0.31$，$p=0.76$，$d=-0.06$］，CS+ vs. S3［$t(24)=-0.24$，$p=0.81$，$d=-0.05$］，CS+ vs. S5［$t(24)=-1.75$，$p=0.09$，$d=-0.35$］，CS+ < S7［$t(24)=-4.11$，$p<0.001$，$d=-0.82$］；GS 消退后的测试结果发现，CS+ vs. CS-［$t(23)=1.16$，$p=0.26$，$d=0.24$］，CS+ vs. S3［$t(23)=0.09$，$p=0.93$，$d=0.02$］，CS+ vs. S5［$t(23)=-1.42$，$p=0.17$，$d=-0.29$］，CS+ vs. S7［$t(23)=-0.72$，$p=0.48$，$d=-0.15$］。这些结果表明在组 1 中使用 GS 消退后产生了更多的消退的泛化效果（图 13-7）。

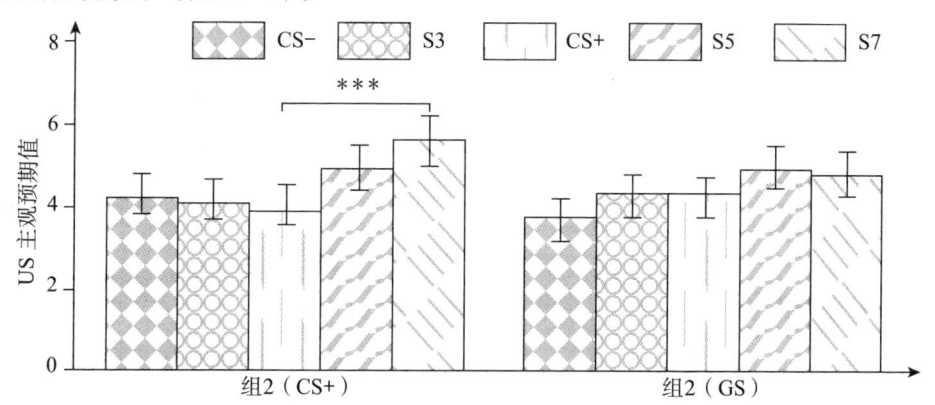

注：$*p<0.05$；$***p<0.001$。误差条表示平均标准误差（SEM）。

图 13-7 消退后泛化测试中组 1 的平均 US 主观预期值评分

在组 2 中，CS+ 消退后的测试结果发现，CS+ vs. CS-［$t(23)=0.30$，$p=0.77$，$d=0.06$］，CS+ vs. S3［$t(23)=1.32$，$p=0.20$，$d=0.27$］，CS+ < S5［$t(23)=-2.09$，$p=0.048$，$d=-0.43$］，CS+ vs. S7［$t(23)=-1.05$，$p=0.31$，$d=-0.21$］；GS 消退后的测试结果发现，CS+ vs. CS-［$t(22)=-1.24$，$p=0.23$，$d=0.26$］，CS+ vs. S3［$t(22)=-0.90$，$p=0.38$，$d=-0.19$］，

CS+ vs. S5 [$t(22) = 0.64$, $p = 0.53$, $d = 0.13$]，CS+ vs. S7 [$t(22) = -0.09$, $p = 0.93$, $d = -0.02$]。这些结果表明在组 2 中使用 GS 消退后产生了更多消退的泛化效果（图 13-8）。

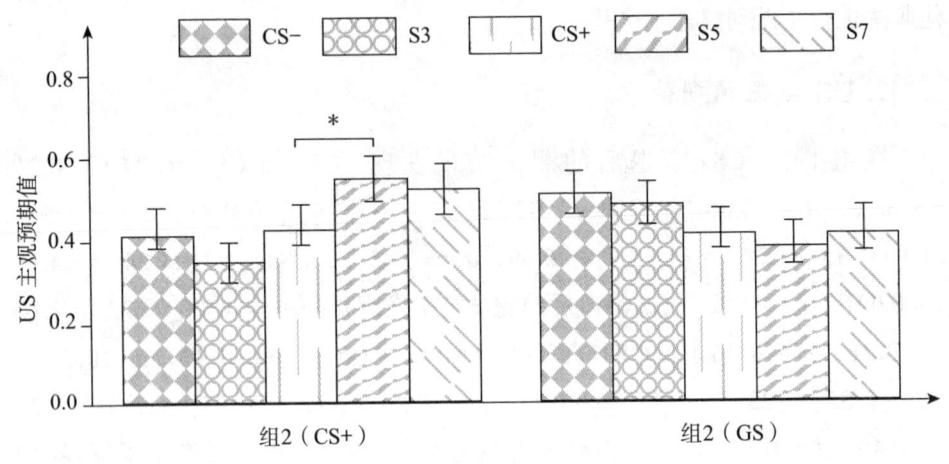

注：* $p < 0.05$；*** $p < 0.001$。误差条表示平均标准误差（SEM）。

图 13-8　消退后泛化测试中组 2 的平均 US 主观预期评分

2. SCR。

在组 1 中，CS+ 消退后的测试结果发现，CS+ vs. CS- [$t(24) = -1.82$, $p = 0.08$, $d = -0.36$]，CS+ vs. S3 [$t(24) = -0.89$, $p = 0.38$, $d = -0.18$]，CS+ vs. S5 [$t(24) = -0.39$, $p = 0.70$, $d = -0.08$]，CS+ < S7 [$t(24) = -2.18$, $p = 0.04$, $d = -0.44$]；GS 消退后的测试结果发现，CS+ vs. CS- [$t(23) = -0.12$, $p = 0.91$, $d = -0.03$]，CS+ vs. S3 [$t(23) = 0.97$, $p = 0.34$, $d = 0.20$]，CS+ vs. S5 [$t(23) = 0.18$, $p = 0.86$, $d = 0.04$]，CS+ vs. S7 [$t(23) = 0.25$, $p = 0.80$, $d = 0.05$]；这些结果表明在组 1 中使用 GS 消退后产生了更多消退的泛化效果（图 13-9）。

第 13 章 强度刺激在条件性恐惧消退中的泛化作用

注：*p < 0.05；***p < 0.001。误差条表示平均标准误差（SEM）。

图 13-9 消退后泛化测试中组 1 的平均 SCR 值

在组 2 中，CS+ 消退后的测试结果发现，CS+ vs. CS−[$t(23) = -1.76$, $p = 0.09$, $d = -0.36$]，CS+ vs. S3[$t(23) = -1.55$, $p = 0.13$, $d = -0.32$]，CS+ < S5[$t(23) = -2.35$, $p = 0.03$, $d = -0.48$]，CS+ vs. S7[$t(23) = -1.63$, $p = 0.12$, $d = -0.33$]；GS 消退后的测试结果发现，CS+ vs. CS−[$t(22) = 0.33$, $p = 0.74$, $d = 0.07$]，CS+ vs. S3[$t(22) = -1.68$, $p = 0.11$, $d = -0.35$]，CS+ vs. S5[$t(22) = 0.61$, $p = 0.55$, $d = 0.13$]，CS+ vs. S7[$t(22) = -1.14$, $p = 0.27$, $d = -0.24$]。这些结果表明在组 2 中使用 GS 消退后产生了更多消退的泛化效果（图 13-10）。

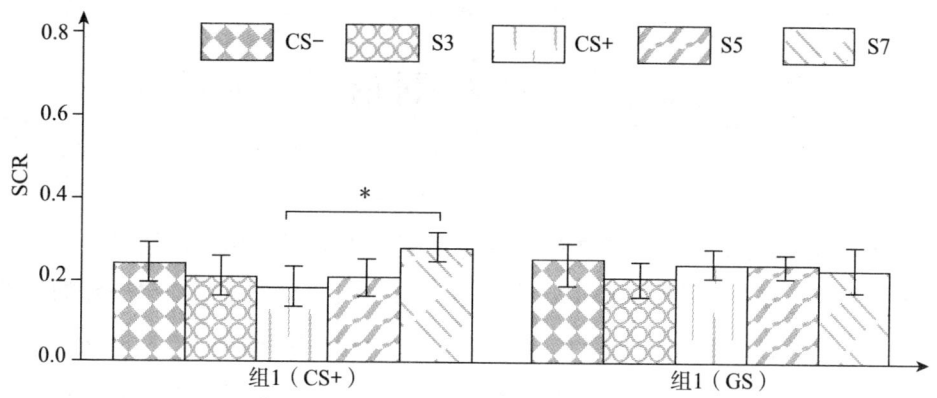

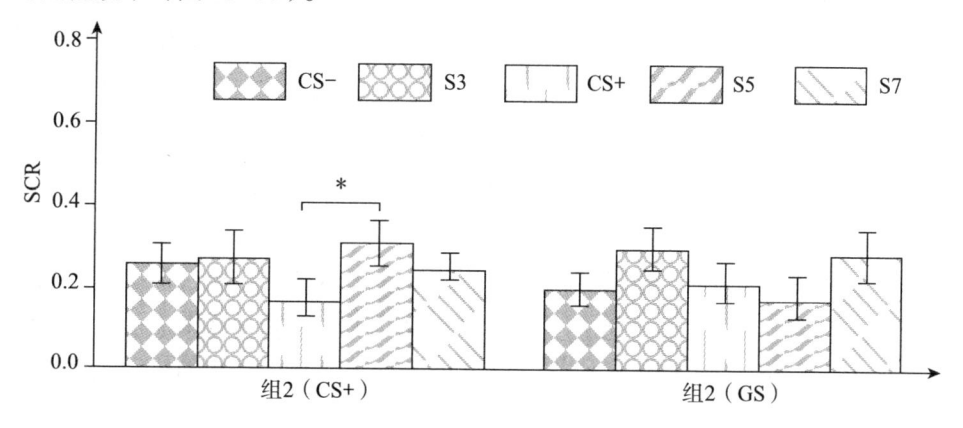

注：*p < 0.05；***p < 0.001。误差条表示平均标准误差（SEM）。

图 13-10 消退后泛化测试中组 2 的平均 SCR 值

13.4 讨论

本研究探讨了强度刺激在条件性恐惧消退中的泛化作用。结果表明，当 CS-（组1）为直径最小的圆时，存在一个与非人类动物研究结果一致的恐惧泛化梯度（线性梯度）；而当 CS-（组2）为直径最大的圆时，恐惧泛化产生了一个峰移梯度。尽管不同的辨别性恐惧学习产生不同的泛化梯度，但每一项研究中引起最强恐惧反应的 GS 都产生了较强的消退泛化。

本研究的一个主要发现是辨别性加工对恐惧泛化的不对称效应。在泛化测试中，泛化梯度与刺激强度一致（组1）。具体来说，被试在恐惧习得上表现出沿刺激强度方向的线性泛化梯度，即随着强度维度的增加，恐惧反应逐渐增强。这与非人类动物研究一致（Ghirlanda, 2002; Ghirlanda and Enquist, 2003）。这种模式类似于基于规则的泛化梯度（Ahmed and Lovibond, 2019; Lee et al., 2018; Wong and Lovibond, 2018）。在一项关于语言规则的泛化梯度的研究中，被试根据他们报告的规则被分为不同的组。报告基于推理判断的被试在泛化测试中也显示出线性梯度（Ahmed and Lovibond, 2019）。这表明，在强度泛化过程中，除了刺激相似性外，被试还可能使用比较推理。也就是说，他们可能会形成圆越大越有可能被电击的认知规则，在强度维度的终点刺激 S7 表现出最强烈的恐惧反应。这也在关于特征差异学习的研究中得到了证明（Ahmed and Lovibond, 2015; Vervliet et al., 2010; Vervliet and Geens, 2014）。被试通过语言指导或直接经验学习到，CS+ 的一个特征可以预测一个令人厌恶的 US（形状或颜色）。在随后的泛化测试中，被试对与 CS+ 预测特征一致的刺激表现出恐惧反应。

虽然在本研究中，两组 CS- 和 CS+ 的物理大小没有差异，但被试对恐惧泛化的反应偏差模式不同。这与之前的研究结果并不一致（Huff et al., 1975; Lissek et al., 2008）。Lissek 等（2008）发现了一个基于物理相似性的泛化梯度：与条件性危险线索越相似的 GSs，其诱发的恐惧反应程度越高，随着与危险线索相似程度降低，其恐惧泛化水平逐渐降低（Lissek et al., 2008）。此外，

第 13 章 强度刺激在条件性恐惧消退中的泛化作用

研究还发现，与健康患者相比，PTSD 患者泛化梯度更为平缓，非关联敏感化对泛化梯度的形状产生额外影响（Kaczkurkin et al., 2016）。不同的是，他们训练 CS+ 和 CS- 作为沿圆大小维度的极值。虽然这种设计不允许对整体梯度形状或峰移等问题得出任何结论，但它提供了一些依据刺激相似性降低的泛化递减的证据。有趣的是，（Ahmed and Lovibond, 2019）发现选用较大的圆作为 CS+ 时呈线性梯度趋势，而选用较小圆作为 CS+ 时呈二次曲线趋势。

当前的研究表明，在辨别性学习过程中，参与者通过比较学习到对刺激的不同反应，进一步验证了与恐惧无关的强度刺激存在线性的恐惧泛化梯度。有意思的是，当以与刺激强度相反的方向习得恐惧时（组 2），被试并没有像动物那样泛化（即圆圈越小，其后出现电击的可能越大）。相反，刺激之后电击的可能性是基于相似性来预测的。我们发现 S5 比 CS+ 诱发更强的恐惧反应，这与之前的研究不一致。以往研究表明当 CS- 比 CS+ 强度更大时，线性强度的泛化梯度发生了逆转，即强度较弱的刺激比强度强的刺激泛化程度更高（Huff et al., 1975）。这表明人类和动物的强度泛化机制可能是不一样的，沿刺激强度维度相同刺激量对感觉器官的影响并不一致（Ghirlanda, 2002）。

情绪和中性刺激的强度泛化也不完全相同。Dunsmoor 等（2009）提出，恐惧泛化可以被广泛调节，并对未条件化的情绪面孔的强度敏感。但在恐惧强度增加的维度上并未发现逆转的泛化梯度（Dunsmoor et al., 2009）。不同的是，我们的结果符合恐惧泛化的梯度相互作用模型（Spence, 1937）。分别围绕 CS+ 和 CS- 形成兴奋和抑制的相互作用梯度，它们加在一起使反应偏离抑制 CS- 梯度的值（Dunsmoor et al., 2009）。我们推测，这可能与情绪刺激和非情绪刺激之间的强度偏差有关。因此，恐惧泛化可能部分受到刺激加工敏感性的影响。这可能是由于比较维度与强度维度的冲突，导致判断过程中存在不确定性。因此，被试会采用更简单的基于特征的相似度进行判断。Lee 和 Livesey（2018）发现，统一规则组表现为线性泛化梯度，而不一致规则组表现为峰移泛化梯度（Lee and Livesey, 2018）。有趣的是，Lee 等人（2018）假设峰移是线性梯度和峰梯度叠加的结果。不一致组降低了测试规则的适用性，从而导致回归到基于相似性的泛化。这是一个值得进一步研究的问题。值得注意的是，虽然报告采用线性规则和相似性规则的被试数量不同，但将峰移分解为线性梯度和峰梯度是一个很有创意的想法（Ahmed and Lovibond,

2019；Lee et al.，2018；Wong and Lovibond，2020）。线性规则和相似性规则对整体泛化梯度的贡献权重是一个值得研究的问题。

另一个有趣的解释来自元素模型。刺激泛化强度梯度的差异表明，恐惧泛化可能受恐惧习得阶段形成的 CS+ 表征的影响。巴甫洛夫条件反射的基本模型提出，构成 CS 的众多元素可以与 US 形成独立的联系（Rescorla，1972；Vogel et al.，2019）。在学习过程中，不同元素的联结强度可能会增大或减小，这取决于哪些元素能更好地预测 US。当被试遇到一个从来没有条件化的新刺激时，泛化是由与条件刺激共享的元素的关联值决定的（McLaren and Mackintosh，2002）。根据这一观点，这些元素通过条件作用，有的获得联结价值，有的失去联结价值，从而某一刺激元素增加兴奋梯度。如果两个刺激之间的共同元素是与 US 关联最多的，那么刺激泛化就可能出现。此外，CS+ 和 CS– 之间的差别条件作用决定哪些特定元素获得联结价值，而 CS+ 共有的元素获得联结价值，CS– 共有的元素失去联结价值。因此，非条件刺激如果包含更多最初区分 CS+ 和 CS– 的元素，就可能比 CS+ 引起更强的反应（McLaren and Mackintosh，2002）。

在当前的研究中，辨别性恐惧学习形成了 CS+ 的共同元素，获得了对 US 的联结价值，而 CS– 的共同元素失去了对 US 的联结价值。在第一组中，CS– 是最小尺寸的圆，区分 CS+ 和 CS– 的元素是 CS+ 减去 CS– 的剩余部分，而 CS– 和 CS+ 共有的其他元素不能预测 US。因此，形成规则表征的其余元素（圆越大，电击可能性越大）预测了 US，这可能解释了对更大尺寸圆产生更大程度的泛化，而不是 CS+ 遵循恐惧条件反射。而在组 2 中，CS– 是尺寸最大的圆，没有区分 CS+ 和 CS– 的元素。构成 CS+ 的元素既获得了又失去了造成混淆的联结价值。这种困惑鼓励了更有洞察力的学习。因此，造成混淆的共同元素可以形成一个规则的表示（圆的相似度越高，电击的可能性越大），这可能是本实验组峰移梯度的原因。因此，组 2 的泛化梯度并不是简单地与组 1 相反，如果恐惧泛化纯粹基于增益和损失关联价值之间的相互作用，则可以预测到这一点。恐惧泛化受这些联结要素的辨别学习的影响。我们推测 CS+ 和 CS– 之间的元素关系影响了沿维度内梯度的泛化梯度。

总的来说，刺激泛化梯度的差异说明恐惧泛化可能受到辨别性恐惧学习过程中形成的 CS+ 表征的影响。在组 1 中，形成了辨别性学习后 CS+ 和 CS–

第 13 章 强度刺激在条件性恐惧消退中的泛化作用

的特殊元素表征。由于这种特定的元素表征与刺激本身的强度表征是一致的，因此出现了线性梯度。而在组 2 中，CS- 中包含了 CS+ 的元素。CS+ 和 CS- 的共同元素是与 US 相关的元素，CS+ 没有特别的元素，这使得个体更倾向于根据刺激的相似性进行泛化。由于辨别学习中的自适应机制，出现了峰移梯度。

与我们的假设一致，辨别性学习对恐惧消退的影响是不同的。在跨强度辨别学习中，以强度维度端点为消退刺激的 GS 在恐惧泛化测试和恐惧消退测试中均表现出较强的恐惧反应，在组 2 中也出现了类似的时间效应。因此，US 的缺失产生了大量的预期违反，导致强消退学习，表现为 US 期望的快速降低（Craske et al., 2014；Rescorla and Wagner, 1972）。值得注意的是，组 1 的 GS 消退过程更快。这表明，虽然线性梯度发展出了更广泛的泛化，但它们的消退过程更快。这表明恐惧泛化和消退不是一个相同的过程，更广泛的泛化和对消退的抵抗提示可能存在不同的机制。在临床个体中明确泛化和消退之间的关系需要做进一步的研究。

与前人研究一致的是，在消退中采用峰值 GS 时，消退后泛化测试显示 US 期望的泛化梯度相对平坦。更重要的是，CS+ 在 US 预期中表现出较弱的恐惧反应。相反，在消退中采用 CS+ 时，并没有出现恐惧消退的泛化。研究结果与期望违背程度强烈影响消退学习的观点高度一致（Craske et al., 2018；Craske et al., 2014）。值得注意的是，在组 1 中，我们选择了 S7 作为消退刺激，而在组 2 中，我们选择了 S5。它们都产生了相同的消退泛化效应，进一步验证了当 GS 比 CS+ 引发更大的恐惧反应时，可以产生消退的泛化（Struyf et al., 2018；Wong et al., 2020）。

在本研究中，US 预期评分和 SCR 的结果是一致的。双加工理论认为条件反射形成的学习过程有两种不同的学习系统：外显学习和内隐学习。US 期望评分代表了 CS-US 关联的外显学习过程，而 SCR 代表了 CS-US 关联的内隐学习过程（Schultz and Helmstetter, 2010；Balderston and Helmstetter, 2010）。CS+ 和 CS- 对 US 期望存在强辨别，而 CS+ 和 CS- 对 SCR 存在弱辨别。这表明，刺激强度对辨别性恐惧条件反射过程中的内隐学习有影响。在泛化测试中也存在刺激强度的影响。知觉维度上的这种差异影响了快速路径的加工，这对研究恐惧泛化机制具有一定的启发意义。

知觉线索与概念信息在条件性恐惧泛化中的作用

从临床角度来看，目前的研究结果强调，在基于暴露的治疗过程中，刺激应该选择与个体加工特点相关的类型，以优化消退的泛化。即使引起恐惧反应的原始刺激是明确的，暴露刺激也需要根据获得恐惧时的情况来选择。具体来说，引发更大恐惧的 GS 在暴露期间产生了更高水平的预期违反。引起恐惧的原始刺激可能很难在现实环境中找到，同样的刺激可能在某一环境中引发高威胁预期，而在其他环境中则不会。当没有办法形成恐惧的消退时，中等强度的刺激是一个选择。幸运的是，只要将诱发强烈威胁反应的刺激用于消退，就可以产生消退的泛化。我们推测个体对诱发恐惧情境的反应可能是一个动态过程，同一刺激在不同情境中诱发的恐惧可能是不同的。这就导致了暴露疗法在治疗过程中存在很高的可变性（不确定性），这对治疗结果的稳定性提出了挑战。在临床实践中，可以认为个体通过刺激本身的强度规则或通过威胁获取前的干预，可以期待习得在威胁情境中容易应用的学习规则，使强烈恐惧的诱发可被察觉，产生强烈的泛化的消退效应。条件性恐惧的消退机制为改善焦虑障碍的心理治疗提供了启示。

这项研究的一个局限性是女性比男性多，这可能会对女性多于男性的焦虑症的临床治疗产生影响。这对消退泛化过程中性别差异的进一步研究也有一定的参考价值。我们选择简单的几何图形作为刺激，没有充分估计现实生活中刺激的复杂性。在现实世界中，要找到威胁刺激物之间的关系可能不那么容易。此外，本研究的主要发现是基于被试的主观认知评估。在泛化实验中，为了减少消退效应，明确告知被试不会出现电刺激，这导致被试没有产生与 US 主观预期相对应的皮肤电导反应。恐惧的双通路模型表明，进一步研究恐惧泛化的自动反应对研究恐惧泛化和消退的内在机制具有重要意义。本研究没有探究个体报告的威胁规则，这可以提供不同的视角来解释泛化梯度的形成。我们仅基于元素模型进行推理，威胁信念对泛化的影响存在一定的局限性，需要进一步将二者结合起来，探索恐惧泛化的机制。

综上所述，本研究的结果表明，恐惧泛化并不仅仅是由 GS 和 CS+ 之间的物理相似性决定的。考虑与刺激本身强度有关的其他因素有助于了解人类将恐惧普遍化的程度，它包括对非条件刺激的反应偏差，非条件刺激包含比条件刺激更多的物理强度。此外，差异可以通过辨别性恐惧学习过程受到刺激控制，这表明恐惧泛化过程在一定程度上与刺激强度有关。目前的研究重复了预

第 13 章　强度刺激在条件性恐惧消退中的泛化作用

期违反的观点。期望违反的最大化产生了消退的泛化,这是暴露治疗的关键。在消退中呈现 GS 会引起更高水平的期望违反,从而导致不同的消退学习结果。在消退学习中采用峰值 GS 的被试比采用条件刺激的被试表现出更强的消退泛化能力。本研究为条件刺激的辨别性训练方法提供了实验支持,对某些焦虑症的行为治疗具有指导意义。未来的研究需要探索关联机制和非关联机制的相对作用。

第14章 总结、启示与未来展望

14.1 总结与启示

14.1.1 知觉辨别力在恐惧泛化中的作用

早期有研究认为泛化仅仅是由于知觉辨别的失败而发生的，在这种情况下，无法检测到测试刺激与CS不同，从而产生了泛化梯度（Lashley and Wade，1946）。然而，有研究者根据关于客观物理维度差异和主观心理距离变化的泛化研究发现，泛化不仅是对测试刺激不准确的知觉产生的结果（Honig and Urcuioli，1981；Hoz and Nelken，2014），恐惧泛化在一系列可以辨别的刺激上仍表现出了梯度变化（Onat and Buchel，2015；Mertens et al.，2021）。虽然如此，目前关于知觉泛化的研究仍是根据先前的区分阈值和对每个刺激的反应来选择测试刺激，仍然是将知觉视为一个静态过程不受先前经验影响。在实验1中，我们通过改变条件性恐惧习得的强化率来探究恐惧泛化梯度的变化规律，结果发现，部分强化增加了被试对泛化刺激的恐惧反应，同时表现出了恐惧增强效应和安全抑制减弱效应。这表明条件性恐惧的学习过程影响了知觉辨别而不是知觉辨别导致了恐惧泛化（Asutay et al., 2012；Stolarova et al., 2006）。一方面，恐惧学习会弱化知觉辨别。Schechtman 等人（2010）发现，在训练阶段，三种音调与金钱的获得、金钱的损失或没有结果产生联结。在随后的测试阶段，呈现与之前使用的音调相似但不完全相同的音调，被试须指出这个音调是新的还是训练中出现的三种音调中的一种。与对照音调（没有结果）相比，与 CS 音调（先前与金钱的获得或损失有关）相似的音调（没有反馈强化）诱发了更多的知觉错误，这表明学习调节了被试感知差异的能力。在厌恶条件作用后，辨别阈值会增加而辨别力下降（Resnik and Borgia, 2011）。另一方面，辨别性恐惧学习也会提高知觉辨别（Åhs et al., 2013）。Aizenberg 和 Geffen（2013）证明，恐惧条件作用对音调辨别的影响可以发生在任何一个方向，这取决于学习过程中另一个线索的存在（即差异学习）以及两个线索之间的物理距离。差异条件作用仅对物理上接近的信号增强感知识别能力，而物理上距离较远的信号则降低了强化信号周围音调的识别敏感性（Aizenberg and Geffen, 2013）。这表明用于研究泛化的学习过程同时也对知觉产生了影响。在明确了不同强化率对恐惧泛化的影响差异后，我们在控制强化率变量的基础上对条件性恐惧泛化进行相关研究。

在实验 2 中，我们探究了恐惧习得过程对泛化梯度的影响。与实验 1 不同，该研究的习得过程并没有涉及泛化测试刺激的比较，而是采用与泛化刺激形状不同的刺激（实验组）和颜色不同的刺激（对照组）进行条件性恐惧的习得，结果发现对照组在泛化测试中出现了基于相似性的恐惧泛化梯度，而实验组则表现出类似于线性的恐惧泛化梯度，进一步说明恐惧泛化不是由于知觉辨别错误而产生的，而是与恐惧习得的辨别过程有关。以往关于知觉泛化梯度的动物研究发现，强化刺激（CS+）和非强化刺激（CS-）之间的辨别性学习产生了与 CS- 方向相反的峰移梯度（Hanson, 1959；Hull, 1947）。在人类研究中也发现了类似的泛化梯度（Dunsmoor and LaBar, 2013），在情绪面孔的研究中也发现了辨别性恐惧习得对泛化梯度的影响作用。Dunsmoor 等人（2009）发现，55% 恐惧强度的面部刺激作为 CS+ 与相对中性的面部刺激作为 CS- 之间的辨别性恐惧条件反射出现了一个线性梯度，而在 55% 恐惧强度的

面部刺激作为 CS+ 与最恐惧强度的面部刺激作为 CS- 之间的辨别性恐惧条件反射出现了一个峰值梯度。同时，当中度恐惧面孔作 CS+ 中性面孔作 CS- 时，表现出了类似线性的恐惧泛化梯度（Struyf et al., 2018）。这种辨别性的联结学习过程还存在推理等高级认知加工的作用（Ahmed and Lovibond, 2018；Lee et al., 2018；Lee and Livesey, 2018；Lee et al., 2019；Lovibond et al., 2020）。Lee 等人（2019）通过两个使用因果判断范式（实验1）和恐惧条件反射范式（实验2）的实验发现，与只接受单一正刺激训练的组相比，在一个正刺激（蓝绿色矩形，预测电击）和一个不同距离的负刺激（方格矩形，不预测电击）之间的辨别训练增加了在颜色（蓝绿色）维度上的泛化。这种跨维度辨别程序要求被试在不同维度上区分 CS+ 和 CS-，类似于在归纳推理论证中，从更广泛的上级类别中提出较远的负面证据到正面证据的泛化。实验2的研究结果进一步表明，辨别性恐惧习得不仅能直接影响泛化，还可以通过习得过程对恐惧泛化产生间接影响，即可能存在条件刺激对比关系的泛化。这种泛化方式与概念泛化存在重要的相似之处（Dunsmoor and Murphy, 2015）。

物理上相似的物体通常具有相似的潜在属性，这解释了为什么动物会把它们对一个物体的了解泛化到其他物理上相似的物体上（Shepard, 1987）。除此之外，人类也会在物理上不同但概念上相关的物体之间进行归纳推理。例如，狗和猫会生下活的幼崽，这一知识可以泛化到从未被观察到的其他哺乳动物，如鲸鱼和蝙蝠。Dunsmoor 等人（2014）通过将典型性和非典型性的哺乳动物与鸟类分别作为 CS+ 和 CS- 进行辨别性恐惧习得，在泛化测试中发现在类别泛化中存在典型性与非典型性泛化的不对称性。例如，对典型的鸟类（麻雀）习得恐惧后可以泛化到非典型性的鸟类（企鹅），而对非典型性的企鹅习得恐惧后不能泛化到典型的麻雀。这种泛化模式与学习中的类别推理是相似的。实验3中，我们把类别概念与知觉相似性结合起来探究知觉相似性在概念泛化中的作用，结果发现，与 CS+ 相似但不属于同一类别的刺激也诱发了恐惧反应，同时与 CS+ 同一类别但相似性不同的刺激并没有表现出相应的恐惧反应强度。这提示在恐惧泛化中概念信息和知觉线索存在着更为复杂的加工机制。这也在一定程度上解释了以往研究大多集中在纯粹的知觉相似性的泛化梯度研究中。近年来关于概念泛化的研究表明，高级认知加工在人类的泛化中可能发挥着更为重要的作用（Dunsmoor and Murphy, 2015）。Shepard（1987）

提出一般泛化定律认为，生物的泛化反应是基于与学习刺激相似度的指数递减函数。这个函数是基于主观（认知加工）上的相似性，而不仅仅是客观（物理特征）上的相似性。人类对世界的了解存在许多不同的方式来连接不同的刺激，如果我们希望解释和改善人类的恐惧和焦虑障碍，需要在恐惧泛化相关的客观物理属性和主观认知加工领域进行更生态化的探索。

区分危险和安全的事物的能力受损导致了过度泛化，而知觉辨别力可能并非产生恐惧泛化的原因，而有可能是恐惧泛化后的结果。恐惧泛化不是简单的关于威胁的辨别，还有关于威胁的深层加工。人类都会对老虎产生恐惧，然而动物园里的老虎并不会把人吓跑或呆在原地不能动弹。

14.1.2 概念信息在恐惧泛化中的作用

传统的强调 CS-US 配对的经典条件作用模型并不能解释人类和其他物种习得和表达条件性恐惧的所有方式（Rescorla，1988）。联结学习不是一个纯粹的低级自动过程，而是一个涉及对刺激和事件之间关系的信念的推理过程（Mitchell et al.，2009）。许多人类条件反射的研究发现，只有意识到 CS-US 关联的被试才会表现出条件反射（Lovibond and Shanks，2002）。"巴甫洛夫条件反射并不是一个愚蠢的过程，通过这个过程，生物体在任意两个碰巧同时发生的刺激之间有意无意地形成联系。相反，有机体更像是一个信息探索者，利用事件之间的逻辑和知觉关系，以及他自己的先入之见，形成其对世界的复杂表征。"（Rescorla，1988）实验 2 的研究结果验证了这一点，即使在简单的知觉维度的研究中也存在着关于知觉刺激间逻辑关系的学习和泛化。也有研究表明，指导语操作影响被试形成的规则，进而影响他们随后的泛化（Ahmed and Lovibond，2015；Boddez et al.，2017；Vervliet et al.，2010）。人们对研究认知过程（如规则形成、分类和归纳推理）在条件反应的学习和泛化中的作用越来越感兴趣，并认识到这些过程对泛化的影响超过了知觉相似性（Dunsmoor and Murphy，2015；Dymond et al.，2015），甚至在知觉泛化梯度的研究中也发现了基于规则的泛化（Ahmed and Lovibond，2016，2017；Lee et al.，2018）。寻找规则的倾向是一种稳定的心理特征，它会在广泛的认知任务中影响学习策略（Don et al.，2016）。Lee 等（2018）选取在色度维度变化的圆形进行单线索和辨别性条件恐惧习得,在实验过程中通过问卷对报告不同泛化规则的被试进行分类,结果发现,泛化梯度的形成与被试报告的规则相一致,即报告相似规则的被试在泛化测试中表现出峰梯度,而报告线性规则的表现出线性梯度。

人类在处理符号信息(单词、符号和数字)方面受过高度训练和专门的训练。在成人中,概念泛化比知觉泛化更重要。在人类个体中恐惧可以通过概念上的关联性进行泛化(Dunsmoor and Murphy,2015)。不考虑任何知觉相似性,由于刺激在语义上是相关的(如医生和针头),或属于同一类别(如蜜蜂和黄蜂),或沿着一个抽象维度变化(如面孔的情绪性),恐惧都可以因此而泛化(Dymond et al.,2015)。

条件性恐惧不仅仅是刺激和反应之间的联系,还包括主观意识的加工。行为主义者认为恐惧是刺激和反应之间的联系,而非一种具体的感受(Hull,1943,1952;Tolman,1932;Tolman and Brunswik,1935)。概念等高级认知活动的泛化是 CS-US 的联结激活了防御生存回路。这种激活不是直接地激活而是间接激活,因此存在典型与非典型的不对称性。

14.1.3 恐惧泛化中的双系统模型

学习的双系统模型认为同时存在两种学习:一种是自动的基于相似性的学习,另一种是基于规则的学习。两种系统的学习同时存在,不同的条件下表现出的学习不同。基于本研究的一系列实验,我们认为关于知觉相似性的恐惧泛化以自动学习为主,而基于类别或概念的恐惧泛化主要是一种基于规则的学习。辨别学习产生的推理规则在知觉相似性泛化中起作用(实验2),同时知觉相似性也在类别泛化中有着重要影响(实验3)。这与实际生活中的恐惧泛化比较接近,它们产生的交互作用也对探究焦虑障碍潜在的病理机制产生了复杂的影响。在正常个体中,概念信息在恐惧泛化中起主要作用(实验5、6)。Wang 等(2021)在关于知觉线索和概念信息对恐惧泛化影响的 ERP 研究中发现,概念信息比知觉线索诱发了更强的恐惧反应。而在焦虑障碍患者中,知觉线索在恐惧泛化中起主要作用。Peperkorn 等(2014)对蜘蛛恐惧症患者进行研究,将被试随机暴露于三种不同的环境中,第一种环境包括蜘蛛的知觉形象和蛇的信息（知觉线索），第二种包括蛇的知觉形象和蜘蛛的信息（概念信息），第三种包括蜘蛛的知觉形象和蜘蛛的信息（知觉线索和概念信息）。结果发现，知觉和概念的双重威胁刺激诱发了个体最大的恐惧反应，单独的知觉威胁线索次之，而呈现单独的概念威胁信息被试的反应最弱。我们推测，在焦虑障碍患者中，知觉的快速加工通路抑制了高级认知加工通路，因此导致了过度的恐惧反应。焦虑障碍的产生是生存防御回路与认知回路的失衡导致的，主要表现为认知回路抑制功能的减弱，使生存防御回路反应增强。减弱的原因可能是多线索或高压力使工作记忆负荷增强，使认知加工能力减弱，进而导致了抑制功能的减弱。这个假设与目前相关的研究结果是一致的。

有意思的是，在本书的一系列研究中，我们发现主观预期指标和客观生理指标出现了分离。这提示我们关于恐惧泛化的主观认知和客观生理反应可能存在不同的加工机制。有研究者认为，情绪刺激是通过大脑中两个不同于感觉通路的通路进行加工的（LeDoux，1984），一个通路对刺激进行无意识的检测并做出反应，另一个通路将刺激导向有意识的认知系统。检测并回应威胁的杏仁核回路被称为防御生存回路，而关于威胁性刺激的认知系统产生关于恐惧的有意识的感受（LeDoux，2016）。基于此，我们推测，主观预期主要反映了关于恐惧的有意识感受，而生理指标则主要反映了杏仁核关于威胁性刺激检测的自动生理反应。首先，在条件性恐惧习得阶段，CS+ 与 US 配对出现，通过赫布可塑性由弱刺激转变为强刺激。其次，在泛化测试阶段，根据关于恐惧泛化的神经模型（Lissek et al.，2014；Webler et al.，2021），泛化刺激通过丘脑分别投射到杏仁核和视觉皮层两个不同的加工通路进行加工，然后经过初级的知觉相似性对比和高级的认知推理加工对泛化刺激做出相应的反应。在此过程中，主观预期产生于高级皮层尤其是前额皮层和海马体，而杏仁核对威胁相关信息输出生理反应。杏仁核所产生的生理反应被大脑皮层认为是恐惧的产生。因此，在主客观分离的研究中，主客观分离通常更多地表现为主观预期值的泛化。除此之外，在本研究中，主客观分离主要表现为知觉线索与概念信息在两个指标上分离。防御生存回路的激活会引导个体做出工具性行为以期生存和成长。因此，知觉线索诱发恐惧反应后在生理层面可能反应更强，而认知层面上，概念信息会对威胁信息做出更大的反应以反映恐惧。因此，在实验 6 中概念泛化在认知层面上比知觉泛化更强，而在生理层面上二者差异不显著，一方面可能与 SCR 的高唤醒特点有关，另一方面这可能是知觉线索在生理层面诱发了更强的恐惧反应的结果。基于对恐惧和恐惧泛化加工机制的综合分析，我们推测受控于无意识系统的活动，其运行有不同的规则并最终会战胜意识控制系统。如焦虑障碍的患者知道焦虑是不好的，但他仍然不能控制焦虑的想法并产生生理反应。Kahneman 等（2011）认为人类对信息的加工处理包括两个决策系统：系统 1 是一个快速的、内隐的、不需要意识参与的系统；系统 2 的速度较慢，通常包含严谨的推理并且需要意识参与。在恐惧泛化中，知觉泛化倾向于进行快速的、内隐的、自动的、不需要意识参与的加工系统，而概念泛化倾向于速度较慢、包含严谨的推理并且需要意识参与的加工系统。这种恐惧泛化的双系统加工对焦虑障碍的治疗具有重要的启发意义。

14.1.4 恐惧泛化与消退

在恐惧泛化中存在着两条不同的通路对威胁信息进行加工，这提示在恐惧的消退中需要从不同的加工机制的角度来探究消退的效果。

暴露疗法是治疗恐惧和焦虑的最有效并被广泛使用的方法之一（Foa et al.，1999；Hofmann and Smits，2008；Ramnerö，2012），消退是用暴露疗法治疗焦虑的关键（Bouton et al.，2001；Craske et al.，2008），但消退效果的脆弱性是治疗需要解决的一大问题（Breviglieri et al.，2013；Zanette et al.，2011）。实验性消退最基本的观点是，在最初的条件作用（CS-US 配对）中，有机体学会用 CS 预测 US；在消退期间，有机体又反过来学会了用 CS 预测 US 的缺失（CS-noUS 联结）（Myers and Davis，2007；Bouton，1993，2014）。当 CS 无法预测 US 时，在威胁的条件作用下获得的 CS-US 联结将被削弱。这种 CS-US 或 CS-noUS 联结是通过将认知预期作为中介来形成的。具体来说，CS 与 US 的多次配对出现，使有机体根据 CS 的出现产生对 US 的预期，正是这种预期引起了有机体产生了与 US 可诱发的相似的反应。在消退过程中，旧的预期（CS-US）被新的预期（CS-noUS）所取代，新预期表明 CS 现在是安全的。Rescorla-Wagner 关于条件作用的心理理论认为，在条件作用下，在某种声音后进行一次电击，这种意外的结果使大脑去学习（Rescorla and Wagner，1972）。实际上，人们通常不会预期有任何坏的事情出现在某个看起来毫无意义的事件之后，如某种声音。电击的意外出现与这种预期发生了冲突，结果有机体就习得了声音与电击的联结。然后，在消退过程中，电击的未出现与原来已形成的关于电击出现的预期产生了冲突，这一预测误差促使有机体产生新的学习。然而，当CS在消退过程中单独出现时，我们可以意识到US的缺失，这可能是CS-US联结的外显记忆产生变化的原因。但同一情境下的外显和内隐记忆是分别形成和存储的，因此，这并不能解释在消退中产生了抑制防御反应的内隐记忆。

目前对动物（Milad et al.，2006；Morgan and LeDoux，1995，1999；Quirk et al.，2006；Walker and Davis，2002）和人类（Linnman et al.，2012；Milad et al.，2007；Phelps et al.，2004；Rauch et al.，2006）的研究表明，内侧前额叶和杏仁核的相互作用构成了威胁消退的基础。经过消退作用的大鼠更少受到CS的惊吓，其木僵反应的减少并不是因为它有意识地想"噢，这个声音不能预期电击了，所以我不用木僵了"，其主要是通过检索基于过去学习的记忆来评估刺激的威胁性，而这些记忆是作为联结（CS-US，CS-noUS）存储在杏仁核中的内隐记忆，这些记忆是不需要工作记忆及其执行控制功能或意识的。同样地，一个被暴露疗法治愈蜘蛛恐惧症的人在看到蜘蛛图片时不再害怕，部分原因是消退作用，关于蜘蛛的视觉刺激不再能通过激活杏仁核回路启动防御反应。同时在人类的恐惧和焦虑治疗中，外显的认知也起着重要作用。

本书的研究结果表现出了主观和生理指标的分离，这表明在恐惧消退的过程中，即使被试报告了恐惧感（或焦虑感）或一些生理反应（皮肤电反应）减弱，也并不能说明恐惧感已经减弱。关于人类的研究表明，从行为或生理角度测量的恐惧水平通常与自我报告的主观的恐惧感并不一致（Lang，1971；Rachman and Hodgson，1974）。消退改变了威胁的条件刺激激活防御回路的倾向，可能只改变了内隐过程，关于威胁的恐惧信息并未完全激活。情绪加工理论认为，如果恐惧不被完全激活，那么它也不会完全消退，恐惧将继续存在（Foa and Kozak，1986）。产生生理反应的防御系统的作用是内隐的，而恐惧感是认知系统所产生的有意识的感受，因此，内隐过程和外显过程必须对应不同的治疗策略。一方面，通过消退来改变一个刺激激活防御回路进而控制防御行为、生理反应和回避行为，达到改变内隐记忆的效果；另一方面，通过改变适应不良的信念、其他一些导致认知回避的认知以及储存新的外显记忆以对抗

通过治疗进入意识层面的非理性的、病态的记忆。总之，如果仅外显或仅内隐系统被治疗，那么未被治疗的系统可能会重新引发恐惧。因此，在暴露的过程中，可以尝试考虑将内隐和外显过程分开处理。

14.2 未来研究的方向

由于本书采用技术和范式的局限，以及尚未涉及的一些研究问题，恐惧泛化仍有许多值得深入探索的方面，我们认为未来可以在以下几个方面继续深入研究。

14.2.1 不同记忆类型的恐惧泛化

目前相关研究主要局限于刺激的泛化研究，未来可以整合来自恐惧条件反射模型的情景记忆文献的泛化研究（Kumaran and McClelland，2012；Zeithamova，et al.，2012）。可以从记忆的角度进一步探究恐惧泛化的内在机制，如内隐记忆和外显记忆、语义记忆和情景记忆等不同记忆分类中的恐惧泛化。记忆的另一面是遗忘，恐惧泛化与遗忘的关系是什么？随着时间的推移，不同类型的恐惧泛化的变化特点怎么样？目前刺激泛化以即时的泛化测试为主，24 小时、7 天、14 天甚至更远期的恐惧记忆的泛化是如何变化的？研究这些问题可以从时间的动态变化中更深入地理解恐惧泛化的机制。

14.2.2 探索不同因素与恐惧泛化类型相结合的研究

实际生活中，在遭受创伤后，为什么有一部分人会患 PTSD？是什么决定了一个人是否容易遭受恐惧或焦虑障碍的折磨呢？关于恐惧泛化的研究发现，焦虑特质的个体更易表现出过度泛化（Wong et al.，2018）。不确定、不容忍、压力等多种因素都与恐惧泛化有关系（Grupe and Nitschke，2013）。这些及其他潜在因素是如何在恐惧泛化中起作用的，他们在恐惧泛化中的作用机制都是值得深入研究的问题。

14.2.3 探寻可行的恐惧泛化指示指标问题

如本书的研究结果所示，US主观预期值与SCR指标表现出了分离的现象。虽然恐惧泛化的研究中通常会出现生理角度测量的恐惧水平与自我报告的主观恐惧感不一致的现象（Lang，1971；Rachman and Hodgson，1974），但同时SCR指标具备唤醒度高可变性的特点。因此，我们只能结合前人研究部分地推测在恐惧泛化中存在不同通路的加工机制。将来可结合fMRI等技术（Laufer et al.，2016）来探索不同类型的恐惧泛化的潜在加工机制。

14.2.4 结合多学科多手段在不同层面进行研究

恐惧泛化的研究在各个层面上并不是割裂的，而是相互补充和互相印证的，行为实验的设计可以在生理学证据的基础上进行推理验证，神经生理学可以解释行为实验的加工机制。生物技术可以通过光、电刺激改变某些神经细胞的发放模式，对行为层面上无法直接触及的因素进行研究，而行为实验主要通过研究结果对其潜在的加工黑箱进行推理验证。未来可以使用电生理、光遗传、分子基因等多种手段和技术，把行为层面和生理层面结合起来，深化恐惧泛化的研究。

14.2.5 恐惧泛化在消退泛化中的研究

未来的研究一方面应挖掘限制恐惧学习过度泛化的条件，另一方面应探索促进消退学习的泛化机制。有研究从潜在的遗传学恐惧条件反射中获得新的证据（Mahan and Ressler，2012），这也可能有助于揭示是什么决定了恐惧泛化广度的个体差异。对恐惧的过度泛化可能与缺乏刺激控制有关，目前研究已发现辨别性恐惧的习得过程影响刺激的泛化（Dunsmoor et al.，2013；Lee et al.，2019），个体可以通过扩展的辨别性训练或其他类型的知觉学习从增强这种辨别的机会中受益（Goldstone，1998）。消退难以泛化（即恐惧

返回）是条件反射中一个众所周知的问题，具有明显的临床相关性（Bouton，2002）。未来研究的一个问题是，是否可以使用泛化原则（实验8）来促进消退学习的泛化，以及这些方法是否可以合理地优化治疗。

14.2.6 临床研究

恐惧的过度泛化是焦虑障碍的核心特征之一，而关于临床个体的相关研究却较少（Kaczkurkin et al.，2017；Lissek and Grillon，2010；Morey et al.，2020）。将来研究可以考虑通过正常个体和临床患者的对比研究，深入探究恐惧泛化的潜在机制和焦虑障碍患者的潜在病因，促进实验研究成果快速转化，逐步实现基础研究和临床研究的充分对接，为临床患者提供有效的治疗靶点。

14.3 本书研究总的结论

根据本书的研究结果，在前人研究的基础上，我们得出以下结论：

（1）条件性恐惧习得的强化率影响恐惧泛化，具体表现为部分强化率的恐惧增强效应和安全抑制减弱。

（2）恐惧知觉泛化并不是简单的基于知觉相似性的泛化，同时还受到条件刺激对比关系的影响。

（3）恐惧概念泛化中的知觉泛化并不是基于知觉特征重叠的线性关系，知觉泛化与概念泛化存在一定程度的交互作用。

（4）恐惧泛化中，知觉线索和概念信息同时具备恐惧泛化的威胁信息，且包含知觉威胁线索的刺激容易被归为与威胁刺激相同的类别。

（5）知觉线索和概念信息共同促进恐惧泛化，知觉线索可以产生二级泛化效应而概念信息未表现出二级泛化效应。

（6）知觉线索与概念信息在恐惧泛化中存在不同的加工机制。

（7）恐惧泛化的强泛化刺激在恐惧消退中有消退的泛化效应。

参考文献

[1] AGREN T. Human reconsolidation: a reactivation and update[J]. Brain research bulletin, 2014,105: 70–82.

[2] AHMED O, LOVIBOND P F. The Impact of Instructions on Generalization of Conditioned Fear in Humans[J]. Behavior Therapy, 2015, 46(5): 597–603.

[3] AHMED O, LOVIBOND P F. Rule-based processes in generalisation and peak shift in human fear conditioning[J]. Quarterly Journal of Experimental Psychology, 2019, 72(2): 118–131.

[4] ÅHS F, MILLER S S, GORDON A R, et al. Aversive learning increases sensory detection sensitivity[J]. Biological psychology, 2013, 92(2): 135–141.

[5] AIZENBERG M, GEFFEN M N. Bidirectional effects of aversive learning on perceptual acuity are mediated by the sensory cortex[J]. Nature Neuroscience, 2013, 16(8): 994–996.

[6] ALVAREZ R P, CHEN G, BODURKA J, et al. Phasic and sustained fear in humans elicits distinct patterns of brain activity[J]. Neuroimage,2011, 55(1): 389–400.

[7] AMARAL D G, SCHARFMAN H E, LAVENEX P. The dentate gyrus: fundamental neuroanatomical organization (dentate gyrus for dummies) [J]. Progress in brain research, 2007,163: 3–790.

[8] ANDREATTA M, LEOMBRUNI E, GLOTZBACH-SCHOON E, et al. Generalization of contextual fear in humans[J]. Behavior Therapy, 2015,46(5):

583–596.

[9] ASTHANA M K, BRUNHUBER B, MÜHLBERGER A, et al. Preventing the return of fear using reconsolidation update mechanisms depends on the met-allele of the brain derived neurotrophic factor Val66Met polymorphism[J]. International journal of neuropsychopharmacology, 2016,19(6): pyv137.

[10] ASUTAY E, VÄSTFJÄLL D, TAJADURA-JIMENEZ A, et al. Emoacoustics: A study of the psychoacoustical and psychological dimensions of emotional sound design[J]. Journal of the Audio Engineering Society, 2012, 60(1/2): 21–28.

[11] ATKINSON R C. A variable sensitivity theory of signal detection[J]. Psychological review, 1963, 70(1): 91.

[12] AVERY J A, DREVETS W C, MOSEMAN S E, et al. Major depressive disorder is associated with abnormal interoceptive activity and functional connectivity in the insula[J]. Biological psychiatry, 2014,76(3): 258–266.

[13] BAAS J M P, VAN OOIJEN L, GOUDRIAAN A, et al. Failure to condition to a cue is associated with sustained contextual fear[J]. Acta psychologica, 2008, 127(3): 581–592.

[14] BAAS M, DE DREU C K W, NIJSTAD B A. A meta-analysis of 25 years of mood-creativity research: Hedonic tone, activation, or regulatory focus? [J] Psychological bulletin, 2008,134(6): 779.

[15] BADDELEY A D. The trouble with levels: A reexamination of Craik and Lockhart's framework for memory research[J]. Psychological review, 1978, 85(3):139-152.

[16] BADDELEY A D, HITCH G J. Is the levels of processing effect language-limited? [J] Journal of Memory and Language, 2017, 92: 1–13.

[17] BAEYENS F, EELEN P, VAN DEN BERGH O. Contingency awareness in evaluative conditioning: A case for unaware affective-evaluative learning[J]. Cognition & emotion, 1990, 4(1): 3–18.

[18] BAKKER A, KIRWAN C B, MILLER M et al. Pattern separation in the human hippocampal CA3 and dentate gyrus[J]. Science, 2008, 319(5870): 1640–1642.

[19] BALDERSTON N L, HELMSTETTER F J. Conditioning with masked stimuli affects the timecourse of skin conductance responses[J]. Behavioral Neuroscience, 2010, 124(4): 478.

[20] BALDI E, LORENZINI C A, BUCHERELLI C. Footshock intensity and generalization in contextual and auditory-cued fear conditioning in the rat[J]. Neurobiology of learning and memory, 2004, 81(3): 162–166.

[21] BARNES-HOLMES D, HAYES S C, ROCHE B. The (not so) strange death of stimulus equivalence[J]. European Journal of Behavior Analysis, 2001, 2(1): 35–41.

[22] BARRY T, GRIFFITH J W, ROSSI S, et al. Meet the Fribbles: novel stimuli for use within behavioural research[J]. Frontiers in Psychology, 2014, 5: 103.

[23] BEATTY J, LUCERO-WAGONER B. The pupillary system[J]. Handbook of psychophysiology, 2000, 2: 142-162.

[24] BECKERS T, KRYPOTOS A-M, BODDEZ Y, et al. What's wrong with fear conditioning? [J] Biological psychology, 2013, 92(1): 90–96.

[25] BENNETT M, VERVOORT E, BODDEZ Y, et al. Perceptual and conceptual similarities facilitate the generalization of instructed fear[J]. Journal of behavior therapy and experimental psychiatry, 2015, 48: 149–155.

[26] BENSON P J, PERRETT D I. Visual processing of facial distinctiveness[J]. Perception, 1994, 23(1): 75–93.

[27] BITSIOS P, SZABADI E, BRADSHAW C M. The fear-inhibited light reflex: importance of the anticipation of an aversive event[J]. International Journal of Psychophysiology, 2004, 52(1): 87–95.

[28] BLECHERT J, MICHAEL T, VRIENDS N, et al. Fear conditioning in posttraumatic stress disorder: evidence for delayed extinction of autonomic, experiential, and behavioural responses[J]. Behaviour research and therapy, 2007, 45(9): 2019–2033.

[29] BLOUGH D S. Steady state data and a quantitative model of operant generalization and discrimination[J]. Journal of Experimental Psychology: Animal Behavior Processes, 1975, 1(1): 3.

[30] BLUMENTHAL T D. Presidential address 2014: The more-or-less interrupting effects of the startle response[J]. Psychophysiology, 2015, 52(11): 1417–1431.

[31] BlUMENTHAL T D, CUTHBERT B N, FILION D L, et al. Committee report: Guidelines for human startle eyeblink electromyographic studies[J]. Psychophysiology, 2005, 42(1): 1–15.

[32] BODDEZ Y, BAEYENS F, LUYTEN L, et al. Rating data are underrated: Validity of US expectancy in human fear conditioning[J]. Journal of behavior therapy and experimental psychiatry, 2013, 44(2): 201–206.

[33] BODDEZ Y, BENNETT M P, VAN ESCH S, et al. Bending rules: The shape of the perceptual generalisation gradient is sensitive to inference rules[J]. Cognition & emotion, 2017, 31(7): 1444–1452.

[34] BOUTON M E. Context, ambiguity, and unlearning: sources of relapse after behavioral extinction[J]. Biological psychiatry, 2002, 52(10): 976–986.

[35] BOUTON M E, MINEKA S, BARLOW D H. A modern learning theory perspective on the etiology of panic disorder[J]. Psychological review, 2001, 108(1): 4.

[36] BOUTON M E, MOODY E W. Memory processes in classical conditioning[J]. Neuroscience & Biobehavioral Reviews, 2004, 28(7): 663–674.

[37] BOUTON M E, TODD T P. A fundamental role for context in instrumental learning and extinction[J]. Behavioural processes, 2014, 104: 13–19.

[38] BRADLEY M M, LANG P J. Measuring emotion: the self-assessment manikin and the semantic differential[J]. Journal of behavior therapy and experimental psychiatry, 1994, 25(1): 49–59.

[39] BREVIGLIERI C P B, PICCOLI G CO, UIEDA W, et al. Predation-risk effects of predator identity on the foraging behaviors of frugivorous bats[J]. Oecologia, 2013, 173(3): 905–912.

[40] BUCCI D J, SADDORIS M P, BURWELL R D. Contextual fear discrimination is impaired by damage to the postrhinal or perirhinal cortex[J]. Behavioral Neuroscience, 2002, 116(3): 479.

[41] BÜCHEL C, DOLAN R J. Classical fear conditioning in functional neuroimaging[J]. Current opinion in neurobiology, 2000, 10(2): 219–223.

[42] BURGESS N, MAGUIRE E A, O'KEEFE J. The human hippocampus and spatial and episodic memory[J]. Neuron, 2002, 35(4): 625–641.

[43] BURTON A M, JENKINS R, HANCOCK P J B, et al. Robust representations for face recognition: The power of averages[J]. Cognitive Psychology, 2005, 51(3): 256–284.

[44] BURTON A M, JENKINS R, SCHWEINBERGER S R. Mental representations of familiar faces[J]. British Journal of Psychology, 2011,102(4): 943–958.

[45] BUSH R R, MOSTELLER F. A model for stimulus generalization and discrimination[J]. Psychological review, 1951, 58(6): 413.

[46] BUTLER E A, LEE T L, GROSS J J. Emotion regulation and culture: Are the social consequences of emotion suppression culture-specific? [J] Emotion, 2007, 7(1): 30.

[47] CASEY P J, HEATH R A. Categorization reaction time, category structure, and category size in semantic memory using artificial categories[J]. Memory & cognition, 1983, 11(3): 228–236.

[48] CHA J, GREENBERG T, CARLSON J M, et al. Circuit-wide structural and functional measures predict ventromedial prefrontal cortex fear generalization: implications for generalized anxiety disorder[J]. Journal of Neuroscience, 2014, 34(11): 4043–4053.

[49] CHEN W, LI J, ZHANG X, et al. Retrieval-extinction as a reconsolidation-based treatment for emotional disorders: Evidence from an extinction retention test shortly after intervention[J]. Behaviour research and therapy, 2021, 139: 103831.

[50] CHRISTIANSON J P, FERNANDO A B P, KAZAMA A M, et al. Inhibition of fear by learned safety signals: a mini-symposium review[J]. Journal of Neuroscience, 2012, 32(41): 14118–14124.

[51] CHRISTOPOULOS G I, UY M A, YAP W J. The body and the brain: Measuring skin conductance responses to understand the emotional experience[J]. Organizational Research Methods, 2019, 22(1): 394–420.

[52] CHWILLA D J, BROWN C M, HAGOORT P. The N400 as a function of the level of processing[J]. Psychophysiology, 1995, 32(3): 274–285.

[53] CITRON F M M. Neural correlates of written emotion word processing: a review of recent electrophysiological and hemodynamic neuroimaging studies[J]. Brain and language, 2012, 122(3): 211–226.

[54] CLELLAND C D, Choi M, ROMBERG C, et al. A functional role for adult hippocampal neurogenesis in spatial pattern separation[J]. Science, 2009, 325(5937): 210–213.

[55] COHEN D H, RANDALL D C. Classical conditioning of cardiovascular responses[J]. Annual Review of Physiology, 1984, 46(1): 187–197.

[56] COOK E, TURPIN G. Differentiating orienting, startle, and defense responses: The role of affect and its implications for psychopathology[J]. Attention and orienting: Sensory and motivational processes, 1997, 23: 137–164.

[57] CRASKE M G, HERMANS D, VERVLIET B. State-of-the-art and future directions for extinction as a translational model for fear and anxiety[J]. Philosophical Transactions of the Royal Society of London, 2018, 373: 1742.

[58] CRASKE M G, NILES A N, BURKLUND L J, et al. Randomized controlled trial of cognitive behavioral therapy and acceptance and commitment therapy for social phobia: outcomes and moderators[J]. Journal of Consulting & Clinical Psychology, 2014, 82(6): 1034-1048.

[59] CRASKE M G, KIRCANSKI K, ZELIKOWSKY M, et al. Optimizing inhibitory learning during exposure therapy[J]. Behaviour research and therapy, 2008, 46(1): 5–27.

[60] CRASKE M G, ROY-BYRNE P P, STEIN M B, et al. Treatment for anxiety disorders: Efficacy to effectiveness to implementation[J]. Behaviour research and therapy, 2009, 47(11): 931–937.

[61] CRASKE M G, TREANOR M, CONWAY C C, et al. Maximizing exposure therapy: an inhibitory learning approach[J]. Behaviour research and therapy, 2014, 58: 10–23.

[62] CUTMORE T R H, HALFORD G S, WANG Y, et al. Neural correlates

of deductive reasoning: An ERP study with the Wason Selection Task[J]. International Journal of Psychophysiology, 2015, 98(3): 381–388.

[63] DAS S, TOSAKI A, BAGCHI D, et al. Resveratrol-mediated activation of cAMP response element-binding protein through adenosine A3 receptor by Akt-dependent and-independent pathways[J]. Journal of Pharmacology and Experimental Therapeutics, 2005, 314(2): 762–769.

[64] DAVIS M. The role of the amygdala in fear and anxiety[J]. Annual review of neuroscience, 1992, 15(1): 353–375.

[65] DAVIS M, ASTRACHAN D I. Conditioned fear and startle magnitude: effects of different footshock or backshock intensities used in training[J]. Journal of Experimental Psychology: Animal Behavior Processes, 1978, 4(2): 95.

[66] DAVIS M, WALKER D L, MILES L, et al. Phasic vs sustained fear in rats and humans: role of the extended amygdala in fear vs anxiety[J]. Neuropsychopharmacology, 2010, 35(1): 105–135.

[67] DAVIS M, WHALEN P J. The amygdala: vigilance and emotion[J]. Molecular psychiatry, 2001, 6(1): 13–34.

[68] DELAMATER A R. Experimental extinction in Pavlovian conditioning: behavioural and neuroscience perspectives[J]. Quarterly Journal of Experimental Psychology Section B, 2004, 57(2): 97–132.

[69] DÍAZ-MATAIX L, PIPER W T, SCHIFF H C, et al. Characterization of the amplificatory effect of norepinephrine in the acquisition of Pavlovian threat associations[J]. Learning & Memory, 2017, 24(9): 432–439.

[70] DIETERICH R, ENDRASS T, KATHMANN N. Uncertainty is associated with increased selective attention and sustained stimulus processing[J]. Cognitive, Affective, & Behavioral Neuroscience, 2016, 16(3): 447–456.

[71] DIMBERG U. Facial reactions, autonomic activity and experienced emotion: A three component model of emotional conditioning[J]. Biological psychology, 1987, 24(2): 105–122.

[72] DIMSDALE-ZUCKER H R, MONTCHAL M E, REAGH Z M, et al. Representations of complex contexts: A role for hippocampus[J]. BioRXiv,

2022: 766311.

[73] DON H J, GOLDWATER M B, OTTO A R, et al. Rule abstraction, model-based choice, and cognitive reflection[J]. Psychonomic bulletin & review, 2016, 23(5): 1615–1623.

[74] DUITS P, CATH D C, LISSEK S, et al.. Updated meta-analysis of classical fear conditioning in the anxiety disorders[J]. Depression and anxiety, 2015, 32(4): 239–253.

[75] DUNCAN C C, BARRY R J, CONNOLLY J F, et al. Event-related potentials in clinical research: guidelines for eliciting, recording, and quantifying mismatch negativity, P300, and N400[J]. Clinical Neurophysiology, 2009, 120(11): 1883–1908.

[76] DUNSMOOR J E, WHITE A J, LABAR K S. Conceptual similarity promotes generalization of higher order fear learning[J]. Learning & Memory, 2011, 18(3): 156–160.

[77] DUNSMOOR J E, BANDETTINI P A, KNIGHT D C. Impact of continuous versus intermittent CS-UCS pairing on human brain activation during Pavlovian fear conditioning[J]. Behavioral Neuroscience, 2007, 121(4): 635.

[78] DUNSMOOR J E, BANDETTINI P A, KNIGHT D C. Neural correlates of unconditioned response diminution during Pavlovian conditioning[J]. Neuroimage, 2008, 40(2): 811–817.

[79] DUNSMOOR J E, KROES M C W, BRAREN S H, et al. Threat intensity widens fear generalization gradients[J]. Behavioral Neuroscience, 2017, 131(2), 168.

[80] DUNSMOOR J E, LABAR K S. Effects of discrimination training on fear generalization gradients and perceptual classification in humans[J]. Behavioral Neuroscience, 2013, 127(3): 350.

[81] DUNSMOOR J E, MARTIN A, LABAR K. S. Role of conceptual knowledge in learning and retention of conditioned fear[J]. Biological psychology, 2012, 89(2): 300–305.

[82] DUNSMOOR J E, MITROFF S R, LABAR K S. Generalization of conditioned fear along a dimension of increasing fear intensity[J]. Learning & Memory,

2009, 16(7): 460–469.

[83] DUNSMOOR J E, MURPHY G L. Stimulus typicality determines how broadly fear is generalized[J]. Psychological science, 2014, 25(9): 1816–1821.

[84] DUNSMOOR J E, MURPHY G L. Categories, concepts, and conditioning: how humans generalize fear[J]. Trends in cognitive sciences, 2015, 19(2): 73–77.

[85] DUNSMOOR J E, PAZ R. Fear generalization and anxiety: behavioral and neural mechanisms[J]. Biological psychiatry, 2015, 78(5): 336–343.

[86] DUNSMOOR J E, PRINCE S E, MURTY V P, et al. Neurobehavioral mechanisms of human fear generalization[J]. Neuroimage, 2011, 55(4): 1878–1888.

[87] DUVARCI S, PARE D. Amygdala microcircuits controlling learned fear[J]. Neuron, 2014, 82(5): 966–980.

[88] DYMOND S, DUNSMOOR J E, VERVLIET B, et al. Fear generalization in humans: systematic review and implications for anxiety disorder research[J]. Behavior Therapy, 2015, 46(5): 561–582.

[89] DYMOND S, SCHLUND M W, ROCHE B, et al. The spread of fear: Symbolic generalization mediates graded threat-avoidance in specific phobia[J]. Quarterly Journal of Experimental Psychology, 2014, 67(2): 247–259.

[90] DYMOND S, SCHLUND M W, ROCHE B, et al. Inferred threat and safety: Symbolic generalization of human avoidance learning[J]. Behaviour research and therapy, 2011, 49(10): 614–621.

[91] EHLERS A, CLARK D M. A cognitive model of posttraumatic stress disorder[J]. Behaviour research and therapy, 2000, 38(4): 319–345.

[92] EINARSSON E Ö, PORS J, NADER K. Systems reconsolidation reveals a selective role for the anterior cingulate cortex in generalized contextual fear memory expression[J]. Neuropsychopharmacology, 2015, 40(2): 480–487.

[93] ENQUIST M, ARAK A. Neural representation and the evolution of signal form[M]. Chicago : Chicago University Press, 1998.

[94] ETKIN A, WAGER T D. Functional neuroimaging of anxiety: a meta-analysis

of emotional processing in PTSD, social anxiety disorder, and specific phobia[J]. American Journal of Psychiatry, 2007, 164(10): 1476–1488.

[95] EVANS T M, BIRA L, GASTELUM J B, et al. Evidence for a mental health crisis in graduate education[J]. Nature biotechnology, 2018, 36(3): 282–284.

[96] FANSELOW M S, POULOS A M. The neuroscience of mammalian associative learning[J]. Annual review of psychology, 2005, 56(1): 207–234.

[97] FAUL F, ERDFELDER E, BUCHNER A, et al. Statistical power analyses using G* Power 3.1: Tests for correlation and regression analyses[J]. Behavior research methods, 2009, 41(4): 1149–1160.

[98] FAUL F, ERDFELDER E, ALBERT-GEORG L, et al. G* Power 3: A flexible statistical power analysis program for the social, behavioral, and biomedical sciences[J]. Behavior research methods, 2007, 39(2): 175–191.

[99] FENDT M, FANSELOW M S. The neuroanatomical and neurochemical basis of conditioned fear[J]. Neuroscience & Biobehavioral Reviews, 1999, 23(5): 743–760.

[100] FENDT M, KOCH M. Translational value of startle modulations[J]. Cell and tissue research, 2013, 354(1): 287–295.

[101] FIELDS L, REEVE K F, ADAMS B J, et al. Stimulus generalization and equivalence classes: A model for natural categories[J]. Journal of the experimental analysis of behavior, 1991, 55(3): 305–312.

[102] FIORILLO C D, TOBLER P N, SCHULTZ W. Discrete coding of reward probability and uncertainty by dopamine neurons[J]. Science, 2003, 299(5614): 1898–1902.

[103] FOA E B, STEKETEE G, ROTHBAUM B O. Behavioral/cognitive conceptualizations of post-traumatic stress disorder[J]. Behavior Therapy, 1989, 20(2): 155–176.

[104] FOA E B, DANCU C V, HEMBREE E A, et al. A comparison of exposure therapy, stress inoculation training, and their combination for reducing posttraumatic stress disorder in female assault victims[J]. Journal of consulting and clinical psychology, 1999, 67(2): 194.

[105] FOA E B, KOZAK M J. Emotional processing of fear: exposure to corrective information[J]. Psychological bulletin, 1986, 99(1): 20.

[106] FOA E B, KOZAK M J. Clinical applications of bioinformational theory: Understanding anxiety and its treatment[J]. Behavior Therapy, 1998, 29(4): 675–690.

[107] FULCHER E P, HAMMERL M. When all is revealed: A dissociation between evaluative learning and contingency awareness[J]. Consciousness and Cognition, 2001, 10(4): 524–549.

[108] GALIZIO M, STEWART K L, HPILGRIM C. Clustering in artificial categories: An equivalence analysis[J]. Psychonomic bulletin & review, 2011, 8(3): 609–614.

[109] GERDES A, UHL G, ALPERS G W. Spiders are special: fear and disgust evoked by pictures of arthropods[J]. Evolution & Human Behavior, 2009, 30(1): 66–73.

[110] GERSHMAN S J, NIV Y. Exploring a latent cause theory of classical conditioning[J]. Learning & behavior, 2012, 40(3): 255–268.

[111] GEWIRTZ J C, DAVIS M. Second-order fear conditioning prevented by blocking NMDA receptors in amygdala[J]. Nature, 1997, 388(6641): 471–474.

[112] GHIRLANDA S. Intensity generalization: physiology and modelling of a neglected topic[J]. Journal of Theoretical Biology, 2002, 214(3): 389–404.

[113] GHIRLANDA S, ENQUIST M. The geometry of stimulus control[J]. Animal Behaviour, 1999, 58(4): 695–706.

[114] GHIRLANDA S, ENQUIST M. A century of generalization[J]. Animal Behaviour, 2003, 66(1): 15–36.

[115] GHOSH S, CHATTARJI S. Neuronal encoding of the switch from specific to generalized fear[J]. Nature Neuroscience, 2015, 18(1): 112.

[116] GILBERTSON M W, SHENTON M E, CISZEWSKI A, et al. Smaller hippocampal volume predicts pathologic vulnerability to psychological trauma[J]. Nature Neuroscience, 2002, 5(11): 1242–1247.

[117] GLOBISCH J, HAMM A O, ESTEVES F, et al. Fear appears fast: Temporal

course of startle reflex potentiation in animal fearful subjects[J]. Blackwell Publishing, 1999, 36(1): 66–75.

[118] GLOVER L R, SCHOENFELD T J, KARLSSON R-M, et al. Ongoing neurogenesis in the adult dentate gyrus mediates behavioral responses to ambiguous threat cues[J]. PLoS biology, 2017, 15(4): e2001154.

[119] GLUCK M A, MYERS C E. Hippocampal mediation of stimulus representation: A computational theory[J]. Hippocampus, 19993, 3(4): 491–516.

[120] GOLDSTONE R L. Perceptual learning[J]. Annual review of psychology, 1998, 49(1): 585–612.

[121] GOODE T D, RESSLER R L, ACCA G M, et al. Bed nucleus of the stria terminalis regulates fear to unpredictable threat signals[J]. Elife, 2019, 8: e46525.

[122] GOOSENS K A, MAREN S. Contextual and auditory fear conditioning are mediated by the lateral, basal, and central amygdaloid nuclei in rats[J]. Learning & Memory, 2001, 8(3): 148–155.

[123] GORDON I, TANAKA J W. Putting a name to a face: The role of name labels in the formation of face memories[J]. Journal of Cognitive Neuroscience, 2011, 23(11): 3280–3293.

[124] GORKA A X, TORRISI S, SHACKMAN A J, et al. Intrinsic functional connectivity of the central nucleus of the amygdala and bed nucleus of the stria terminalis[J]. Neuroimage, 2018, 168: 392–402.

[125] GRADY A K, BOWEN K H, HYDE A T, et al. Effect of continuous and partial reinforcement on the acquisition and extinction of human conditioned fear[J]. Behavioral Neuroscience, 2016, 130(1): 36.

[126] GRANHOLM E E, STEINHAUER S R. Pupillometric measures of cognitive and emotional processes[J]. International Journal of Psychophysiology, 2004, 52(1): 1-6.

[127] GRANT D A, SCHIPPER L M. The acquisition and extinction of conditioned eyelid responses as a function of the percentage of fixed-ratio random reinforcement[J]. Journal of Experimental Psychology, 1952, 43(4): 313.

[128] GREENBERG T, CARLSON J M, CHA J, et al. Ventromedial prefrontal cortex reactivity is altered in generalized anxiety disorder during fear generalization[J]. Depression and anxiety, 2013, 30(3): 242–250.

[129] GRILLON C, BAAS J. A review of the modulation of the startle reflex by affective states and its application in psychiatry[J]. Clinical Neurophysiology, 2003, 114(9): 1557–1579.

[130] GROSSO A, SANTONI G, MANASSERO E, et al. A neuronal basis for fear discrimination in the lateral amygdala[J]. Nature communications, 2018, 9(1): 1–12.

[131] GRUPE D W, NITSCHKE J B. Uncertainty and anticipation in anxiety: an integrated neurobiological and psychological perspective[J]. Nature reviews neuroscience, 2013, 14(7): 488–501.

[132] GRUPE D W, NITSCHKE J B. Uncertainty is associated with biased expectancies and heightened responses to aversion[J]. Emotion, 2011, 11(2): 413.

[133] GURVITS T V, SHENTON M E, HOKAMA H, et al. Magnetic resonance imaging study of hippocampal volume in chronic, combat-related posttraumatic stress disorder[J]. Biological psychiatry, 1996, 40(11): 1091–1099.

[134] GUTTMAN N, KALISH H I. Discriminability and stimulus generalization[J]. Journal of Experimental Psychology, 1956, 51(1): 79.

[135] GUTTMAN N, KALISH H I. Experiments in discrimination[J]. Scientific American, 1958, 198(1): 77–83.

[136] HAAKER J, GOLKAR A, HERMANS D, et al. A review on human reinstatement studies: an overview and methodological challenges[J]. Learning & Memory, 2014, 21(9): 424–440.

[137] HADDAD A D M, XU M, RAEDER S, et al. Measuring the role of conditioning and stimulus generalisation in common fears and worries[J]. Cognition & emotion, 2013, 27(5): 914–922.

[138] HAJCAK G, CASTILLE C, OLVET D M, et al. Genetic variation in brain-derived neurotrophic factor and human fear conditioning[J]. Genes, Brain and

Behavior, 2009, 8(1): 80–85.

[139] HAMM A O, GREENWALD M K, BRADLEY M M, et al. Emotional learning, hedonic change, and the startle probe[J]. Journal of abnormal psychology, 1993, 102(3): 453.

[140] HAMM A O, VAITL D. Affective learning: Awareness and aversion[J]. Psychophysiology, 1996, 33(6): 698–710.

[141] HAMM A O, WEIKE A I. The neuropsychology of fear learning and fear regulation[J]. International Journal of Psychophysiology, 2005, 57(1): 5–14.

[142] HANSON H M. Discrimination training effect on stimulus generalization gradient for spectrum stimuli[J]. Science, 1957, 125(3253): 888–889.

[143] HANSON H M. Effects of discrimination training on stimulus generalization[J]. Journal of Experimental Psychology, 1959, 58(5): 321.

[144] HASELGROVE M, AYDIN A, PEARCE J M. A partial reinforcement extinction effect despite equal rates of reinforcement during Pavlovian conditioning[J]. Journal of Experimental Psychology: Animal Behavior Processes, 2004, 30(3): 240.

[145] HAUBRICH J, BERNABO M, BAKER A G, et al. Impairments to consolidation, reconsolidation, and long-term memory maintenance lead to memory erasure[J]. Annual review of neuroscience, 2020, 43: 297–314.

[146] HEFNER K R, VERONA E, CURTIN J J. Emotion regulation during threat: Parsing the time course and consequences of safety signal processing[J]. Psychophysiology, 2016, 53(8): 1193–1202.

[147] HODES R L, COOK III E W, LANG P J. Individual differences in autonomic response: conditioned association or conditioned fear? [J] Psychophysiology, 1985, 22(5): 545–560.

[148] HOFMANN S G, SMITS J A J. Cognitive-behavioral therapy for adult anxiety disorders: a meta-analysis of randomized placebo-controlled trials[J]. Journal of clinical psychiatry, 2008, 69(4): 621.

[149] HOLMGREN N M A, ENQUIST M. Dynamics of mimicry evolution[J].

Biological Journal of the Linnean Society, 1999, 66(2): 145–158.

[150] HOLT D J, BOEKE E A, WOLTHUSEN R P F, et al. A parametric study of fear generalization to faces and non-face objects: relationship to discrimination thresholds[J]. Frontiers in human neuroscience, 2014, 8: 624.

[151] HONIG W K, URCUIOLI P J. The legacy of Guttman and Kalish (1956): 25 years of research on stimulus generalization[J]. Journal of the experimental analysis of behavior, 1981, 36(3): 405–445.

[152] JENS-MAX H, VOGEL E, WOODMAN G, et al. Localizing visual discrimination processes in time and space[J]. Journal of neurophysiology, 2002, 88(4): 2088–2095.

[153] DE HOUWER J, BECKERS T, VANDORPE S, et al. Further evidence for the role of mode-independent short-term associations in spatial Simon effects[J]. Perception & Psychophysics, 2005, 67(4): 659–666.

[154] HOVLAND C I. The generalization of conditioned responses: I. The sensory generalization of conditioned responses with varying frequencies of tone[J]. The Journal of General Psychology, 1937, 17(1): 125–148.

[155] DE HOZ L, NELKEN I. Frequency tuning in the behaving mouse: different bandwidths for discrimination and generalization[J]. PloS one, 2014, 9(3): e91676.

[156] HU J, WANG W, HOMAN P, et al. Reminder duration determines threat memory modification in humans[J]. Scientific reports, 2018, 8(1): 1–10.

[157] HUFF R C, SHERMAN J E, COHN M. Some effects of response-independent reinforcement on auditory generalization gradients[J]. Journal of the experimental analysis of behavior, 1975, 23(1): 81–86.

[158] HUGENBERG K, YOUNG S G, BERNSTEIN M J, et al. The categorization-individuation model: an integrative account of the other-race recognition deficit[J]. Psychological review, 2010, 117(4): 1168.

[159] HULL C L. The problem of primary stimulus generalization[J]. Psychological review, 1947, 54(3): 120.

[160] HULL C L. A behavior system: an introduction to behavior theory concerning the individual organism [J].Psychological Bulletin, 1954, 51(1):91–96.

[161] HULL C L. Principles of behavior: An introduction to behavior theory[M]. [J]. The Journal of Abnormal and Social Psychology, 1944, 39:377–380.

[162] IM CRAIK F, LOCKHART R S. Levels of processing: A framework for memory research[J]. Journal of verbal learning and verbal behavior, 1972, 11(6): 671–684.

[163] IM CRAIK F, TULVING E. Depth of processing and the retention of words in episodic memory[J]. Journal of Experimental Psychology: General, 1975, 104(3): 268.

[164] JANAK P H, TYE K M. From circuits to behaviour in the amygdala[J]. Nature, 2015, 517(7534): 284–292.

[165] JARRARD L E. On the role of the hippocampus in learning and memory in the rat[J]. Behavioral and neural biology, 1993, 60(1): 9–26.

[166] JASNOW A M, LYNCH III, J F, GILMAN T L, et al. Perspectives on fear generalization and its implications for emotional disorders[J]. Journal of neuroscience research, 2017, 95(3): 821–835.

[167] JENKINS R, BURTON A M. 100% accuracy in automatic face recognition[J]. Science, 2008, 319(5862): 435.

[168] JENKINS R, BURTON A M. Stable face representations[J]. Philosophical Transactions of the Royal Society B: Biological Sciences, 2011, 366(1571): 1671–1683.

[169] JOVANOVIC T, NORRHOLM S D, BLANDING N Q, et al. Fear potentiation is associated with hypothalamic-pituitary-adrenal axis function in PTSD[J]. Psychoneuroendocrinology, 2010, 35(6): 846–857.

[170] KACZKURKIN A N, BURTON P C, CHAZIN S M, et al. Neural substrates of overgeneralized conditioned fear in PTSD[J]. American Journal of Psychiatry, 2017, 174(2): 125–134.

[171] KACZKURKIN A N, MOORE T M, RUPAREL K, et al. Elevated amygdala

perfusion mediates developmental sex differences in trait anxiety[J]. Biological psychiatry, 2016, 80(10): 775–785.

[172] KAHNEMAN D, LOVALLO D, SIBONY O. Before you make that big decision[J]. Harvard business review, 2011, 89(6): 50–60.

[173] KEMPADOO K A, MOSHAROV E V, CHO S J, et al. Dopamine release from the locus coeruleus to the dorsal hippocampus promotes spatial learning and memory[J]. Proceedings of the National Academy of Sciences, 2016, 113(51): 14835–14840.

[174] KHEIRBEK M A, KLEMENHAGEN K C, SAHAY A, et al. Neurogenesis and generalization: a new approach to stratify and treat anxiety disorders[J]. Nature Neuroscience, 2012, 15(12): 1613–1620.

[175] KINDT M, SOETER M. Reconsolidation in a human fear conditioning study: A test of extinction as updating mechanism[J]. Linear aggregation of economic relations, 2013, 92(1): 43-50.

[176] KITAMURA H, JOHNSTON P, JOHNSON L, et al. Boundary conditions of post-retrieval extinction: A direct comparison of low and high partial reinforcement[J]. Neurobiology of learning and memory, 2020, 174: 107285.

[177] KLUMPERS F, KROES M C W, BAAS J M P, et al. How human amygdala and bed nucleus of the stria terminalis may drive distinct defensive responses[J]. Journal of Neuroscience, 2017, 37(40): 9645–9656.

[178] KNIGHT D C, SMITH C N, CHENG D T, et al. Amygdala and hippocampal activity during acquisition and extinction of human fear conditioning[J]. Cognitive, Affective, & Behavioral Neuroscience, 2004, 4(3): 317–325.

[179] KOCH M. The neurobiology of startle[J]. Progress in neurobiology, 1999, 59(2): 107–128.

[180] KONKLE T, BRADY T F, ALVAREZ G A, et al. Conceptual distinctiveness supports detailed visual long-term memory for real-world objects[J]. Journal of Experimental Psychology: General, 2010, 139(3): 558.

[181] KORN C W, BACH D R. A solid frame for the window on cognition: Modeling event-related pupil responses[J]. Journal of vision, 2016, 16(3): 28.

[182] KUCHINKE L, VÕ M L-H, HOFMANN M, et al. Pupillary responses during lexical decisions vary with word frequency but not emotional valence[J]. International Journal of Psychophysiology, 2007, 65(2): 132–140.

[183] KUMARAN D, MCCLELLAND J L. Generalization through the recurrent interaction of episodic memories: a model of the hippocampal system[J]. Psychological review, 2012, 119(3): 573.

[184] LABAR K S, GATENBY J C, GORE J C, et al. Human amygdala activation during conditioned fear acquisition and extinction: a mixed-trial fMRI study[J]. Neuron, 1998, 20(5): 937–945.

[185] LABERGE D. Generalization gradients in a discrimination situation[J]. Journal of Experimental Psychology, 1961, 62(1): 88.

[186] LACY J W, YASSA M A, STARK S M, et al. Distinct pattern separation related transfer functions in human CA3/dentate and CA1 revealed using high-resolution fMRI and variable mnemonic similarity[J]. Learning & Memory, 2001, 18(1): 15–18.

[187] LANG P J. The application of psychophysiological methods to the study of psychotherapy and behavior modification[J]. Handbook of psychotherapy and behavior change, 1971: 75–125.

[188] LANG P J, BRADLEY M M, CUTHBERT B N. Emotion, attention, and the startle reflex[J]. Psychological review, 1990, 97(3): 377.

[189] LANG P J, BRADLEY M M, CUTHBERT B N. Motivated attention: Affect, activation, and action[J]. Attention and orienting: Sensory and motivational processes, 1997, 97: 135.

[190] LANG P J, DAVIS M, ÖHMAN A. Fear and anxiety: animal models and human cognitive psychophysiology[J]. Journal of affective disorders, 2000, 61(3): 137–159.

[191] LANGE I, GOOSSENS L, MICHIELSE S, et al. Behavioral pattern separation and its link to the neural mechanisms of fear generalization[J]. Social Cognitive and Affective Neuroscience, 2017, 12(11): 1720–1729.

[192] LANGESLAG S J E, VAN STRIEN J W. Early visual processing of snakes and

angry faces: an ERP study[J]. Brain research, 2018, 1678: 297–303.

[193] LASHLEY K S, WADE M. The Pavlovian theory of generalization[J]. Psychological review, 1946, 53(2): 72.

[194] LAUFER O, ISRAELI D, PAZ R. Behavioral and neural mechanisms of overgeneralization in anxiety[J]. Current biology, 2016, 26(6): 713–722.

[195] LEBOW M A, CHEN A. Overshadowed by the amygdala: the bed nucleus of the stria terminalis emerges as key to psychiatric disorders[J]. Molecular psychiatry, 2016, 21(4): 450–463.

[196] LEDOUX J. Emotional networks and motor control: a fearful view[J]. Progress in brain research, 1996, 107: 437–446.

[197] LEDOUX J. The emotional brain, fear, and the amygdala[J]. Cellular and molecular neurobiology, 2003, 23(4): 727–738.

[198] LEDOUX J E, PINE D S. Using neuroscience to help understand fear and anxiety: a two-system framework[J]. American Journal of Psychiatry, 2016.

[199] LEE J C, HAYES B K, LOVIBOND P F. Peak shift and rules in human generalization[J]. Journal of Experimental Psychology: Learning, Memory, and Cognition, 2018, 44(12): 1955.

[200] LEE J C, LIVESEY E J. Rule-based generalization and peak shift in the presence of simple relational rules[J]. PloS one, 2018, 13(9): e0203805.

[201] LEE J C, LOVIBOND P.F, HAYES B K, et al. Negative evidence and inductive reasoning in generalization of associative learning[J]. Journal of Experimental Psychology: General, 2019, 148(2): 289.

[202] LEI Y, WANG J, DOU H, et al. Influence of typicality in category-based fear generalization: Diverging evidence from the P2 and N400 effect[J]. International Journal of Psychophysiology, 2019, 135: 12–20.

[203] LEMON N, AYDIN-ABIDIN S, FUNKE K, et al. Locus coeruleus activation facilitates memory encoding and induces hippocampal LTD that depends on β-adrenergic receptor activation[J]. Cerebral cortex, 2009, 19(12): 2827–2837.

[204] LENAERT B, BODDEZ Y, GRIFFITH J W, et al. Aversive learning and

generalization predict subclinical levels of anxiety: A six-month longitudinal study[J]. Journal of anxiety disorders, 2014, 28(8): 747–753.

[205] LEONARD D W. Partial reinforcement effects in classical aversive conditioning in rabbits and human beings[J]. Journal of comparative and physiological psychology, 1975, 88(2): 596.

[206] LEVENTHAL H, TREMBLY G. Negative emotions and persuasion[J]. Journal of Personality, 1968.

[207] LEVIN D T. Race as a visual feature: using visual search and perceptual discrimination tasks to understand face categories and the cross-race recognition deficit[J]. Journal of Experimental Psychology: General, 2000, 129(4): 559.

[208] LEVINE D W, DUNLAP W P. Power of the F test with skewed data: Should one transform or not? [J] Psychological bulletin, 1982, 92(1): 272.

[209] LEVY-GIGI E, SZABO C, RICHTER-LEVIN G, et al. Reduced hippocampal volume is associated with overgeneralization of negative context in individuals with PTSD[J]. Neuropsychology, 2015, 29(1): 151.

[210] LI J, CHEN W, CAOYANG J, et al. Moderate partially reduplicated conditioned stimuli as retrieval cue can increase effect on preventing relapse of fear to compound stimuli[J]. Frontiers in human neuroscience, 2017, 11: 575.

[211] LINDNER K, NEUBERT J, PFANNMÖLLER J, et al. Fear-potentiated startle processing in humans: Parallel fMRI and orbicularis EMG assessment during cue conditioning and extinction[J]. International Journal of Psychophysiology, 2015, 98(3): 535–545.

[212] LINNMAN C, MOULTON E A, BARMETTLER G. et al. Neuroimaging of the periaqueductal gray: state of the field[J]. Neuroimage, 2012, 60(1): 505–522.

[213] LIPP O V, VAITL D. Reaction time task as unconditional stimulus[J]. The Pavlovian journal of biological science, 1990, 25(2): 77–83.

[214] LIS S, THOME J, KLEINDIENST N, et al. Generalization of fear in post-traumatic stress disorder[J]. Psychophysiology, 2020, 57(1): e13422.

[215] LISMAN J, GRACE A A, DUZEL E. A neoHebbian framework for episodic

memory; role of dopamine-dependent late LTP[J]. Trends in neurosciences, 2011, 34(10): 536–547.

[216] LISSEK S. Toward an account of clinical anxiety predicated on basic, neurally mapped mechanisms of pavlovian fear-learning: the case for conditioned overgeneralization[J]. Depression and anxiety, 2012, 29(4): 257–263.

[217] LISSEK S, BIGGS A L, RABIN S J, et al. Generalization of conditioned fear-potentiated startle in humans: experimental validation and clinical relevance[J]. Behaviour research and therapy, 2008, 46(5): 678–687.

[218] LISSEK S, BRADFORD D E, ALVAREZ R P, et al. Neural substrates of classically conditioned fear-generalization in humans: a parametric fMRI study[J]. Social Cognitive and Affective Neuroscience, 2014, 9(8): 1134–1142.

[219] LISSEK S, GRILLON C. Overgeneralization of conditioned fear in the anxiety disorders: Putative memorial mechanisms[J]. Zeitschrift für Psychologie/Journal of Psychology, 2010, 218(2): 146.

[220] LISSEK S, KACZKURKIN A N, RABIN S, et al. Generalized anxiety disorder is associated with overgeneralization of classically conditioned fear[J]. Biological psychiatry, 2014, 75(11): 909–915.

[221] LISSEK S, POWERS A S, MCCLURE E B, et al. Classical fear conditioning in the anxiety disorders: a meta-analysis[J]. Behaviour research and therapy, 2005, 43(11): 1391–1424.

[222] LISSEK S, RABIN S, HELLER R E, et al. Overgeneralization of conditioned fear as a pathogenic marker of panic disorder[J]. American Journal of Psychiatry, 2010, 167(1): 47–55.

[223] LISSEK S, VAN MEURS B. Learning models of PTSD: Theoretical accounts and psychobiological evidence[J]. International Journal of Psychophysiology, 2015, 98(3): 594–605.

[224] LONSDORF T B, HAAKER J, SCHÜMANN D, et al. Sex differences in conditioned stimulus discrimination during context-dependent fear learning and its retrieval in humans: the role of biological sex, contraceptives and menstrual cycle phases[J]. Journal of Psychiatry and Neuroscience, 2015, 40(6): 368–375.

[225] LONSDORF T B, MENZ M M, ANDREATTA M, et al. Don't fear 'fear conditioning': Methodological considerations for the design and analysis of studies on human fear acquisition, extinction, and return of fear[J]. Neuroscience & Biobehavioral Reviews, 2017, 77: 247–285.

[226] LOPRESTO D, SCHIPPER P, HOMBERG J R. Neural circuits and mechanisms involved in fear generalization: implications for the pathophysiology and treatment of posttraumatic stress disorder[J]. Neuroscience & Biobehavioral Reviews, 2016, 60: 31–42.

[227] LOVIBOND P F, LEE J C, HAYES B K. Stimulus discriminability and induction as independent components of generalization[J]. Journal of Experimental Psychology: Learning, Memory, and Cognition, 2020, 46(6): 1106.

[228] LOVIBOND P F, SHANKS D R. The role of awareness in Pavlovian conditioning: empirical evidence and theoretical implications[J]. Journal of Experimental Psychology: Animal Behavior Processes, 2002, 28(1): 3.

[229] LUCK S J, FORD M.A. On the role of selective attention in visual perception[J]. Proceedings of the National Academy of Sciences, 1998, 95(3): 825–830.

[230] LUCK S J, HILLYARD S A. Electrophysiological correlates of feature analysis during visual search[J]. Psychophysiology, 1994, 31(3): 291–308.

[231] LYKKEN D T. Range correction applied to heart rate and to GSR data[J]. Psychophysiology, 1972, 9(3): 373–379.

[232] LYKKEN D T, VENABLES P H. Direct measurement of skin conductance: A proposal for standardization[J]. Psychophysiology, 1971, 8(5): 656–672.

[233] MACKINTOSH N J. The psychology of animal learning[M]. Academic Press, 1974.

[234] MAHAN A L, RESSLER K J. Fear conditioning, synaptic plasticity and the amygdala: implications for posttraumatic stress disorder[J]. Trends in neurosciences, 2012, 35(1): 24–35.

[235] MALTZMAN I. Orienting in classical conditioning and generalization of the galvanic skin response to words: an overview[J]. Journal of Experimental Psychology: General, 1977, 106(2): 111.

[236] MAREN S. Neurobiology of Pavlovian fear conditioning[J]. Annual review of neuroscience, 2001, 24(1) : 897–931.

[237] MAREN S, QUIRK G J. Neuronal signalling of fear memory[J]. Nature reviews neuroscience, 2004, 5(11): 844–852.

[238] MARSCHNER A, KALISCH R, VERVLIET B, et al. Dissociable roles for the hippocampus and the amygdala in human cued versus context fear conditioning[J]. Journal of Neuroscience, 2008, 28(36): 9030–9036.

[239] MCCLAY M, HENNINGS A C, REIDEL A, et al. Generalization of conditioned fear along a dimension of increasing positive valence[J]. Neuropsychologia, 2020, 148: 107653.

[240] MCGUGIN R W, TANAKA J W, LEBRECHT S, et al. Race-specific perceptual discrimination improvement following short individuation training with faces[J]. Cognitive science, 2011, 35(2): 330–347.

[241] MCHUGH T J, JONES M W, QUINN J J, et al. Dentate gyrus NMDA receptors mediate rapid pattern separation in the hippocampal network[J]. Science, 2007, 317(5834): 94–99.

[242] MCLAREN I P L, MACKINTOSH N J. An elemental model of associative learning: I. Latent inhibition and perceptual learning[J]. Animal learning & behavior, 2000,28(3): 211–246.

[243] MCLAREN I P L, MACKINTOSH N J. Associative learning and elemental representation: II. Generalization and discrimination[J]. Animal learning & behavior, 2002, 30(3): 177–200.

[244] MEIR D S, MERZ C J, HAMACHER-DANG T C, et al. Cortisol effects on fear memory reconsolidation in women[J]. Psychopharmacology, 2016, 233(14): 2687–2697.

[245] MERTENS G, BOUWMAN V, ENGELHARD I M. Conceptual fear generalization gradients and their relationship with anxious traits: Results from a Registered Report[J]. International Journal of Psychophysiology, 2021, 170: 43–50.

[246] MERTENS G, KRYPOTOS A-M, ENGELHARD I M. A review on

mental imagery in fear conditioning research 100 years since the 'Little Albert' study[J]. Behaviour research and therapy, 2020, 126: 103556.

[247] MEULDERS A, VANSTEENWEGEN D, VLAEYEN J W S. Women, but not men, report increasingly more pain during repeated (un) predictable painful electrocutaneous stimulation: Evidence for mediation by fear of pain[J]. Pain, 2012, 153(5): 1030–1041.

[248] MILAD M R, QUINN B T, PITMAN R K, et al. Thickness of ventromedial prefrontal cortex in humans is correlated with extinction memory[J]. Proceedings of the National Academy of Sciences, 2005, 102(30): 13.

[249] MILAD M R, QUIRK G J. Fear extinction as a model for translational neuroscience: ten years of progress[J]. Annual review of psychology, 2012, 63: 129.

[250] MILAD M R, RAUCH S L, PITMAN R K, et al. Fear extinction in rats: implications for human brain imaging and anxiety disorders[J]. Biological psychology, 2006, 73(1): 61–71.

[251] MILAD M R, WRIGHT C I, ORR S P, et al. Recall of fear extinction in humans activates the ventromedial prefrontal cortex and hippocampus in concert[J]. Biological psychiatry, 2007, 62(5): 446–454.

[252] MINEKA S, OEHLBERG K. The relevance of recent developments in classical conditioning to understanding the etiology and maintenance of anxiety disorders[J]. Acta psychologica, 2008, 127(3): 567–580.

[253] MINEKA S, ZINBARG R. A contemporary learning theory perspective on the etiology of anxiety disorders: it's not what you thought it was[J]. American psychologist, 2006, 61(1): 10.

[254] MISKOVIC V, KEIL A. Acquired fears reflected in cortical sensory processing: a review of electrophysiological studies of human classical conditioning[J]. Psychophysiology, 2012, 49(9): 1230–1241.

[255] MITCHELL C J, DE HOUWER J, LOVIBOND P F. The propositional nature of human associative learning[J]. Behavioral and Brain Sciences, 2009, 32(2): 183–198.

[256] MOORS A, BODDEZ Y, DE HOUWER J. The power of goal-directed processes in the causation of emotional and other actions[J]. Emotion Review, 2017, 9(4): 310–318.

[257] MORATTI S, KEIL A, MILLER G A. Fear but not awareness predicts enhanced sensory processing in fear conditioning[J]. Psychophysiology, 2006, 43(2): 216–226.

[258] MOREY R A, DUNSMOOR J E, HASWELL C C, et al. Fear learning circuitry is biased toward generalization of fear associations in posttraumatic stress disorder[J]. Translational psychiatry, 2015, 5(12): e700-e700.

[259] MOREY R A, HASWELL C C, STJEPANOVIĆ D, et al. Neural correlates of conceptual-level fear generalization in posttraumatic stress disorder[J]. Neuropsychopharmacology, 2020, 45(8): 1380–1389.

[260] MORGAN M A, LEDOUX J E. Differential contribution of dorsal and ventral medial prefrontal cortex to the acquisition and extinction of conditioned fear in rats[J]. Behavioral Neuroscience, 1995, 109(4): 681.

[261] MORGAN M A, LEDOUX J E. Contribution of ventrolateral prefrontal cortex to the acquisition and extinction of conditioned fear in rats[J]. Neurobiology of learning and memory, 1999, 72(3): 244–251.

[262] MORGAN M A, ROMANSKI L M, LEDOUX J E. Extinction of emotional learning: contribution of medial prefrontal cortex[J]. Neuroscience letters, 1993, 163(1): 109–113.

[263] MOTTA S C, CAROBREZ A P, CANTERAS N S. The periaqueductal gray and primal emotional processing critical to influence complex defensive responses, fear learning and reward seeking[J]. Neuroscience & Biobehavioral Reviews, 2017, 76: 39–47.

[264] MYERS K M, DAVIS M. Behavioral and neural analysis of extinction[J]. Neuron, 2002, 36(4): 567–584.

[265] MYERS K M, DAVIS M. Mechanisms of fear extinction[J]. Molecular psychiatry, 2007, 12(2): 120–150.

[266] NELSON T O. Repetition and depth of processing[J]. Journal of verbal learning

and verbal behavior, 1977, 16(2): 151–171.

[267] ÖHMAN A, MINEKA S. Fears, phobias, and preparedness: toward an evolved module of fear and fear learning[J]. Psychological review, 2001, 108(3): 483.

[268] OLEJNICZAK P. Neurophysiologic basis of EEG[J]. Journal of clinical neurophysiology, 2006, 23(3): 186–189.

[269] ONAT S, BÜCHEL C. The neuronal basis of fear generalization in humans[J]. Nature Neuroscience, 2015, 18(12): 1811–1818.

[270] ORR S P, METZGER L J, LASKO N B, et al. De novo conditioning in trauma-exposed individuals with and without posttraumatic stress disorder[J]. Journal of abnormal psychology, 2000, 109(2): 290.

[271] PANITZ C, HERMANN C, MUELLER E M. Conditioned and extinguished fear modulate functional corticocardiac coupling in humans[J]. Psychophysiology, 2015, 52(10): 1351–1360.

[272] PAVLOV Y G, KOTCHOUBEY B. Classical conditioning in oddball paradigm: A comparison between aversive and name conditioning[J]. Psychophysiology, 2019, 56(7): e13370.

[273] PEARCE J M. A model for stimulus generalization in Pavlovian conditioning[J]. Psychological review, 1987, 94(1): 61.

[274] PEPERKORN H M, ALPERS G W, MÜHLBERGER A. Triggers of fear: perceptual cues versus conceptual information in spider phobia[J]. Journal of clinical psychology, 2014, 70(7): 704–714.

[275] PETERS A, MCEWEN B S, FRISTON K. Uncertainty and stress: Why it causes diseases and how it is mastered by the brain[J]. Progress in neurobiology, 2017, 156: 164–188.

[276] PHELPS E A, DELGADO M R, NEARING K I, et al. Extinction learning in humans: role of the amygdala and vmPFC[J]. Neuron, 2004, 43(6): 897–905.

[277] PHELPS E A, O'CONNOR K J, GATENBY J C, et al. Activation of the left amygdala to a cognitive representation of fear[J]. Nature Neuroscience, 2001, 4(4): 437–441.

[278] POTTS G F, LIOTTI M, TUCKER D M, et al. Frontal and inferior temporal cortical activity in visual target detection: Evidence from high spatially sampled event-related potentials[J]. Brain topography, 1996, 9(1): 3–14.

[279] POURTOIS G, SCHETTINO A, VUILLEUMIER P. Brain mechanisms for emotional influences on perception and attention: What is magic and what is not[J]. Biological psychology, 2013, 92(3): 492–512.

[280] PROKASY W F. SCORIT: A computer subroutine for scoring electrodermal responses[J]. Behavior Research Methods & Instrumentation, 1974, 6(1): 49–52.

[281] PROKASY W F. First interval skin conductance responses: Conditioned or orienting responses? [J] Psychophysiology, 1977, 14(4): 360–367.

[282] PURKIS H M, LIPP O V. Does affective learning exist in the absence of contingency awareness? [J] Learning and Motivation, 2001, 32(1): 84–99.

[283] QUIRK G J, GARCIA R, GONZÁLEZ-LIMA F. Prefrontal mechanisms in extinction of conditioned fear[J]. Biological psychiatry, 2006, 60(4): 337–343.

[284] QUIRK G J, MUELLER D. Neural mechanisms of extinction learning and retrieval[J]. Neuropsychopharmacology, 2008, 33(1): 56–72.

[285] RACHMAN S, HODGSON R I. Synchrony and desynchrony in fear and avoidance[J]. Behaviour research and therapy, 1974, 12(4): 311–318.

[286] RACHMAN S. The return of fear: Review and prospect[J]. Clinical Psychology Review, 1989, 9(2): 147–168.

[287] RADOMSKY A S, RACHMAN S, THORDARSON D S, et al. The claustrophobia questionnaire[J]. Journal of anxiety disorders, 2001, 15(4): 287–297.

[288] RAUCH S L, SHIN L M, PHELPS E A. Neurocircuitry models of posttraumatic stress disorder and extinction: human neuroimaging research—past, present, and future[J]. Biological psychiatry, 2006, 60(4): 376–382.

[289] REINHARD G, LACHNIT H. Differential conditioning of anticipatory pupillary dilation responses in humans[J]. Biological psychology, 2002, 60(1): 51–68.

[290] REINHARD M, WEHRLE-WIELAND E, GRABIAK D, et al. Oscillatory

cerebral hemodynamics—the macro-vs. microvascular level[J]. Journal of the neurological sciences, 2006, 250(1/2), 103–109.

[291] RESCORLA R A. A theory of Pavlovian conditioning: Variations in the effectiveness of reinforcement and nonreinforcement[J]. Current research and theory, 1972: 64–99.

[292] RESCORLA R A. Stimulus generalization: some predictions from a model of Pavlovian conditioning[J]. Journal of Experimental Psychology: Animal Behavior Processes, 1976, 2(1): 88.

[293] RESCORLA R A. Pavlovian conditioning: It's not what you think it is[J]. American psychologist, 1988, 43(3): 151.

[294] RESNIK J, PAZ R. Fear generalization in the primate amygdala[J]. Nature Neuroscience, 2015, 18(2): 188–190.

[295] RESNIK L, BORGIA M. Reliability of outcome measures for people with lower-limb amputations: distinguishing true change from statistical error[J]. Physical therapy, 2011, 91(4): 555–565.

[296] RICHARDSON R, ELSAYED H. Shock sensitization of startle in rats: The role of contextual conditioning[J]. Behavioral Neuroscicncc, 1998, 112(5): 1136.

[297] ROLLS E T. The mechanisms for pattern completion and pattern separation in the hippocampus[J]. Frontiers in systems neuroscience, 2013, 7: 74.

[298] SARINOPOULOS I, GRUPE D W, MACKIEWICZ K L, et al. Uncertainty during anticipation modulates neural responses to aversion in human insula and amygdala[J]. Cerebral cortex, 2010, 20(4): 929–940.

[299] SCHARFENORT R, LONSDORF T B. Neural correlates of and processes underlying generalized and differential return of fear[J]. Social Cognitive and Affective Neuroscience, 2016, 11(4): 612–620.

[300] SCHEVENEELS S, BODDEZ Y, VERVLIET B, et al. The validity of laboratory-based treatment research: Bridging the gap between fear extinction and exposure treatment[J]. Behaviour research and therapy, 2016, 86: 87–94.

[301] SCHILLER D, KANEN J W, LEDOUX J E, et al. Extinction during

reconsolidation of threat memory diminishes prefrontal cortex involvement[J]. Proceedings of the National Academy of Sciences, 2013, 110(50): 20040–20045.

[302] SCHILLER D, MONFILS M-H, RAIO C M, et al. Preventing the return of fear in humans using reconsolidation update mechanisms[J]. Nature, 2010, 463(7277): 49–53.

[303] SCHULTZ D H, HELMSTETTER F J. Classical conditioning of autonomic fear responses is independent of contingency awareness[J]. Journal of Experimental Psychology: Animal Behavior Processes, 2010, 36(4): 495.

[304] SCHWARTZ L, YOVEL G. The roles of perceptual and conceptual information in face recognition[J]. Journal of Experimental Psychology: General, 2016, 145(11): 1493.

[305] SCOVILLE W B, MILNER B. Loss of recent memory after bilateral hippocampal lesions[J]. Journal of neurology, neurosurgery, and psychiatry, 1957, 20(1): 11.

[306] SEHLMEYER C, KONRAD C, ZWITSERLOOD P, et al. ERP indices for response inhibition are related to anxiety-related personality traits[J]. Neuro psychologia, 2010, 48(9): 2488–2495.

[307] SEVENSTER D, BECKERS T, KINDT M. Fear conditioning of SCR but not the startle reflex requires conscious discrimination of threat and safety[J]. Frontiers in behavioral neuroscience, 2014, 8: 32.

[308] SHACKMAN A J, FOX A S. Contributions of the central extended amygdala to fear and anxietycontributions of the central extended amygdala to fear and anxiety[J]. Journal of Neuroscience, 2016, 36(31): 8050–8063.

[309] SHANKMAN S A, ROBISON-ANDREW E J, NELSON B D, et al. Effects of predictability of shock timing and intensity on aversive responses[J]. International Journal of Psychophysiology, 2011, 80(2): 112–118.

[310] SHANKS D R, DARBY R J. Feature-and rule-based generalization in human associative learning[J]. Journal of Experimental Psychology: Animal Behavior Processes, 1998, 24(4): 405.

[311] SHEPARD R N. Toward a universal law of generalization for psychological

science[J]. Science, 1987, 237(4820): 1317–1323.

[312] SHI C, DAVIS M. Visual pathways involved in fear conditioning measured with fear-potentiated startle: behavioral and anatomic studies[J]. Journal of Neuroscience, 2001, 21(24): 9844–9855.

[313] SHIBAN Y, PEPERKORN H, ALPERS G W, et al. Influence of perceptual cues and conceptual information on the activation and reduction of claustrophobic fear[J]. Journal of behavior therapy and experimental psychiatry, 2016, 51: 19–26.

[314] SHIN L M, LIBERZON I. The neurocircuitry of fear, stress, and anxiety disorders[J]. Neuropsychopharmacology, 2010, 35(1): 169–191.

[315] SIDMAN M, TAILBY W. Conditional discrimination vs. matching to sample: An expansion of the testing paradigm[J]. Journal of the experimental analysis of behavior, 1982, 37(1): 5–22.

[316] SILVER A I, CARTNER J A, YODER P. Effects of partial and continuous reinforcement on acquisition and extinction of the skin conductance response[J]. Bulletin of the Psychonomic Society, 1977, 10(2): 155–158.

[317] SOLOMON P R, MOORE J W. Latent inhibition and stimulus generalization of the classically conditioned nictitating membrane response in rabbits (Oryctolagus cuniculus) following hippocampal ablation[J]. Journal of comparative and physiological psychology, 1975, 89(10): 1192.

[318] SOMERVILLE L H, WHALEN P J, KELLEY W M. Human bed nucleus of the stria terminalis indexes hypervigilant threat monitoring[J]. Biological psychiatry, 2010, 68(5): 416–424.

[319] SOTO F A, GERSHMAN S J, NIV Y. Explaining compound generalization in associative and causal learning through rational principles of dimensional generalization[J]. Psychological review, 2014, 121(3): 526.

[320] SOTO F A, QUINTANA G R, PÉREZ-ACOSTA A M, et al. Why are some dimensions integral? Testing two hypotheses through causal learning experiments[J]. Cognition, 2015, 143: 163–177.

[321] SPENCE K W. The differential response in animals to stimuli varying within a

single dimension[J]. Psychological review, 1937, 44(5): 430.

[322] SPERL M F J, PANITZ C, HERMANN C, et al. A pragmatic comparison of noise burst and electric shock unconditioned stimuli for fear conditioning research with many trials[J]. Psychophysiology, 2016, 53(9): 1352–1365.

[323] STECKLE L C. A trace conditioning of the galvanic reflex[J]. The Journal of General Psychology,1933, 9(2): 475–480.

[324] STEINHAUER S R, HAKEREM G. The pupillary response in cognitive psychophysiology and schizophrenia[J]. Annals of the New York Academy of Sciences, 1992, 658(1): 182–204.

[325] STOLAROVA M, KEIL A, MORATTI S. Modulation of the C1 visual event-related component by conditioned stimuli: evidence for sensory plasticity in early affective perception[J]. Cerebral cortex, 2006, 16(6): 876–887.

[326] STRUYF D, HERMANS D, VERVLIET B. Maximizing the generalization of fear extinction: exposures to a peak generalization stimulus[J]. Behaviour research and therapy, 2018, 111: 1–8.

[327] STRUYF D, ZAMAN J, HERMANS D, et al. Gradients of fear: How perception influences fear generalization[J]. Behaviour research and therapy, 2017, 93: 116–122.

[328] STRUYF D, ZAMAN J, VERVLIET B, et al. Perceptual discrimination in fear generalization: Mechanistic and clinical implications[J]. Neuroscience & Biobehavioral Reviews, 2015, 59: 201–207.

[329] SVARTDAL F. Extinction after partial reinforcement: predicted vs. judged persistence[J]. Scandinavian journal of psychology, 2003, 44(1): 55–64.

[330] SWITZER S C A. Anticipatory and inhibitory characteristics of delayed conditioned reactions[J]. Journal of Experimental Psychology, 1934, 17(5): 603.

[331] TABBERT K, MERZ C J, KLUCKEN T, et al. Influence of contingency awareness on neural, electrodermal and evaluative responses during fear conditioning[J]. Social Cognitive and Affective Neuroscience, 2011, 6(4): 495–506.

[332] TANAKA J W, CURRAN T, SHEINBERG D L. The training and transfer of real-world perceptual expertise[J]. Psychological science, 2005, 16(2): 145–151.

[333] TANAKA J W, PIERCE L J. The neural plasticity of other-race face recognition[J]. Cognitive, Affective, & Behavioral Neuroscience, 2009, 9(1): 122–131.

[334] TENENBAUM J B, GRIFFITHS T L. Generalization, similarity, and Bayesian inference[J]. Behavioral and Brain Sciences, 2001, 24(4): 629–640.

[335] THOMAS E, WAGNER A R. Partial reinforcement of the classically conditioned eyelid response in the rabbit[J]. Journal of comparative and physiological psychology, 1964, 58(1): 157.

[336] THOME J, HAUSCHILD S, KOPPE G, et al. Generalisation of fear in PTSD related to prolonged childhood maltreatment: an experimental study[J]. Psychological medicine, 2018, 48(13): 2223–2234.

[337] TILLMAN R M, STOCKBRIDGE M D, NACEWICZ B M, et al. Intrinsic functional connectivity of the central extended amygdala[J]. Human brain mapping, 2018, 39(3): 1291–1312.

[338] TINOCO-GONZÁLEZ D, FULLANA M A, TORRENTS-RODAS D, et al. Conditioned fear acquisition and generalization in generalized anxiety disorder[J]. Behavior Therapy, 2015, 46(5): 627–639.

[339] TOLMAN E C, BRUNSWIK E. The organism and the causal texture of the environment[J]. Psychological review, 1935, 42(1): 43.

[340] TOLMAN R C. Models of the physical universe[J]. Science, 1932, 75(1945): 367–373.

[341] TORRISI S, O'CONNELL K. DAVIS A, et al. Resting state connectivity of the bed nucleus of the stria terminalis at ultra-high field[J]. Human brain mapping, 2015, 36(10): 4076–4088.

[342] TOVOTE P, FADOK J P, LÜTHI A. Neuronal circuits for fear and anxiety[J]. Nature reviews neuroscience, 2015, 16(6): 317–331.

[343] TREVES A, TASHIRO A, WITTER M P, et al. What is the mammalian dentate

gyrus good for? [J]Neuroscience, 2008, 154(4): 1155–1172.

[344] TRÖGER C, EWALD H, GLOTZBACH E, et al. Does pre-exposure inhibit fear context conditioning? A Virtual Reality Study[J]. Journal of neural transmission, 2012, 119(6): 709–719.

[345] TYSZKA J.M, PAULI W M. In vivo delineation of subdivisions of the human amygdaloid complex in a high-resolution group template[J]. Human brain mapping, 2016, 37(11): 3979–3998.

[346] VAITL D, LIPP O V. Latent inhibition and autonomic respones: a psychophysiological approach[J]. Behavioural brain research, 1997, 88(1): 85–93.

[347] VALVERDE M R, LUCIANO C, BARNES-HOLMES D. Transfer of aversive respondent elicitation in accordance with equivalence relations[J]. Journal of the experimental analysis of behavior, 2009, 92(1): 85–111.

[348] VERVLIET B, GEENS M. Fear generalization in humans: Impact of feature learning on conditioning and extinction[J]. Neurobiology of learning and memory, 2014, 113: 143–148.

[349] VERVLIET B, KINDT M, VANSTEENWEGEN D, et al.. Fear generalization in humans: Impact of verbal instructions[J]. Behaviour research and therapy, 2010, 48(1): 38–43.

[350] VERVLIET B, RAES F. Criteria of validity in experimental psychopathology: application to models of anxiety and depression[J]. Psychological medicine, 2013, 43(11): 2241–2244.

[351] VERVLIET B, VANSTEENWEGEN D, EELEN P. Generalization gradients for acquisition and extinction in human contingency learning[J]. Experimental psychology, 2006, 53(2): 132.

[352] VERVOORT E, VERVLIET B, BENNETT M, et al. Generalization of human fear acquisition and extinction within a novel arbitrary stimulus category[J]. PloS one, 2014, 9(5): e96569.

[353] VIALATTE F-B, MAURICE M, DAUWELS J, et al. Steady-state visually evoked potentials: focus on essential paradigms and future perspectives[J].

241

Progress in neurobiology, 2010, 90(4): 418–438.

[354] VIANNA D M L, GRAEFF F G, BRANDÃO M L, et al. Defensive freezing evoked by electrical stimulation of the periaqueductal gray: comparison between dorsolateral and ventrolateral regions[J]. Neuroreport, 2001, 12(18): 4109–4112.

[355] VOGEL E H, PONCE F P, WAGNER A R. The development and present status of the SOP model of associative learning[J]. Quarterly Journal of Experimental Psychology, 2019, 72(2): 346–374.

[356] VOGEL E K, LUCK S J. The visual N1 component as an index of a discrimination process[J]. Psychophysiology, 2000, 37(2): 190–203.

[357] VOORSPOELS W, NAVARRO D J, PERFORS A. How do people learn from negative evidence? Non-monotonic generalizations and sampling assumptions in inductive reasoning[J]. Cognitive Psychology, 2015, 81: 1–25.

[358] WAGATSUMA A, OKUYAMA T, SUN C. et al. Locus coeruleus input to hippocampal CA3 drives single-trial learning of a novel context[J]. Proceedings of the National Academy of Sciences, 2018, 115(2): E310-E316.

[359] WAGNER C. The evaluation of data obtained with diffusion couples of binary single-phase and multiphase systems[J]. Acta metallurgica, 1969, 17(2): 99–107.

[360] WALDRON E M, ASHBY F G. The effects of concurrent task interference on category learning: Evidence for multiple category learning systems[J]. Psychonomic bulletin & review, 2001, 8(1): 168–176.

[361] WALKER D L, DAVIS M. The role of amygdala glutamate receptors in fear learning, fear-potentiated startle, and extinction[J]. Pharmacology Biochemistry and Behavior, 2002, 71(3): 379–392.

[362] WANG J, WU Q, XIE T, et al. Influence of Perceptual and Conceptual Information on Fear Generalization: A Behavioral and Event-Related Potential Study[J]. Cognitive, Affective, & Behavioral Neuroscience, 2021, 21(5): 1054–1065.

[363] WATSON J B, RAYNER R. Conditioned emotional reactions[J]. Journal of Experimental Psychology, 1920, 3(1): 1.

[364] WEIDEMANN C T, KAHANA M J. Assessing recognition memory using confidence ratings and response times[J]. Royal Society open science, 2016, 3(4): 150670.

[365] WEIDEMANN G, ANTEES C. Parallel acquisition of awareness and differential delay eyeblink conditioning[J]. Learning & Memory, 2012, 19(5): 201–210.

[366] WEIS C N, HUGGINS A A, BENNETT K P, et al. (2019). High-resolution resting-state functional connectivity of the extended amygdala[J]. Brain Connectivity, 2019, 9(8): 627–637.

[367] WILD J M, BLAMPIEd N M. Hippocampal lesions and stimulus generalization in rats[J]. Physiology & behavior, 1972, 9(4): 505–511.

[368] WILLIAMS P. Representational organization of multiple exemplars of object categories[J]. Retrieved August, 1998, 23: 2017.

[369] WILTGEN B J, ZHOU M, CAI Y, et al. The hippocampus plays a selective role in the retrieval of detailed contextual memories[J]. Current biology, 2010, 20(15): 1336–1344.

[370] WONG A H K, LOVIBOND P F. Excessive generalisation of conditioned fear in trait anxious individuals under ambiguity[J]. Behaviour research and therapy, 2018, 107: 53–63.

[371] WONG A H K, LOVIBOND P F. Generalization of extinction of a generalization stimulus in fear learning[J]. Behaviour research and therapy, 2020, 125: 103535.

[372] YASSA M A, STARK C E L. Pattern separation in the hippocampus[J]. Trends in neurosciences, 2011, 34(10): 515–525.

[373] ZAMAN J, CEULEMANS E, HERMANS D, et al. Direct and indirect effects of perception on generalization gradients[J]. Behaviour research and therapy, 2019, 114: 44–50.

[374] ZAMAN J, STRUYF D, CEULEMANS E V, et al. Perceptual errors are related to shifts in generalization of conditioned responding[J]. Psychological Research, 2021, 85(4): 1801–1813.

[375] ZANETTE L Y, WHITE A F, ALLEN M C, et al. Perceived predation risk

reduces the number of offspring songbirds produce per year[J]. Science, 2011, 334(6061): 1398–1401.

[376] ZEITHAMOVA D, DOMINICK A L, PRESTON A R. Hippocampal and ventral medial prefrontal activation during retrieval-mediated learning supports novel inference[J]. Neuron, 2012, 75(1): 168–179.

[377] ZEITHAMOVA D, SCHLICHTING M L, PRESTON A R. The hippocampus and inferential reasoning: building memories to navigate future decisions[J]. Frontiers in human neuroscience, 2012, 6: 70.

[378] ZIELINSKI K, JAKUBOWSKA E. Auditory intensity generalization after CER differentiation training[J]. Acta Neurobiologiae Experimentalis, 1977, 37(3): 191–205.

[379] ZINBARG R E, MOHLMAN J. Individual differences in the acquisition of affectively valenced associations[J]. Journal of personality and social psychology, 1998, 74(4): 1024.

[380] 雷怡, 梅颖, 张文海, 等. 基于知觉的恐惧泛化的认知神经机制[J]. 心理科学进展, 2018, 26(8): 1391.

[381] 雷怡, 王金霞, 陈庆飞, 等. 分类和概念对恐惧泛化的影响机制[J]. 心理科学, 2017, 40(5): 1266–1273.

[382] 王霞, 卢家楣, 陈武英. 情绪词加工过程及其情绪效应特点: ERP 的证据[J]. 心理科学进展, 2019, 27(11): 1842–1852.

[383] 徐亮, 区涌宜, 郑希付, 等. 状态焦虑对条件性恐惧泛化的影响[J]. 心理学报, 2016, 48(12): 1507–1518.

[384] 徐亮, 谢晓媛, 闫沛, 等. 条件性恐惧泛化的性别差异[J]. 心理学报, 2018, 50(2): 197.

附录

1 神经生理解剖学缩写词汇表

ACC - Anterior cingulate cortex，前扣带回；

AG - Angular gyrus，角回；

AI - Anterior insula，前脑岛；

BLA - Basolateral amygdala，杏仁核基底外侧核；

BNST - Bed nucleus of stria terminalis，终纹床核；

CA1 - Cormu Ammonis 1，海马角回1区；

CA3 - Cormu Ammonis 3，海马角回3区；

CeA - Central nucleus of the amygdala，杏仁中央核；

dACC - Dorsal anterior cingulate cortex，背侧前扣带回；

DG - Dentate gyrus，齿状回；

dmPFC - dorsomedial prefrontal cortex，背内侧前额叶；

HP - Hippocampus，海马；

IPL - Inferior parietal lobule，顶下小叶

LA - Lateral nucleus of amygdala，外侧杏仁核；

LC – Locus coeruleus，蓝斑

MTG – Middle temoral gyrus，颞中回；

PAG – Periaqueductal gray，中脑水管周围灰质；

PCG – Precentral gyrus，中央前回；

SMA – Supplementary motor area，运动辅助区；

vmPFC – ventromedial prefrontal cortex，腹内侧前额叶；

VTA – Ventral tegmental area，腹侧被盖区。

2 知情同意书

联 名 知 情 同 意 书

您好！感谢您对我们研究的支持，您的参加能够为心理学提供科学实证。在做实验之前，请您首先了解以下事项并签署知情同意书：

1. 测试内容：情绪实验。

2. 皮肤电反应，简称"皮电反应"，亦称"皮电属性"，是一种情绪生理指标。其原理是，当机体受外界刺激或情绪状态发生改变时，自主神经系统的活动会引起皮肤内血管舒张或收缩，从而导致汗腺分泌发生变化，进而导致皮肤电阻发生改变。皮肤电技术经过几十年的开发应用已经相当成熟，并且为非侵入式，不会对人体造成伤害。实验过程中您可能在手腕处接受到轻微的电击，这些刺激会让您感到不愉悦，但是它们都是在安全范围内的，不会对人体造成伤害。实验过程中出现的轻微电击是经过科学评定的，因此请放心参加实验。<u>如果您在实验过程中有任何不适状况，请及时告知主试，并可随时提出终止实验。</u>

3. 参与者的要求：本实验要求您必须年满 18 周岁（以身份证上记录的年

龄为准），如果未满 18 周岁则须退出试验；参与者之前未曾做过皮电实验，如果做过请如实告知主试；实验开始，请遵主试指导，认真完成实验。

4. 参与者的权利：您的参与是完全自愿的，您可以随时自由退出并且不用提供理由。您的退出不会对您构成任何影响。

5. 待遇和补贴：如您能完成全部实验，您将获得预先规定的报酬；如果中途您因自身的原因不能参加实验，则视为放弃报酬。

6. 对参与者的益处：您的参与能为心理学及社会对有关条件性恐惧泛化方面的认识作出贡献；您可以获得补贴。

7. 资源保密：所有与您有关的数据和信息会被严格保密，我们亦不会披露任何可能揭露您身份的数据。同时，也请您对我们的实验内容保密。

对上述内容如有疑问可及时向您的实验主持人提出。本项目的负责人为 ×××，主持者是 ×××。您可将问题直接提交给研究主持者 ×××，联系电话 ×××××。

如果您已清楚理解并同意上述内容，自愿参加该实验，并愿意按照要求完成实验，请在下方表格中签字，谢谢！

日期：　　　年　　月　　日

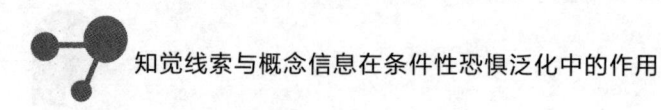

3 状态与特质焦虑问卷

姓名_____性别_____年龄_____日期_____编号_____

[Part1]指导语：下面列出的是一些人们常常用来描述自己的陈述，请阅读每一个陈述，然后根据自己此时此刻最恰当的感觉进行选择。其中，"完全没有"选①，"有些"选②，"中等程度"选③，"非常明显"选④。没有对或错的回答，不要对任何一个陈述花太多的时间去考虑，但所给的回答应该是您现在最恰当的感觉。

	完全没有	有些	中等程度	非常明显
1. 我感到心情平静	①	②	③	④
2. 我感到安全	①	②	③	④
3. 我是紧张的	①	②	③	④
4. 我感到紧张束缚	①	②	③	④
5. 我感到安逸	①	②	③	④
6. 我感到烦乱	①	②	③	④
7. 我现在正烦恼，感到这种烦恼超过了可能的不幸	①	②	③	④
8. 我感到满意	①	②	③	④
9. 我感到害怕	①	②	③	④
10. 我感到舒适	①	②	③	④
11. 我有自信心	①	②	③	④
12. 我觉得神经过敏	①	②	③	④
13. 我极度紧张不安	①	②	③	④
14. 我优柔寡断	①	②	③	④
15. 我是轻松的	①	②	③	④
16. 我感到心满意足	①	②	③	④
17. 我是烦恼的	①	②	③	④
18. 我感到慌乱	①	②	③	④
19. 我感觉镇定	①	②	③	④
20. 我感到愉快	①	②	③	④

续 表

[Part2] 指导语：下面列出的是人们常常用来描述自己的一些陈述，请阅读每一个陈述，然后根据自己经常的感觉进行选择。"几乎没有"选①，"有些"选②，"经常"选③，"几乎总是如此"选④。没有对或错的回答，不要对任何一个陈述花太多的时间去考虑，但所给的回答应该是您平时所感觉到的。

	几乎没有	有些	经常	几乎总是如此
21. 我感到愉快	①	②	③	④
22. 我感到神经过敏和不安	①	②	③	④
23. 我感到自我满足	①	②	③	④
24. 我希望能像别人那样高兴	①	②	③	④
25. 我感到我像衰竭一样	①	②	③	④
26. 我感到很宁静	①	②	③	④
27. 我是平静的、冷静的和泰然自若的	①	②	③	④
28. 我感到困难——堆集起来，因此无法克服	①	②	③	④
29. 我过分忧虑一些事，实际这些事无关紧要	①	②	③	④
30. 我是高兴的	①	②	③	④
31. 我的思想处于混乱状态	①	②	③	④
32. 我缺乏自信心	①	②	③	④
33. 我感到安全	①	②	③	④
34. 我容易做出决断	①	②	③	④
35. 我感到不合适	①	②	③	④
36. 我是满足的	①	②	③	④
37. 一些不重要的思想总缠绕着我，并打扰我	①	②	③	④
38. 我产生的沮丧是如此强烈，以致我不能从思想中排除它们	①	②	③	④

续　表

	几乎没有	有些	经常	几乎总是如此
39. 我是一个镇定的人	①	②	③	④
40. 当我考虑我目前的事情和利益时，我就陷入紧张状态	①	②	③	④

十分感谢您的填写，祝一切顺利！